花果种子中药材规范化栽培技术

◎ 吴伟刚　李迎春　张明柱　主编

中国农业科学技术出版社

图书在版编目（CIP）数据

花、果、种子中药材规范化栽培技术 / 吴伟刚，李迎春，张明柱主编 .—北京：中国农业科学技术出版社，2019. 4

ISBN 978-7-5116-4051-2

Ⅰ. ①花… Ⅱ. ①吴…②李…③张… Ⅲ. ①药用植物-栽培技术 Ⅳ. ①S567

中国版本图书馆 CIP 数据核字（2019）第 027311 号

责任编辑 张国锋
责任校对 李向荣

出 版 者 中国农业科学技术出版社
北京市中关村南大街 12 号 邮编：100081
电 话 (010)82106636(编辑室) (010)82109702(发行部)
(010)82109709(读者服务部)
传 真 (010)82106631
网 址 http://www.castp.cn
经 销 者 各地新华书店
印 刷 者 北京富泰印刷有限责任公司
开 本 710mm×1 000mm 1/16
印 张 17
字 数 342 千字
版 次 2019 年 4 月第 1 版 2019 年 4 月第 1 次印刷
定 价 58. 00 元

《花、果、种子中药材规范化栽培技术》

编写人员名单

主　编　吴伟刚　李迎春　张明柱

副主编　沈凤英　曲丽洁

编　者　李　清　杨　兰　张雪霞　李　轩
秦丽娟　陈　一　宿雅彬　张冠腾
温晓蕾　封生霞　崔雪晴　孙雪莹

前　言

近年来，以自然疗法为核心的中医逐渐被中外消费者接受，中草药正成为一些疑难杂症的新药源，人们慢慢认识到中药材在日常生活中的重要性。中药材的需求量越来越大，使得中草药的种植面积扩大，相应中草药科学有效的栽培技术、采收、储藏加工技术就需要更上一层楼。保障中药质量的稳定均衡，是中药材质量保证的关键所在。中药材产量和质量差异直接影响中草药的药效，一些老字号中药品牌频频发生质量危机，为中药生产安全性敲响了警钟。为满足中草药种植大户对花、果、种子类中草药的规范化栽培技术、种植、采收、病虫害防治关键技术的需求，我们组织编写了《花、果、种子中药材规范化栽培技术》。

本书分为上、下两篇。上篇为总论，着重介绍了中药材规范化栽培的基本技术、中药材立体种植技术与种植模式、中药材的繁殖与良种繁育方面的基础理论知识。下篇按其药用部位不同分类，系统介绍了菊花、红花、金银花、西红花、夏枯草等 55 种药用植物的植物形态特征、生物学特性、栽培管理、病虫害防治和采收加工技术，以方便广大药农在种植时既有理论基础又能分别掌握不同药用植物的生产栽培管理技术、采收加工储藏技术。对于每一种中药材，详细介绍了其药用价值、生物学特性，以及具体的栽培技术和采收、加工方法。书中对重点知识环节设有知识链接、温馨小提示、专家提醒等醒目小版块是本书的亮点之一。

本书内容丰富，图文并茂，技术可靠，理论与实践相结合，通过淡化纯理论、强化实用技术以满足中药材生产者的实际需要，既可以为读者提供根茎类中药材的相关理论知识，又能对不同药用植物的生产栽培技术进行指导，可以作为广大药农的中药种植管理、采收储藏依据。适合广大药农、种药专业户、中草药业余爱好者、药场技术人员、中药采收工作者、科研人员和医药院校师生参考使用。

本书由谷文明、崔培雪老师统稿。本书在编写和素材采集过程中得到河北省教育厅河北省高等学校科学研究计划项目：中草药长裂苦苣菜有效成分提取方法探索优化与鉴定课题组的支持与帮助（课题编号：ZD2015130），在此深表感谢！

由于编者水平有限，书中错误或不妥之处在所难免，恳请同行和读者批评指正。

编　者

目　录

上篇　总论

下篇　各论

上　篇

总　　论

第一章　中药材规范化栽培的基本技术

第一节　播种与育苗移栽

一、种子种苗处理

种子的萌发，需要一定的水分、温度和良好的通气条件。具有休眠特性的种子，须在打破休眠后才能发芽，而不少的种子种皮上有病菌和虫卵，需要防治。播种前对种子进行处理，就是为种子发芽创造良好条件，促进其及时萌发，出苗整齐，幼苗生长健壮。播种前种子处理分种子精选、消毒、催芽等。

（一）种子精选

种子精选的方法有风选、筛选、盐水选等。通过精选，可以提高种子的纯度，同时按种子的大小进行分级。分级分别播种使发芽迅速，出苗整齐，便于管理。

（二）种子消毒

种子消毒可预防通过种子传播的病害和虫害，主要有药剂消毒处理和热水烫种等。

1. 药剂消毒处理

药剂消毒种子分药粉拌种和药水浸种两种方法。

（1）药粉拌种　方法简易，一般取种子质量0.3%的杀虫剂和杀菌剂，在浸种后使药粉与种子充分拌匀便可，也可与干种子混合拌匀。常用的杀菌剂有70%敌克松、50%福美锌等；杀虫剂有90%敌百虫粉等。

（2）药水浸种　采用药水浸种要严格掌握药液浓度和消毒时间。药水消毒前，一般先把种子在清水中浸泡5~6小时，然后浸入药水中，按规定时间消毒。捞出后，立即用清水冲洗种子，随即可播种或催芽。药水浸种的常用药及方法有以下几种。① 福尔马林（即40%甲醛）：先用其100倍水溶液浸种子15~20分钟，然后捞出种子，密闭熏蒸2~3小时，最后用清水冲洗。② 1%硫酸铜水溶液：浸种子15分钟后捞出，用清水冲洗。③ 10%磷酸钠或2%氢氧化钠的水溶液：浸种15分钟后捞出洗净，有钝化花叶病毒的效果。采用药剂浸种消毒时，必须严格掌握药液浓度和浸种时间，以防药害。

2. 热水烫种

对一些种壳厚而硬实的种子（如黄芪、甘草、合欢等）可用70~75℃的热水，甚至100℃的开水烫种促进种子萌发。方法是用冷水先浸没种子，再用80~90℃的热水边倒边搅拌，使水温达到70~75℃后并保持1~2分钟，然后加冷水逐渐降温至20~30℃，再继续浸种。70℃的水温已超过花叶病毒的致死温度，能使病毒钝化，又有杀菌作用，是一种有效的种子消毒方法。

另外，变温消毒也是一个办法，即先用30℃低温水浸种12小时，再用60℃高温水浸种2小时，可消除炭疽病的为害。

（三）促进种子萌芽的处理方法

1. 浸种催芽

将种子放在冷水、温水或冷水-热水变温交替浸泡一定时间，使其在短时间内吸水软化种皮，增加透性，加速种子生理活动，促进种子萌发，而且还能杀死种子所带的病菌，防止病害传播。浸种时间因药用植物种子的不同而异。如穿心莲种子在37℃温水中浸24小时，桑、鼠李等种子用45℃温水浸24小时，促进发芽效果显著。薏苡种子先用冷水浸泡24小时，再选取饱满种子放进筛子里，把筛子放入开水锅里，当全部浸入时，再将筛子提起散热。冷却后用同样的方法再浸一次，然后迅速放进冷水里冲洗，直到流出的水没有黑色为止。此法对防治薏苡黑粉病有良好效果。

2. 机械损伤

利用破皮、搓擦等机械方法损伤种皮，使难透水透气的种皮破裂，增强透性，促进萌发。如黄芪、穿心莲种子的种皮有蜡质，可先用细沙摩擦，使种皮略受损伤，再用35~40℃温水浸种24小时，发芽率显著提高。

3. 超声波及其他物理方法

超声波是一种高频率的人类听觉感觉不到的声波，（$2\times10^5 \sim 2\times10^{10}$）Hz或者更高频率的振动产生的声波都属于超声波的范围。用超声波处理种子，有促进种子萌发、提高发芽率等作用。例如，早在1958年，北京植物园就用频率22kHz，强度0.5~1.5w/cm^2计的超声波处理枸杞种子10分钟后，明显促进枸杞种子发芽，并提高了发芽率。

除超声波外，农业上还有用红外线（波长770nm以上）照射10~20小时已萌动的种子，能促进出苗，并使苗期生长粗壮，并改善种皮透性。紫外线（波长400nm以下）照射种子2~10分钟，能促进酶活化，提高种子发芽率。

4. 化学处理

有些种子的种皮具有蜡质，如穿心莲、黄芪等，影响种子吸水和透气，可用苏打或洗衣粉溶液（0.5kg粉加50kg水）浸种，效果良好。具体方法：用热水（90℃左右）注入装种子的容器中，水量以高出种子2~3cm为宜，2~3分钟后水温达到70℃时，按上述比例加入苏打或洗衣粉，并搅动数分钟，当苏打全部溶解时，即停止搅动。随后每隔4小时搅动一次，经24小时后，当种子表面的蜡质可以搓掉时，再去蜡，最后洗净播种。

5. 生长调节剂处理

常用的生长调节剂有吲哚乙酸、赤霉素、生根粉等。如果使用浓度适当和使用时间合适，能显著提高种子发芽势和发芽率，促进生长，提高产量。如党参种子用0.005%的赤霉素溶液浸泡6小时，发芽势和发芽率均提高一倍以上。

6. 层积处理

层积处理是打破种子休眠常用的方法。山茱萸、银杏、忍冬、人参、黄连、吴茱萸等种子常用此法来促进发芽。层积促芽方法与种子湿藏法相同。应注意的是，山茱萸种子层积催芽处理需5个月左右时间，种子才能露出芽嘴，而忍冬只需40天左右时间就可发芽。如不掌握种子休眠特性，过早或过迟进行层积催芽，对播种都是不利的。过早层积催芽，不到春播季节种子就萌发了，即便能播种，出芽后也要遭受晚霜的为害；过迟层积催芽，则种子不萌发。

低温型种子如黄连、山茱萸、黄檗等的催芽，除用层积法外，还可在变温条件下进行催芽处理。这不仅能够缩短催芽日数，同时可以提高催芽效果。如黄皮树种子用30℃热水浸种24小时，混以两倍湿沙，使种子在4昼夜内保持12~15℃温度，然后将沙混合物移到温度低的地方，直到混合物开始冻结时，再将种子移到温暖的房子里，4天以后再移到寒冷的地方。这样反复5次，只需25天便可完成种子催芽工作。这比层积催芽可缩短时间一年半以上，而且种子发芽率可提高5%以上。

（四）生理预处理

生理预处理包括：对种子进行干湿循环，有时称为“锻炼”或“促进”；在低温下潮湿培育；用稀的盐溶液，如浸在硝酸钾、磷酸钾或聚乙二醇中进行渗透处理。还有液体播种，就是将已形成胚根的种子同载体物质（如藻胶）混合，然后通过液体播种设备直接将它们移植到土壤中去。

聚乙二醇（PEG）渗调处理可提高作物种子活力和作物的抗寒性。采用PEG溶液浸泡种子时，PEG的浓度要调整到足以抑制种子萌发的水平。在适宜的温度（10~15℃）下，经2~3周处理后，将种子洗净、干燥，然后准备播种。

（五）丸粒化

为便于机械化播种，利用一定材料对种子进行包衣处理，使其丸粒化。包衣剂可根据需要加入各种防病剂、防虫剂、营养及生长调节剂等成分。丸粒化的种子发芽势强，发芽率高。

二、播种期及播种方法

药用植物种子大多数可直播于大田，但有的种子极小，幼苗较柔弱，需要特殊管理，有的苗期很长，或者在生长期较短的地区引种需要延长其生育期的种类，应先在苗床育苗，培育成健壮苗株，然后按各自特性分别定植于适宜其生长的地方。药用植物播种可分为大田直播和育苗移栽。

（一）大田直播

1. 播种时期

根据不同药用植物种子发芽所需湿度条件及其生长习性，结合当地气候条件，确定各种药用植物的播种期。大多数药用植物播种时期为春播或秋播，一般春播在3—4 月，秋播在 9—10 月。一般耐寒性、生长期较短的一年生草本植物大部分在春季播种，如薏苡、决明、荆芥等；多年生草本植物适宜春播或秋播，如大黄、云木香等。如温度已足够时适宜早播，播种早发芽早，延长光合时间，产量高。耐寒性较强或种子有休眠特性的植物如人参、北沙参等宜秋播。核果类木本植物如银杏、核桃等宜冬播。有些短命种子宜采后即播，如北细辛、肉桂、古柯等。播种期又因气候带不同而有差异。在长江流域，红花秋播因延长了光合时间，产量比春播高得多。而北方因冬季寒冷，幼苗不能越冬，一般在早春播。有时还因栽培目的不同，播种期也不同，如牛膝，以收种子为目的者宜早播，以收根为目的者应晚播。又如板蓝根为低温长日照作物，收种子者应秋播；收根者应春播，并且春季播种不能过早，防止抽薹开花。薏苡适期晚播，可减轻黑粉病发生。

2. 播种方法

播种方法一般有条播、点播和撒播。大田直播以点播、条播为宜。条播是按一定行距在畦面横向开小沟，将种子均匀播于沟内。条播便于中耕除草施肥，通风透光，苗株生长健壮，能提高产量，在药用植物栽培上广泛使用。

点播也称穴播，按一定的株行距在畦面挖穴播种，每穴播种子 2~3 粒，适用于大粒种子。发芽后保留一株生长健壮的幼苗，其余的除去或移作补苗用。

撒播适用于小粒种子，把种子均匀撒在畦面上，疏密适度，过稀过密都不利于增产。撒播操作简便，能节省劳力，但不便于管理。

（二）育苗

育苗是经济利用土地，培育壮苗，延长生育期，提高种植成活率，加速生长，达到优质高产的一项有效措施。育苗圃地要选择地点适中或靠近种植地，且排灌方便、避风向阳、土壤疏松肥沃的田块。圃地选好后，按要求精细整地作床。苗床形式通常有露地、温床、塑料小拱棚、塑料温室（大棚）等。

1. 露地育苗

露地苗床是在苗圃里不加任何保温措施，大量培育药用植物的种苗，如杜仲、厚朴、山茱萸等的育苗常采用。

2. 保护地育苗

育苗设备有温室、温床、冷床和塑料薄膜拱棚等。

（1）冷床　是不加发热材料，仅用太阳热进行育苗的一种方法。由风障土框、玻璃窗或塑料薄膜、草帘等几部分组成。设备简单，操作方便，保温效果也很好，因而在生产上被广泛采用。冷床的位置以向阳背风、排水良好的地方为宜，床地选好后，一般按东西长 4m、南北宽 1.3m 的规格挖床坑，坑深 10~13cm。在床坑的四周用土筑成床框，北床框比地面高 30~35cm，南床框高出地面 10~15cm，东西两侧床框成一斜面，床底整平，即可装入床土。冷床内装入的床土应当肥沃、细碎、松软，一般为细沙、腐熟的粪或堆厩肥和肥沃的农田土，三者混合过筛而成，三者各为 1/3。一般在 3—4 月即可播种育苗。

（2）塑料小拱棚　是利用塑料薄膜增温，保湿提早播种育苗的一种方法。不少药用植物采用此法延长了生长期，提高了产量。床面宜东西向，一般宽 1.0~1.2m，长度视需要而定，高 15~20cm，用树枝、竹竿做成拱形棚架，上盖塑料薄膜。在风大较寒冷的地区，北面应加盖草帘等风障，南面白天承受阳光热能，傍晚应覆草帘保暖，床土要疏松肥沃，整平后即可播种。

（3）温室大棚　有加温和不加温两种。加温热源可根据当地条件而定，有用煤、柴油作燃料的，也有如暖气一样铺设热水管的，还有利用电热线增加地温的。在高效农业的推动下，中药材产业化即将到来，为满足生产的需要，在中药材生产基地上，可以利用电热线增温的方法育苗。即先在苗床底部垫一层稻草等绝缘保温物，再放一层细土，上面再布满加温线，密度大致为 80~120W/m^2。在地热线上铺放床土，其配合比例依所培育药用植物的特性而定。床土的厚薄取决于种粒的大小。种粒小，厚度可小一些，一般在 10cm 左右；种粒大，厚度应大一些，一般是 10~20cm。大棚内也可采用容器育苗，即利用各种容器（如杯、盆、袋等）装入营养土（营养基质）培育苗株（用容器培育的苗株称容器苗）。用容器培育苗株养料全面，幼苗生长健壮，定植时不伤根系，成活率高，苗株生长比裸根苗（不带土坨）快。近年来有些地区对厚朴采用容器培育苗株，造林效果良好。

育苗时期一般比定植期早 30~70 天，秧苗播期过晚，到移栽时苗偏小、细弱，抗性、适应性差，缓苗慢，成活率低；秧苗播种过早，壮苗时未到移栽期，长期抑制秧苗生长，形成“僵巴苗”，影响后期生长发育和产量。如不抑制生长，秧苗过大，受光弱还会徒长，形成“晃秆”，也降低成活率或影响后期生长发育。

3. 苗床管理

苗床管理极为重要，关系到苗株的健壮。管理的关键是要满足苗木对光、温、水、肥的需要。为了保温，在风大寒冷地区，特别是北方，塑料大棚夜晚要盖草帘，早上打开，以接收阳光照射，提高棚内温度，晴天可早打开。阴天变风天可晚打开，早盖上。如白天温度过高，要放风，放风由小到大，时间由短到长。总之，要使棚内保持一定的温度。同时在整个育苗期间，注意松土除草、防治病虫害，并要加强肥水管理，根据生长需要，及时施肥和浇水。在塑料大棚内，有的配置施肥喷水装置，更能促进苗木茁壮生长。

三、移栽与定植

1. 草本药用植物移植

先按一定行、株距挖穴或沟，然后栽苗。一般多直立或倾斜栽苗，深度以不露出原入土部分，或稍微超过为好。根系要自然伸展，不要卷曲。覆土要细，并要压实，使根系与土壤紧密结合。定植后应立即浇定根水，以消除根际的空隙，增加土壤毛细管的供水作用。

2. 木本药用植物移植造林

木本药用植物可以零星移植，最好是移植造林，以便于集中管理。集中还是分散的问题，应根据当地的具体情况来处理。木本定植都采用穴栽，一般每穴只栽 1 株，穴要挖深，挖大，穴底土要疏松细碎。穴的大小和深度，原则上深度应略超过植株原入土部分，直径应超过根系自然伸展的宽度，才能有利于根系的伸展。穴挖好后，直立放入幼苗，去掉包扎物，使根系伸展开。先覆细土，约为穴深的 1/2 时，压实后用手握住主干基部轻轻向上提一提，使土壤能填实根部的空隙，然后浇水使土壤湿透，再覆土填满，压实，最后培土稍高出地面。

第二节　田间管理

药用植物栽培从播种到收获的整个生育期间，在田间所进行的一系列管理措施，称为田间管理。田间管理是获得优质高产的重要环节之一。常言道“三分种，七分管，十分收成才保险”。田间管理就是充分利用各种有利因素，克服不利因素，做到及时而又充分地满足植物生长发育对光照、水分、温度、养分及其他因素的要求，使药用植物的生长发育朝着人类需求的方向发展。

田间管理包括间苗、定苗、补苗、中耕、除草与培土、追肥等常规管理，植株调整，其他管理技术，以及病虫害防治等。

一、间苗、定苗、补苗

（一）间苗与定苗

间苗是田间管理中一项调控植物密度的技术措施。对于用种子直播繁殖的药用植物，在生产上为了防止缺苗和便于选留壮苗，其播种量一般大于所需苗数。播种出苗后需及时间苗，除去过密、瘦弱和有病虫的幼苗，选留生长健壮的苗株。间苗宜早不宜迟。过迟间苗，幼苗生长过密会引起光照和养分不足，通风不良，造成植株细弱，易遭病虫害；苗大根深，间苗困难，也易伤害附近植株。大田直播间苗一般进行 2~3 次，最后一次间苗称为定苗。

有些药用植物种子发芽率低或由于其他原因，播种后出苗少、出苗不整齐，或出苗后遭受病虫害，造成缺苗。为保证苗齐、苗全，稳定及提高产量和品质，必须及时补种和补苗。大田补苗与间苗同时，即从间苗中选生长健壮的幼苗稍带土进行补栽。补苗最好选阴天后或晴天傍晚进行，并浇足定根水，保证成活。

但是，在药用植物栽培中，有的药用植物由于繁殖材料较贵，不进行间苗工作。如人参、西洋参、黄连、西红花和贝母等。

（二）补苗

在药用植物栽培过程中，无论是直播的，还是育苗移栽的，都可能由于种子发芽率低，质量差，或者操作及外界因素影响而造成幼苗死亡或缺株。为保证苗齐、苗全，保证产量，必须及时对缺株进行补苗或补种。大田补苗是和间苗同时进行的，即从间出的苗中选择生长健壮的幼苗进行补栽。为了保证补栽苗易于成活，最好选择阴天进行，所用苗株应带土，栽后浇足定根水。如间出的苗不够补栽时，则需用同类种子补播。

二、中耕、除草、培土

中耕即松土，是在药用植物生长期间常用的表土耕作措施，尤其是在目前不提倡施用除草剂的情况下，中耕工作更显重要。中耕有疏松表土，破除板结，增加土壤通气性，提高土温，铲除杂草，加强土壤养分有效化，以及促进好气微生物活动和根系伸展的作用。在不同的条件下，中耕可以防止或加强土壤水分的蒸发。农谚说“锄头下有火又有水”，就是指在不同的条件下中耕有不同的效果。

结合中耕把土壅到植株基部，俗称培土。许多药用植物整个生育期中需要进行多次中耕培土，如薏苡、黑豆、桔梗、紫苏、甜菜、白芷、玄参、地黄等。培土可以保护芽头（玄参），增加地温，提高抗倒伏能力，利于块根、块茎等的膨大（玄参、半夏）或根茎的形成（黄连、玉竹），在雨水多的地方，还有利于排水防涝。中耕培土的时间、次数、深度（或培土高度）要因植物种类、环境条件、田间杂草和耕作精细程度而定。一般植物中耕 2~3 次，以保持田间表土疏松、无杂草。中耕培土以不伤根、不压苗、不伤苗为原则。一般 3 次中耕培土管理要在茎秆快速伸长前完成。多年生植物结合防冻在入冬前要培土一次。

田间杂草是影响药材产量的灾害之一。防除杂草是一项艰巨的田间管理工作。因为杂草的种类繁多，各地不论什么生育季节，不论旱地或水田都有多种杂草生长。常见的有田旋花、小蓟、野花菜、灰菜、鬼针草、香附子、马唐、鸭舌草、稗草、香薷、看麦娘、野燕麦、繁缕等几十种。这些杂草生长快、生活方式复杂，开花成熟不整齐，种子入土后耐寒耐旱力强，种子发芽参差不齐，部分种子有休眠期，可以保持多年不丧失发芽力，而且繁殖方式多种多样，再生力强。所以，必须坚持经常除草。

杂草的生长总是与药用植物争光、争水、争肥、争空间，降低田间养分和土壤温度。由于杂草顽强，生命力强，常抑制药用植物生长（特别是苗期），直接影响药材产量。再者有些杂草是病虫的中间寄主或越冬场所，杂草的丛生将增加病虫传播和为害的严重程度，这样不仅降低产量，也降低了品质。另外有些杂草对人畜有直接毒害作用或影响机械作业的准确性和工作效率。所以，栽培管理中都强调杂草的防除工作。

防除杂草的方法很多，如精选种子、轮作换茬、水旱轮作、合理耕作、人工直接锄草、机械中耕除草、化学除草等。化学除草——使用化学除草剂除草是农业现代化的一项重要措施，具有省工、高效、增产的优点。但应该注意的是，近年世界各国对除草剂的应用有很大争议，尤其是在中药材规范化生产中不提倡使用除草剂。

除草剂的种类很多，按除草剂对药用植物与杂草的作用可分为：选择性除草剂和灭生性除草剂。选择性除草剂利用其对不同植物的选择性，能有效地防除杂草，而对药用植物无害，如敌稗、灭草灵、2,4-D、二甲四氯、杀草丹等；灭生性除草剂对植物缺乏选择性，草苗不分，不能直接喷到药用植物生育期的田间，多用于休闲地、田边、池埂、工厂、仓库或公路、铁路路边，如百草枯、草甘膦、五氯酚钠、氯酸钠等。

化学除草多采用土壤处理法，即将药剂施入土壤表层防除杂草，茎叶处理方法少用。土壤处理要求在施药之前，先浇一次水，使土壤表面紧实而湿润，既给杂草种子创造萌发条件，又能使药剂形成较好的处理层。一般施药后 1 个月内不进行中耕。土壤处理的关键是施药时期，农作物、蔬菜上应用经验认为，种子繁殖的植物应在播后出苗前（简称播后苗前）杂草正在萌动时施药效果最好。通常播种后两三天内施药效果最佳。育苗移栽田块多在还苗后杂草萌动时施药，未还苗施药容易引起药害。不论播种田还是移栽田都不能施药太晚，施药太晚杂草逐渐长大，降低防除效果，有时栽培植物种子萌发还会引起药害。

施用方法：常见的是喷雾（洒）法、毒土法。喷雾法在药用植物生产中应用较广泛，也是防治效果较好的一种方法。

专家提示：中耕不当，也会产生不良后果。如行间过分疏松，好气微生物分解有机质的矿化活动过程，造成有机质的非生产消耗；中耕次数过多，土壤结构易受破坏；在风沙地区和坡地上易造成风蚀或水蚀。同时，工作量大，成本增高。

三、追肥

药用植物在栽培过程中，为了满足植物生长发育对养分的需要，必须在生长发育的不同时期进行追肥。追肥时期一般在幼苗期轻施一次苗肥，定苗后，一般在萌芽前、现蕾开花期、果实采收后和休眠前进行。追肥时应注意肥料的种类、浓度、用量和施肥方法，以免引起肥害、植株徒长和肥料流失等。在药用植物生长前期阶段，一般施用复合肥等含氮较高的速效性肥料，如硫酸铵、尿素、稀氨溶液、过磷酸钙等，以便肥料较快地被药用植物吸收利用；在植物生长中后期，多施用草木灰、腐熟的厩肥、土杂肥、饼肥与钾肥等肥料。追施化肥时，可在植株行间开浅沟条施，如植株密度过大，可采用撒施的方法，但不可使化肥在叶面或幼嫩的枝芽上积留，以免烧伤叶面和枝芽，影响植物生长发育。多年生药用植物，于早春追施厩肥、堆肥和各种饼肥多采用穴施或环施法，把肥料施入根旁。追施磷肥，除将肥料施于土壤中外，还可采用根外施肥法，即把磷肥配成水溶液，用喷雾器直接喷洒在植株的茎叶吸收，满足植物的要求。

药用植物的肥料一般以有机肥为主，若施用化肥亦应与有机肥配合使用，不宜单用化肥。

此外，厩肥、堆肥、饼肥等有机肥必须经充分腐熟后使用，否则，易烧伤植物，并易引起病虫害。追肥应根据不同植物种类、土壤质地、水分状况、气候条件及肥料种类灵活掌握。药用植物有的喜肥，在生长发育时期需要较多的肥料才能满足需要，如浙贝母等；有的需要肥料较少，具有耐瘠的特性，如薏苡等。沙质壤土保肥保水能力差，应采用多次薄施的方法。追肥宜在晴天或阴天进行，雨水或土壤湿度过大时施肥，易造成肥料流失，达不到预期效果。

四、打顶、摘蕾

打顶和摘蕾是利用植物生长的相关性，人为调节植物体内养分的重新分配，促进药用部位生长发育协调统一，从而提高药用植物的产量和品质。

打顶即摘除植株的顶芽。打顶主要目的是破坏植物顶端优势，抑制地上部分生长，促进地下部分生长，或抑制主茎生长，促进分枝。例如附子及时打顶，并摘去侧芽，可抑制地上部分生长，促进地下块根迅速膨大，提高产量。菊花、红花等花类药材常摘去顶芽，可以促进多分枝，增加花序的数目。打顶时间应以药用植物的种类和栽培的目的而定，一般宜早不宜迟。

摘蕾即摘除植物的花蕾。植物在生殖生长阶段，生殖器官是第一“库”，这对药用植物培养根及地下茎来说是不利的，必须及时摘除花蕾（花薹），抑制其生殖生长，使养分输入地下器官贮藏起来，从而提高根及根茎类药用植物的产量和品质。

专家提示：打顶和摘蕾都要注意保护植株，不能损伤茎叶，牵动根部。要选晴天上午9时以后进行，不宜在有露水时进行，以免引起伤口腐烂，感染病害，影响植株生长。

五、整枝、修剪

在药用植物生长期间，人为地控制其生长发育，对植株进行修饰整理的各种技术措施称为整枝修剪。整枝是通过人工修剪来控制幼树生长，合理培养骨干枝条，以便形成良好的树形结构与冠幅；修剪则是在土、肥、水管理的基础上，根据树种的生长特性和各地自然环境条件，以及生产上的要求，对树体内养分分配及枝条的生长势进行合理调整的一种管理措施。整枝与修剪是相互联系的，不可能明确地将其分开。

正确的整枝修剪可改变植物个体和群体结构，更有效地利用生长空间，改善通风、透光条件，提高光合作用效率；增强植物抗病能力，减少病虫害；合理调节水分和养分运转，减少养分的无益消耗，提高树体各部分的生理活性，恢复老龄树的活力，从而使药用植物按人类所需的方向发展。因此，整枝与修剪是一项促进木本药用植物，特别是以花、果实和种子入药的植物优质高产的重要管理技术措施。

修剪包括修枝和修根。如栝楼主蔓开花结果迟，侧蔓开花结果早，所以要摘除主蔓，留侧蔓，以利增产。修根只宜在少数以根入药的植物中应用。修根目的是促进这些植物的主根生长肥大，以及符合药用品质和规格要求。如乌头除去其过多的侧根、块根，使留下的块根增长肥大，以利加工；芍药除去侧根，使主根肥大。

整枝与修剪工作一般于冬、夏两季进行。自植株秋季落叶后至春季发芽前的修剪称为冬季修剪；自植株春季发芽后至落叶前的修剪称为夏季修剪。凡是修剪量较大的，如截干、缩剪更新等，均应在冬季进行，以免影响树势生长。夏季修剪主要是除去赘芽、除蘖、摘梢、摘心和培养干形等。

六、搭支架

栽培药用藤本植物需要设立支架，以便牵引藤蔓上架，扩大叶片受光面积，增加光合产量，并使株间空气流通，降低温度，减少病虫害的发生。

对于株形较大的药用藤本植物如栝楼、绞股蓝等应搭设棚架，使藤蔓均匀分布在棚架上，以便多开花结果；对于株形较小的如天冬、党参、薯蓣等，一般只需在株旁立竿牵引。生产实践证明，凡设立支架的药用藤本植物比伏地生长的产量增长1倍以上，有的可高达2倍。所以，设立支架是促进药用藤本植物增产的一项重要措施。

设立支架要及时，过晚则植株长大互相缠绕，不仅费工，而且对其生长不利，影响产量。设立支架，要因地制宜，因陋就简，以便少占地面，节约材料，降低生产成本。在实际生产中，为节约设立支架成本，可以结合间作模式进行，合理利用间作高秆植物的茎秆作为支架，如山药、玉米间作模式。据云南试验，玉米采收后，山药还有超过80天的时间生长，山药草叶攀爬玉米茎秆能充分利用光热资源，合成大量有机物质，有利于山药块根的充分膨大。

七、覆盖与遮阴

（一）覆盖

覆盖是利用树叶、秸秆、厩肥、草木灰或塑料薄膜等撒铺于地面或植株上，覆盖可以调节土壤温度、湿度，防止表土板结。有些药用植物如荆芥、紫苏、柴胡等种子细小，播种时不便覆土，或覆土较薄，土表易干燥，影响出苗。有些种子发芽时间较长，土壤湿度变化大，也影响出苗。因此，它们在播种后，须随即盖草，以保持土壤湿润，防止土壤板结，促使种子早发芽，出苗齐全。浙贝母留种地在夏、秋高温季节，必须用稻草或秸秆覆盖，才能保墒抗旱，安全越夏。冬季，三七地上部分全部枯死，仅种芽接近土壤表面，而根部又入土不深，容易受冻，这时须在增施厩肥和培土的基础上盖草，才能保护三七种芽及根部安全越冬。覆盖对木本药用植物如杜仲、厚朴、黄皮树、山茱萸等，特别是在幼林生长阶段的保墒抗旱更有重要意义。这些药用植物大都种植在土壤瘠薄的荒山、荒地上，水源条件差，灌溉不便，只有在定植和抚育时，就地刈割杂草、树枝，铺在定植点周围、保持土壤湿润，才能提高造林成活率，促进幼树生长发育。

覆草厚度一般为10~15cm。在林地覆盖时，避免覆盖物直接紧贴木本药用植物的主干，防止干旱条件下，蟋蟀等昆虫集居在杂草或树枝内，啃食主干皮部。

（二）遮阴

遮阴是在耐阴的药用植物栽培地上设置遮阴棚或遮蔽物，使幼苗或植株不受直射光的照射，防止地表温度过高，减少土壤水分蒸发，保持一定的土壤湿度，以利于生长环境良好的一项措施。如西洋参、黄连、三七等喜阴湿、怕强光，如不人为创造阴湿环境条件，它们就生长不好，甚至死亡。目前遮阴方法主要是搭设遮阴棚。由于阴生植物对光的反应不同，要求遮阴棚的遮光度也不一样，应根据药用植物种类及其生长发育期的不同，调节棚内的透光度。例如，黄连所需透光度一般较小，三七一般稍大，黄连幼苗期需光小、成苗期需光较大，三七幼苗期和成苗期所需透光度与黄连成苗期基本一致。

在林间种植黄连，可利用树冠遮阴。它可以降低生产成本，但需掌握好树冠的荫蔽度。有研究表明，黄连为阴生植物，并且不同生长年龄对荫蔽度有着不同的需求，3年、4年、5年生黄连最适荫蔽度分别为65%、45%和全光照。近年来研究利用荒山造林遮阴栽培黄连获得成功。这不仅解决了过去种黄连乱伐林木的问题，而且提高了经济效益和生态效益，值得大力推广。

八、防寒冻

抗寒防冻是为了避免或减轻冷空气的侵袭，提高土壤温度，减少地面夜间散热，加强近地层空气的对流，使植物免遭寒冻为害。抗寒防冻的措施很多，除选择和培育抗寒力强的优良品种外，还可采用以下措施。

1. 调节播种期

各种药用植物在不同的生长发育时期，其抗寒力亦不同。一般苗期和花期抗寒力比较弱。因此适当提早或推迟播种期，可使苗期或花期避过低温的为害。

2. 灌水

灌水是一项重要的防霜冻措施。根据灌水防霜冻试验，灌水地较非灌水地的温度可提高2℃以上。灌水防冻的效果与灌水时期有关，越接近霜冻日期，灌水效果越好，最好在霜冻发生前一天灌水。灌水防霜冻，必须预知天气情况和霜冻的特征。一般潮湿、无风而晴朗的夜晚或云量很少且气温低时，就有降霜的可能性。灌水防霜冻，最适于春季晚霜的预防，灌水后既能防霜，又能使植株免受春季干旱。

专家提示： 地面的热能迅速发散，近地面的温度急剧下降，极易结霜。春、秋季大雨后，必须注意。另外，由东南风转西北风的夜晚，也容易降霜。

3. 增施P、K肥

此法可增强植株的抗寒力。P是植物细胞核的组成成分之一，特别在细胞分裂和分生组织发展过程中更为重要。P能促进根系生长，使根系扩大吸收面积，促进植株生长充实，提高对低温、干旱的抗性。K能促进植株纤维素的合成，利于木质化，在生长季节后期，能促进淀粉转化为糖，提高植株的抗寒性。

4. 覆盖

对于珍贵或植株矮小的药用植物，用稻草、麦秆或其他草类将其覆盖，可以防冻，或者移入温室越冬。覆盖厚度超过苗梢5cm左右，同时应采取固定措施，防止被风吹走。土壤如果太干，可在土壤结冻前灌一次冬水。对寒冻较敏感的木本药用植物，可进行包扎并结合根际培土，以防冻害。在北方，为了避免“倒春寒”的为害，不宜过早去除防冻物。

药用植物遭受霜冻为害后，应及时采取补救措施，如扶苗、补苗、补种和改种、加强田间管理等。木本药用植物可将受冻害枯死部分剪除，促进新梢萌发，恢复树势。剪口可进行包扎或涂上石蜡，以防止水分散失或病菌侵染。

第二章　中药材立体种植技术与种植模式

第一节　中药材立体种植的优势及种植模式

立体种植是指改变人们习惯的单一作物平向种植法，采用立体式多种作物构成复合群体的种植方式，如在高大的三木药材作物（厚朴、黄柏、杜仲）等林下种植黄连；在果木林、桑树林下套种半夏、天冬、淫羊藿等；或者在农田中进行高、低搭配套种，如低矮的鱼腥草、天冬、麦冬、半夏等药用作物地里间作套种较高的作物玉米、薏苡、白芷等。立体种植是一种提高土地利用率，增加农田生物遗传多样性，减少病虫害发生的复合种植模式，值得提倡。

一、中药材立体种植的优势

采用立体种植药用作物具有以下优越性。

（一）有利于提高光能利用率和土地利用率

目前大多数药材作物林或果木林下的土地都没有充分利用，任由杂草丛生。如果在林下种植较耐阴的中药材或其他经济植物，则可以将林木冠层透下的光能利用起来供林下耐阴植物进行光合作用，林下空闲的土地也被利用起来，让一地多用，提高复种指数，有利于开展多种经营，经济效益将显著提高。

（二）有利于作物和谐生长

一些低矮、怕阳光直射、苗期或成株期不耐干旱的药用植物如黄连、半夏、天冬等，如果在露地、较干旱的地块上采用单作方式，将会生长不良。将它们套种在药材作物林、果木林、桑树林下，或者套种在较高大的农作物玉米、高粱或药用植物薏苡、青蒿等下面，这些高大的多年生林木或一年生作物为下面的怕阳光直射和干旱的药用植物提供了遮阴，使下面的药用植物能正常生长。同时，由于下面的药用植物低矮，亦不会影响上面的林木或作物正常生长，这样使高矮搭配的作物群体处于一种和谐的状态。

（三）有利于调节农田生态平衡，增强作物抗灾能力

生产实践证明，单一作物的平面种植，存在抗御自然灾害能力差的弱点。而立体种植可形成复合群体，其多层分布的冠层能够截贮水分，保护土壤不受侵蚀，增强对风、旱、雹等不良环境因子或灾害的抗逆性。同时植物的立体复合群体，能使

栖居于植物群体中的昆虫种类增加，产生抑制害虫的作用，减轻虫害的发生。而且，有些作物或药用植物如大蒜、葱、洋葱、芦荟、芹菜、韭菜、紫苏等本身含有灭菌杀虫成分，用它们作套种作物，由于它们所含的灭菌杀虫成分可能从茎叶挥发出来，或通过根系分泌到土壤中，具有抑制病虫害发生的作用。比如在许多人工松林里，常可见到马尾松纯林被松毛虫吃成一片枯干的惨景，但在相邻的阔叶与针叶混交的杂木林里，马尾松则葱绿、安然无恙。这主要是混交林由于树木种类多样，一些树种挥发出各种抗菌化学物质，还有鸟类和昆虫等多种动物栖息，可直接捕杀松毛虫，这实际上是因为立体种植形成了平衡的生态环境。

（四）有利于避免杂草生长和水土保持

在较高的作物下面或空行间种植耐阴的作物，除具有以上两个优点外，还有一个显著的优点是可同时减少杂草生长，减少或免去人工除草的繁重劳动。

采用单一作物的平面种植，作物的株间不可避免会生长各种杂草，与作物争光争肥，影响作物生长，带来除草负担。采用立体种植时，空地都被套种的作物占据了，杂草也就失去了生长的空间。这种种植技术相当于有意“种植杂草”。其实，农田中许多自然生长的杂草是有一定经济价值的，如四川农田里就不难找到像鱼腥草、马齿苋、半夏、夏枯草、桔梗、灰灰菜等“杂草”，它们或是中草药，或是野菜，有的甚至是药食兼用的蔬菜，只是由于它们在农田里的数量比较少，不是播种的作物，我们常常把它们也当做杂草与其他杂草一并除去。如果将这些“杂草”加以合理利用，将带来显著的经济效益。也就是说，我们可以在农田、果园和药材树林的行间和株间，有意地种植特别适合当地生长的这些所谓“杂草”，使之成为优势杂草，这样就可以在原来生长杂草的地方又收获另一种作物或中药材。笔者作过试验和观察，在天冬和虎杖的行间种植鱼腥草，在川穹的行间种植大蒜，其他杂草就基本不生长了，避免了施用除草剂，减免了人工除草的费用和工作量；鱼腥草和大蒜植株矮小，不与川穹、天冬和虎杖等争光，由于鱼腥草的覆盖作用，减少了水土流失，提高了土壤蓄水保墒性能，鱼腥草和大蒜也获得了可观的收成，经济效益显著。车前草、蒲公英、夏枯草等植株较小，也是适合于套种的药用植物。种植“杂草”是构建立体农业的好措施。

二、中药材立体种植模式

（一）不同药材作物间套种或混种模式

这种模式主要用于3种情况：① 高大药用植物林下种植喜阴药用植物，提高土地利用率。如厚朴、黄柏、杜仲等高大药用植物林下种植天冬、淫羊藿、黄连、人参、田七、天麻、虎杖等药用植物。② 为营造混交林的需要，将黄柏、杜仲、厚朴、梅子等乔木药用植物混交种植，以提高药材林的抗逆性。如肉桂与八角混交林就有许多优点，肉桂与八角对生态环境条件的要求基本一致，八角树高大，肉桂树矮小，两者植株一高一矮，根系一深一浅，既能充分利用太阳光能，又能提高土地利用率，混交种植互不影响生长和产量，可以取得最佳的生态效益和经济效益。③ 高大药用植物如虎杖、金银花等苗期植株小，行间、株间露地多的时期，为了抑制杂草生长，提高土地利用率，可在行间、株间空地套种株形较小的鱼腥草、车前草、金钱草、大蒜等药用植物或其他经济作物。

（二）药材作物与林（果、桑、茶）混交种植模式

这种模式主要适合于将喜阴药用植物种植于各种林木下，充分利用林下空地发展药材生产，提高土地利用率。

我国有大面积的高、中、低山和丘陵坡地，但一般都是用来植树造林，且多数是单纯经营林业，少数发展畜牧业。从立体经营角度出发，如何充分利用林地空间，进行多层次的林药立体经营，是综合开发山区经济的新技术措施。例如，云南植物研究所建造的人工森林，上层是橡胶树，第二层是中药材肉桂和萝芙木，第三层是茶树，最下层是耐阴的砂仁，形成了一个多层次的复合“绿化器”，使能量与物质转化率和生物产量均比单一纯林显著提高。

林木种植之初或林木郁闭度不大的情况下，可选择种植耐旱或中生矮秆药用植物射干、丹参、天冬等，后期可种植喜湿耐阴药用植物如半夏、天南星、金钱草、细辛、砂仁等。

（三）药材作物与农作物间作套种模式

药材作物与农作物间套作，就是在传统农作物种植的基础上，充分利用农作物的行间、株间空地，或高秆与矮秆之间的立体空间，以及地下层的深根系与浅根系的分布规律，相应栽培一些符合生态要求的药材作物种类，比如可在玉米、高粱、棉花地里行间、株间套种比较耐阴的半夏等药材作物。或者反过来说是为了给半夏提供一个良好的遮阴环境，为半夏种植合适密度的玉米或高粱等作物，构成一个有利于半夏生长的立体种植农田小气候环境。

农作物和中药材作物间作套种，是新时期科学种田的一种形式，能有效地解决粮、药间的争地矛盾，充分利用土地、光能、空气、水肥和热量等自然资源，发挥边际效应和植物间互利作用，以达到粮、药双丰收目的。

第二节　中药材作物种植的生态农业模式

一、生态农业模式的基本构成

我国生态农业把农业生产、农村经济发展和生态环境治理与保护、资源培育和

高效利用融为一体的新型综合农业体系。它以协调人与自然关系、促进农业和农村经济社会可持续发展为目标，以“整体、协调、循环、再生”为基本原则，以继承和发扬传统农业技术精华并吸收现代农业科技为技术特点，强调农、林、牧、副、渔大系统的结构优化，把农业可持续发展的战略目标与农业产业微观经营、农民脱贫致富结合起来，从而建立一个不同层次、不同专业和不同产业部门之间全面协作的综合管理体系。其主要特点是传统农业与现代农业技术有机融合，劳动密集型与技术密集型相结合，利用整体优化功能及因地制宜，建立多样性农业为一体的结构，农业资源的深度开发和合理利用。

1. 北方“四位一体”生态农业模式

它的主要形式是在一个 $150m^2$ 塑膜日光温室的一侧，建一个 $8\sim10m^3$ 的地下沼气池，其上建一个约 $20m^2$ 的猪舍和一个厕所，形成一个封闭状态下的能源生态系统。

2. 南方“猪-沼-果”生态农业模式

主要形式是“每户建一个沼气池，人均年出栏两头猪，人均种好一亩果”。它是用沼液加饲料喂猪，猪可提前出栏，节省饲料 20%，大大降低了饲养成本，激发了农民养猪的积极性；施用沼肥的脐橙等果树，要比未施肥的果树年生长高度多 0. 2m，多生长 510 个枝梢，植株抗寒、抗旱和抗病能力明显增强，生长的脐橙等水果的品质提高 1~2 个等级；每个沼气池还可节约砍柴工 150 个。这种模式在我国南方得到大规模推广。

3. 西北“五配套”生态农业模式

具体形式是每户建一个沼气池、一个果园、一个暖圈、一个蓄水窖和一个看营房。实行人厕、沼气、猪圈三结合，圈下建沼气池，池上搞养殖。除养猪外，圈内上层还放笼养鸡，形成鸡粪喂猪，猪粪池产沼气的立体养殖和多种经营系统。它以土地为基础，以沼气为纽带，形成以农带牧、以牧促沼、以沼促果、果牧结合的配套发展和生产良性循环体系。它的好处是“一净、二少、三增”，即净化环境、减少投资、减少病虫害，增产、增收、增效。每年可增收节支 2 000~4 000 元。

4. 西南区模式

这种模式是在高处修建窖式蓄水池，实行高水高蓄，在旱坡地上聚土筑垄，在垄底先放有机肥，垄上种植怕渍作物，如红薯、花生、棉花，垄沟深耕培肥，种植需水作物，如蔬菜、玉米等。沟内建横的土挡，增加对降水的拦蓄作用。夏季收获垄上作物后留基免耕，秋季实行少耕。垄和沟定期互换。地的周围种树，利用落叶做有机肥。这种模式使土壤侵蚀量下降 70%，径流减少 54%，土壤贮水增加 10~70cm，水分利用率提高 5. 4%，作物产量提高 17%~24%。

5. 城郊区模式

目前，我国城市的菜、肉、鱼、蛋、奶、花等鲜活产品的供应仍主要来自城郊区。城郊区也最先获得工业生产所提供的化肥、农药、薄膜、机械，以及科研部门提供的技术和优良种苗。城郊区还要接纳城市工业扩散和排放的废渣、废水和废气。

生态农业在中国的发展，不但可以提高农业生产资源的使用效率，促进出口农产品结构优化，而且可以渐进性地改善生态环境。这种以可持续发展为指导思想，兼顾多种效益统一，并使产业与事业相结合的生产模式日益受到人们欢迎。虽然生态农业尚面临三大产业困境，但不少企业通过创新商业模式，发展出了多种有效的经营模式。如“虚拟工厂”模式、“价值叠加”模式、“统购包销”模式、“三产业联动”模式、“多元化经营”模式等。

二、中药材存在严重的重金属和农药问题

全国建有200多个绿色防控示范区，覆盖率20%左右。按照要求，相比常规区域，绿色防控区域农药使用量要减少20%。目前做得好的地方可以减少30%~50%。然而，由于国家财政投入不足，产品研发力度不够，绿色防控的实施范围和规模有限，致使全国农药的使用仍然居高不下。

随着人们对西药疗效的怀疑和其副作用的担心，以自然疗法为核心的中医逐渐被中外消费者接受。据悉，2012年中国中药类产品的出口达到24.99亿美元，预计2013年全年，中药类产品出口额将达30亿美元，比去年增长20%。

然而，老字号中药品牌频频发生质量危机给中药生产安全性敲响了警钟，其中尤以重金属超标问题最为令人担忧。国际环保组织绿色和平（以下简称“绿色和平”）对美国、加拿大等七个国家的市场上产自中国的中药材进行了抽样检测，发现样品中含有多种农药残留，甚至包括世界卫生组织归类为高毒或剧毒的农药，大部分样品农残含量超出欧盟限量规定。据调查，目前我国所使用的《食品中农药最大残留限量》中，指标和欧盟等国家相差悬殊，如欧盟设置了583项检测项目，国内仅58项。

国家药典委员会曾发布有关中药重金属、农残、黄曲霉毒素等物质的限量标准草案，其中明确规定，“除矿物、动物、海洋类以外的中药材中，汞不得超过1mg/kg。”然而，真正到落实还很困难。中国中药协会中药材信息中心副主任蒋尔国曾表示，“虽然国家对重金属含量有相应的要求，但由于技术和设备的限制，很多地方还做不到位，目前正在完善的过程中”。

国务院2010年发布的第一次全国污染源普查报告显示，农业污染已经非常严重，中国正面临环境资源破坏和生态系统退化的严峻挑战。中国作为第一大农药使用国，减少农药使用迫在眉睫。绿色和平负责人表明，目前已经对中国中药材做了从源头生产到终端产品的农药污染调查。令人遗憾的是，在工业化农业模式的延伸之下，中药材亦沦为企业扩大经济利益的工具。中药材受到大量农药污染，形成

“药中有药”的严重局面。

据绿色和平相关人士介绍，通过实地走访调查，发现中药材种植过程中的病虫害防治，严重依赖化学农药的使用，农户多凭经验或农药店推荐用药，缺乏来自政府及企业的专业指引和监管，而处于中药材生产链后端的中药材品牌商，在产品收购中，同样对农药残留没有任何标准，企业内部也不会做农药残留的相关检测，最终导致富含农残的中药材轻易进入流通环节，直到进入消费者口中。绿色和平食品与农业项目主任王婧认为：“中药材几千年来被崇尚自然和传统的中国人所信任，这次的调查结果无疑伤害了原有的信任。”

为规范中药材生产，保证中药材质量，国家药品监督管理局制订了中国《中药材生产质量管理规范（GAP）（试行）》（以下简称“规范”）对中药生产企业种植、生产、加工中药材做出了要求。“规范”中在农药使用部分规定了“药用植物病虫害的防治应采取综合防治策略”及“如必须施用农药时，应采用最小有效剂量并选用高效、低毒、低残留农药，以降低农药残留和重金属污染，保护生态环境”。农药残留量、重金属及微生物限度均应符合国家标准和有关规定。而在实际操作中，“病虫害综合防治的原则”和“最小有效剂量”的标准并无执行标准和评估指标，难免成为一纸空文，无法应用到中药种植的实践当中。

绿色和平表示，在农村，农户购买和使用农药多依赖个人经验，农技站是可以直接发挥农药指导作用的最基层部门。然而地方上很多农技站的职能因为行政制度调整，从农业技术咨询转向计划生育管理，客观上不仅不能真正发挥农药安全管理和监控的职能，而且还会因利益驱使向农户推销农药。作为农产品“入市”前最后一道防线，农产品批发市场的农药残留检测制度非常不完善，基层食品安全工作体系不健全，监管机构建设投入不足，监管能力和水平不高，从生产种植源头到产品终端的常态化农药监管体系的缺失为农户使用禁用农药和大量使用农药提供可乘之机。

通过对中药房所售药材的农药残留检测分析，以及对相关种植者、商户和加工企业工作人员的访谈，绿色和平告诉记者，中药材样本普遍含有多种农残，其中甚至包括国家禁用农药，且个别样本农残含量偏高。绿色和平认为，这在一定程度上反映出各级政府对农药使用的监管力度不够，政府决策者缺乏农药减量决心，生态农业长期建设性投入不足。绿色和平呼吁决策者切实贯彻农药减量政策并建立有效数据评估监督机制，加强农药监管，确保高毒剧毒农药不在中药材上使用。同时，加大对生态农业的政策和资金扶持。中药企业应承担其企业社会责任，建立并公开供应链中减少农药使用机制。

三、中药材种植亟须向生态农业发展

虽然国家对农业生产技术的投资近年来有较快的增长，但是对生态农业研究和推广领域的投入却相当有限。据悉，2007 年农业部启动“绿色防控示范区建设试点工程”，通过物理和化学诱控、免疫诱抗、生态控制等方法，减少化学农药用量。目前，全国建有 200 多个绿色防控示范区，覆盖率 20%左右。按照要求，相比常规区域，绿色防控区域农药使用量要减少 20%。目前做得好的地方可以减少 30%~50%。然而，由于国家财政投入不足，产品研发力度不够，绿色防控的实施范围和规模有限，致使全国农药的使用仍然居高不下。

显然，为保障我国的食品药品安全，清洁中药材的生长环境，农业部、食品药品监督管理总局及地方相关部门要携手同心，促进中药材质量安全，食品安全与环境保护是政府、企业、农业组织和个人的共同责任。

绿色和平呼吁各大型中医药企业，从自身供应链的管理做起，改善产品无追溯和农药使用无监管的现状，并承诺切实贯彻农药减量政策，设定具体可执行的时间表和数据评估监督机制；记录并公开供应链中的农药种类和使用量；加强农药使用的指导和监管，确保高毒剧毒农药不在中药材上使用；建立并公开企业有关中药种植的农药减量机制，公示生态技术和机制方面的革新，包括公司自建基地的减量及对供应商的要求；加大对生态农业的政策和资金扶持，推动生态农业发展。

俗话说：好药治病，劣药致命；药材好，药才好。从古代神话传说的神农尝百草为人类寻找能够治病疗疾的中药材，到李时珍等中国古代名医走遍崇山峻岭采集草药救死扶伤，中药材推崇的都是野生、天然、无公害、道地性。后来，随着野生中药材资源的不断减少乃至枯竭，中药材人工种植的面积和数量越来越大，并逐渐成为中药材的主要来源。要保障我国中医药产业健康持续发展，就必须大力倡导绿色发展理念，采用仿野生的生态种植方式，从源头上提升中药材的质量和安全。

目前，《中药材生产质量管理规范》认证虽然已被取消，但是，《中华人民共和国中医药法》《中医药发展战略规划纲要（2016—2030 年）》所规定和倡导的“中药材种植业绿色发展严格管理农药、肥料等农业投入品的使用”“规范中药材生产，保证中药材质量”，仍需遵守和提倡。在中药材种植环节，应采用生态农业生产模式，以实现中药材的绿色发展。

第三章　中药材的繁殖与良种繁育

第一节　中药材的繁殖

一、无性繁殖的方法

（一）扦插

剪取中药材植物的茎、叶插入苗床中，使其生长为一棵完整的植株，这种方式叫扦插。用作扦插的材料（根、茎、叶）叫做插穗。

1. 扦插种类

（1）根插　有些植物枝条生根困难，但其根部却容易生出不定芽，如贴梗海棠等。在晚秋季节，把根剪成10~15cm长的小段，用温沙贮藏，第二年春季插入苗床，约一个月后即可生根萌芽。

（2）叶插　有些花卉植物的叶片容易生根，并产生不定芽，如秋海棠、虎皮掌、石莲花等，可剪取叶片进行扦插繁殖。扦插秋海棠叶片时，先在叶背面的叶脉处用小刀切些横口，以利产生愈合组织而生根，然后把叶柄插入苗床中，而叶片平铺在沙面上，并盖上一小块玻璃，以帮助叶片紧贴沙面，待叶片不再离开沙面时，再拿去玻璃片。没有叶柄的（如石莲花），将叶片基部浅插在苗床沙面里，会逐步成为新株。虎皮掌叶插时，剪取叶片顶端5~6cm长，竖直插于沙中，露出地面2~3cm，下面生根后，上面生出不定芽即列为一棵完整的植株。

（3）枝插　这是花卉植物主要的繁殖方法，又分为光枝插、带叶插、单芽插等。光枝插：多用于落叶木本花卉。冬季落叶后，选取当年生枝条，剪成10~15cm长的小段，用绳捆好，倒埋于湿沙中越冬，第二年春季取出扦插，入沙深度不超过插穗长度的2/3。带叶插：多用于一般花卉的生长季节或常绿花卉，采用当年生枝条，剪成7~12cm的一段（长度因花卉而定），带叶扦插。但在扦插时要把插入沙中部分的叶子剪去，上面只留1~4片叶，最好随剪随插，以利成活。单芽插：又称短穗扦插。为充分利用材料，只剪取一叶一芽做短插穗，插穗长度1~3cm为宜。扦插时，将枝条和叶柄插入沙中，叶片完整地留在沙面上，如桂花等。

2. 扦插条件

（1）扦插基质　要求苗床土排水良好，持水力较强，通气性好、升温快，保温性强，无病虫隐患。常用的有下列几种：河沙，以不含有机质的中等粒度的石英沙为最好，普通沙子也可。它具有通气、排水良好，易吸热、增温和一定的持水能力。蛭石和珍珠岩是近几年来采用的一种新基质，具有质地疏松、透气性好、保水保温力强等优点，适宜各种花卉扦插或播小粒种子育苗用。此外，腐熟的木屑、木炭粉、谷壳灰等也可作扦插基质。各类扦插基质在使用前均应进行消毒，如用高温锅蒸、锅炒或用1 000倍的高锰酸钾溶液对插床喷洒，以防止病虫为害。消除病虫为害是提高插穗成活率的重要因素之一。基质铺设厚度依插穗长短而定，一般是与插穗长度相同或多出1/4。不可过厚，否则渗水、透气性差，对生根不利。

（2）扦插环境、温度　通常土温以15～20℃为宜，土温的高低对插穗能否成活影响甚大，土温高于3～6℃对成活更有利。气温要稍低于土温为适宜，生长之前需要抑制地上部的生长，使芽在根形成后再萌发。

（3）空气湿度　光枝插穗由于水分蒸腾量小，空气温度可略微低些，但相对湿度不能低于60%；带叶扦插的插穗，要求较高的空气温度，相对湿度一般应保持在80%～90%。过于干燥，水分供不应求，会造成扦插失败。

3. 扦插方法

（1）插条选择　应选择母株长势旺盛、枝叶粗壮、生长充实、时间短、腋芽饱满、无病虫害的新生枝条作为插穗，以利成活。不带叶的插穗扦插后，生根发芽所需要的养料，都依赖于插穗本身来供给。因此，插穗一定要成熟、粗壮、养料充足。带叶的半成熟插穗生根所需要的养料，则依赖扦插后插穗所带叶片的光合作用临时制造，所以叶片的多少、大小和质量对生根快慢影响甚大。因此，选择插穗时，要在可能的范围内尽量保留较多的叶片。就一株母体而言，中上部的枝条较好，一根枝条则以中部为好，而一、二年生枝条又比多年生枝条好。

（2）枝条剪取　剪取插穗时，下端应从一个叶柄下方0.5cm的地方平剪或斜剪下来，这个部位形成层比较活跃，养分积累多，易于生根。上端应保留2～4个芽，从高于芽项0.5～1.5cm处平剪。

（3）插穗处理　插穗剪取后，要立即扦插，尤其叶插更应及时，以防萎蔫；仙人掌类肉质花卉的插穗剪后可在通风处晾一段时间，待剪口干缩后再扦插，以免腐烂；含水较多的花卉，如天竺葵、四季海棠等，剪口处流出的汁液较多，应蘸一些草木灰，以防扦插后腐烂；玻璃翠、四季海棠、夹竹桃等的插穗，也可在清水中浸泡一段时间，待长出新根后，再直接栽入盆中。

4. 扦插时期

中药材的扦插时期以休眠期扦插为主，生长期扦插为辅。

（1）休眠期扦插　也叫光枝插，通常秋季落叶后采条，经埋藏越冬，第二年春季3—4月再进行扦插。可以进行休眠期扦插的植物有木通、连翘、猕猴桃、郁李、大八仙花、金樱子、云实、木香杜仲等。

（2）生长期扦插　也叫带叶插，只要条件具备（如在温室条件下），一年四季均可扦插繁殖，自然湿度条件下扦插的最适时期为6—9月。这一时期，多数木本花卉经春季第一次生长终了，插穗含养分较多，有利成活。可以进行生长期扦插的种类有枸杞、木香、连翘、栀子、佛手、紫金牛、落地生根、铁线莲、卫矛、鼠李、薄荷等。

5. 插后管理

在扦插盆上或苗床上罩以塑料薄膜，以保持一定的湿度和温度。为避免日光暴晒，引起水分大量蒸腾而导致叶片萎蔫，影响成活，要注意遮阴，把扦插盆放在荫蔽处。水分管理，应根据天气情况，适时喷水，保持适宜的空气温度。喷水不宜过多，以免基质湿度过大，影响生根。插穗生根后，再停半月左右，就可移出栽入盆中，先放在荫蔽处缓苗，待根系发育良好，植株健壮后，再逐步移到阳光充足之处，按常规进行管理。

（二）嫁接

嫁接就是把一个植物体的芽或枝，接在另一株植物体上，使两部分长成一株完整的植物体。接上的芽或枝叶叫接穗，被接的植物体叫砧木。

1. 嫁接的意义

接穗要从优良品种上选取，经嫁接可保持它原来的优良特性。砧木多选用野生种或实生苗，由于它们生长健壮，根系发达，经嫁接后的中药材，能综合两者的优点，即不仅植株生长旺盛，而且性状也能得到改善（如花朵变大、瓣数增加等），从而提高其观赏价值。如臭橙嫁接在枸桔上所长成的枳壳树，因砧木适应性强，根系生长发达，吸肥水能力强，抗旱能力强，会表现出比同期的实生枳壳生长快，枝梢、叶片生长显著，树冠形成快，可以提前4~5年进入始果期。用小叶女贞砧木可以嫁接桂花。桂花花香芬芳，但植株发育较慢；小叶女贞植株生长快，但花不香，两者嫁接在一起，就成了生长较快、开花芳香的桂花了。

2. 嫁接的方法

（1）靠接　先选砧木和接穗，把砧木盆植培养，靠接前移到接穗母株旁边。砧木要选用二年生以上的枝干，茎粗1~1.5cm；接穗宜选用成年植株上1~2年生带有分枝的枝条，茎粗0.6cm、长15cm。砧木接口切好后，再选好接穗部位，在适当位置上横刻一刀，再由两侧自下而上各削一刀至横刻处，使接穗接口成一凸出的三角体，其长度与砧木长度相同，然后将砧木与接穗的接口密切吻合。靠接务必把砧木和接穗的形成层对准，不露缝隙，然后用手按紧接口，用塑料薄膜带或麻皮捆紧，并防止雨水灌入。如果砧木和接穗的茎粗相近，可用平面靠接法。即把以里的靠接部位分别削成平面，然后再靠接在一起。靠接后均不施肥，但应经常保持盆土湿润。1~2个月切口即可痊愈，然后将接穗与母株之间剪断，即成为独立的植株。靠接法多用于其他嫁接法难以成活的种类，如桂花、佛手以及其他柑橘类等。这是因为在靠接时，砧木和接穗都是在不离开母株的前提下拉在一起的，待成活后才把接穗从母株上剪断，因此用靠接法繁殖最有把握。靠接的时间，多在夏季花卉类中药材生长旺盛的时期进行。

（2）枝接　多在春季进行。先选取即将出芽、生长健壮的一年生枝条，然后截取枝条中间的一段，长 10~12cm 作为接穗。接穗上保留 3~4 个芽，上口比最上的一个芽略高，以保护芽不被碰伤，下口应在最下一个芽的下边 3~4cm 处，并在最下一个芽的两侧各削一刀切成楔形，含于嘴中，以防止接穗水分的蒸发。砧木在离地面 5~8cm 处截顶，并把剪口削平，然后用刀将砧木处劈成纵深 3~5cm 长的切口，迅速从嘴中取出接穗，插入砧木的劈口内。如砧木较粗而接穗较细者，一个砧木的劈口内可以同时接上两个接穗。但不论接上一个或两个接穗，都应使砧木的形成层和接穗的形成层充分对齐，用塑料带缠紧。枝接完毕后，用温土把所嫁接的花卉类中药材封埋起来，土要高出接穗 1cm，并防止碰伤接穗。以后要不断地从基部浇水，保持土堆的湿润，到出芽后为止。枝接 1~2 个月后，即可出芽，芽出土后，逐渐除去封土，露出接口。若是两个接穗都成活了，待第二年时应把弱的一枝剪去，以保证留下的一枝健壮生长。

（3）芽接　在夏末秋初的时节进行。适合这种接法的有月季、梅花、碧桃、海棠等木本花卉。芽接时，要选用充实健壮的枝条做接穗，剪去枝条上的叶片，保留叶柄，然后在芽的上方 1cm 处横切一刀，再从芽的下方 1~1.5cm 处向上平削。削下后，从上往下把皮层的木质部剥掉，芽接的砧木宜选用生长健壮的 1~2 年植株、在距地面 5~8cm 处横切一刀，再从切口中间部位向下切长 3cm 的立刀，使之成为“T”字形口内，并使接穗上方的横刀口与砧木上方的平刀口处紧密接合，最后用塑料带捆紧即可。在芽接前的 1~2 天要充分浇水，使砧木树液活动，树皮容易剥离。芽接后，不宜过多浇水，也不宜在阳光下暴晒，以免影响接穗成活。总之，无论是靠接、枝接或芽接时，一定要使砧木的形成层和接穗的形成层紧密地吻合在一起才容易成活。

（三）压条

利用母株枝条压入土内，采取一定的方法，使其生根，从而得到新植株的方法叫压条。如贴梗海棠、夹竹桃、母株枝条多而长，压入土中又有生根，因此，多采用压条繁殖。压条法操作方便，压后不需要特殊的管理，成活率高，因此，它是木本中药材常用的一种繁殖方法。压条根据部位的高低不同，又分为地面压条和空中压条两种方法。

1. 地面压条

选用当年生或二年生健壮的新枝，过老过嫩的枝条不易生根。先在母株旁边挖一个小沟，沟的长短、深浅依枝条而定。小沟壁靠近母株的一面要挖成垂直面，这样便于枝条直立伸出地面。进行压条的时候，先对埋入土中部分的树皮进行环割或拧劈，这样可以促进生根。覆土时应踏实，使枝梢露出地面。为了防止浇水后枝条弹出沟外，可用“人”形枝杈卡住压条扎入土中。当根系已经形成，枝条上端长出枝叶的时候，就可以把这个发育完整的压条从母株上切断，移栽到花盆中，进行常规管理了。也可采用盆压法，即在母株旁放上盛土的花盆，将选好的枝条压入盆中。具体操作方法和地面压条法相同，如枝条过长，可连续压入几个盆中，生根后即可切断，成为一盆新的植物。

2. 空中压条

凡是枝条较硬，不易弯曲或植株过分高大，无法采用地面压条的时候，即可采用空中压条法。压条时，先准备好一个与压条部位等高的梯子或木架，再把装土的花盆置于木凳上，以备利用。空中压条的基本方法与地面压条法相同。为防止枝条弹出盆外，覆土后应充分压实，上面再压一块砖。也可不用盆压，而是把环割过的枝条，用劈开的直径约 10cm 的竹筒夹住，筒内装土。甚至还可用塑料袋代替花盆或竹筒。无论采用哪种方法，都要经常浇水保持适当的湿度。压条后 1~3 个月生根，生根后切离母株，单独栽培。压条的时间以春季最好，6—7 月也可进行。如夹竹桃 5 月压条，7 月切离；月季花 7 月压条，9 月切离；桂花 6 月压条，9 月切离。压条法常用于金银花、杜仲、酸枣、罗汉果、山茱萸等的繁殖中。

（四）分株

分株繁殖是把植株的蘖芽、球茎、根茎、匍匐茎等，从母株上分割下来，另行栽植而成独立新株的方法。分株法分为全分法和半分法两种。

1. 全分法

将母株连根全部从土中挖出，用手或剪刀分割成若干小株丛，每一小株丛可带 1~3 个枝条，下部都带根，分别移栽到他处或花盆中。经 3~4 年后又可重新分株。

2. 半分法

分株是将母株全部挖出，只在母株的四周、两侧或一侧把土挖出，露出根系，用剪刀剪成带 1~3 个枝条的小株丛，下部带根，这些小株丛移栽别处，就可以长成新的植株。不同的花卉，进行分株繁殖的器官也不相同。分匍匐茎，如大丽花、美人蕉、晚香玉、鸢尾等，及其地下部分，分生的仔块茎、块根移植栽培，就能发育成新株。分蘖芽，如玉簪花、文竹、石竹花、贴梗海棠等，可挖根部滋生出来的蘖芽，栽植它处。采用分株法，多在早春新芽萌动之前进行，也可提前在晚秋落叶后进行。春季分株时，不可过晚，否则影响当年现蕾和开花。

二、种子繁殖

中药材种子的采收、干燥和贮藏

1. 采收

随着中药材产业的不断强大，种植中药材已经成为农民增加收入的主要渠道。合理的种植方法是中药材种植成功与否的关键，而合理的采收时间与方法则是中药材产量与质量的关键。重点应把住以下几个环节。

（1）采收时间　合理的采收时间的确定应以药材质量的最优化和产量的最大化为原则。有效成分总量=药材总量/单位面积×有效成分含量（C%）。如金银花、朱砂根的种子成熟后不及时脱落，可以待全株种子完全成熟后将果梗割下；蒲公英、一点红、白芷、补骨脂等应随熟随采，避免损失。

（2）采收部位不同，采收期不同　根及根茎类药材多在秋末春初或植物生长停止，花叶萎谢的休眠期采收。此时，植物体的营养物质大多贮存于根，根茎质地坚实，营养消耗少；树皮及根皮类多在春夏之交采收，此时生长旺盛，皮内养分充足，汁液多，皮与木质部易分离；茎木类一般在秋冬季采收；叶及全草类，叶类植物生长最旺盛，在叶青绿或花盛开而果实种子尚未成熟时采收，此时光合作用最强，相应的有效成分多；全草类药材多在枝叶茂盛，花初开时采收；花类一般含苞欲放时采收，此时，花香浓郁，药性十足；果实及种子类一般多在果实接近成熟或成熟时采收，种子在完全成熟后采收。

（3）不同地域，采收期也不相同　在不影响药材品质的前提下，可以提高采收次数。一年生当年采收，二年生第二年采收，多年生依情况而定。同一植物多部位入药兼顾种果的成熟期、非药用部位的综合利用。

（4）采收方式　采取挖掘、收割、采摘、剥离、割伤等方式进行采收。

中药材种类繁多，药用部位不同，其最佳采收的时间也不相同。所谓最佳采收期，是针对中药材的质量而言的。中药材质量的好坏，取决于有效成分含量的多少，与产地、品种、栽培技术和采收的年限、季节、时间、方法等有密切关系。为保证中药材的质量和产量，大部分中药材成熟后应及时采收。中药材的成熟是指药用部位已达到药用标准，符合国家药典规定和要求。药材质量包括内在质量和外观性状，所以中药材最佳采收期应在有效成分含量最高、外观性状如形、色、质地、大小等最佳的时期进行，才能得到优质的药材，达到较好的效益。

2. 干燥

（1）日晒法　这是大多数药材常用的一种干燥方法。晾晒时，应选择晴朗、有风的天气，将药材薄薄地摊在苇席上或水泥地上，利用日光照明，同时要注意及时翻动，保证日光照射均匀。秋后夜间，空气湿度大，要注意将药材收起盖好，以防返潮。

（2）摊晾法　该法也叫阴干法，即将药材放置于室内或大棚的阴凉处，利用流动的空气，吹去水分而达到干燥的目的。该法常用于阴雨天气，或用于含有挥发油的药材以及易走油、变色的药材，如枣仁、柏子仁、知母、苦杏仁、党参、天冬、火麻仁等。这些药材不宜暴晒，可于日光不太强的场所或通风阴凉处摊晾，以免走油、变质。

（3）烘炕法　此法是一种传统的、简便经济的药材干燥方法。应用该法要事先在室内或大棚内垒一个或数个长方形火炕，火炕宽约 1.5m，长度可根据药材多少而定，火炕下面每隔 80cm 留一个能开关的小门以便添加燃料。而后在其中放置一个火炉，火炉的火口处要架上一块铁板，以防火苗上升，破坏药材，同时亦可分散热量。火炕垒到 1.2~l.5m 高时，每隔 60cm 横放一根直径 3~4cm 的圆钢管，钢管上面铺放金属丝网，丝网上面再覆以泥巴，然后从泥巴以上再把火炕加高 60cm 即可。最后点燃火炉，把火炕及覆盖的泥巴烘干，将药材按先大后小的层次置于炕槽内，但不要装得太满，以厚 30~40cm 为宜，上面覆盖麻袋、草帘等。有大量蒸汽冒起时，要及时掀开麻袋或草帘，并注意上下翻动药材，直到炕干为止。该法适用于川芎、泽泻、桔梗等药材的干燥。干燥过程要注意掌握火候，以免将药材炕焦，还要根据药材的性质和对干燥程度的要求分别对待，有些药材不宜用烘炕法进行干燥。

（4）烘房和干燥机烘干法　该法适合于规模化的药材种植基地使用，且效率高、省劳力、省费用，不受天气的限制，还可起到杀虫、驱霉的效果，温度可控，适用于各类药材，不影响药材质量，是一种较先进的干燥方法。但要注意按照规范的技术要求和标准建造烘房并购进专用干燥机械，由熟悉干燥技术的专业人员操作。另外要注意根据药材的不同性质控制干燥温度和时间。

（5）远红外加热干燥法　这是一项新的干燥技术，其干燥原理是将电能转变为远红外辐射，从而被药材的分子吸收，产生共振，引起分子和原子的振动和转动，导致物体变热，经过热扩散、蒸发和化学变化，最终达到干燥的目的。仔仁果米类药材均可采用该法干燥。远红外干燥可节省电能 20%~50%，效果较好。

（6）微波干燥法　这是一项 20 世纪 60 年代迅速发展起来的新技术，微波干燥实际上是通过感应加热和介质加热，使中药材中的水分和脂肪不同程度地吸收微波能量，并把它转变为热量从而达到干燥的目的。微波干燥可杀灭微生物和霉菌，并具有消毒作用，使药材达到卫生标准，并能防止药材在贮藏过程中发霉和生虫。目前我国生产的微波加热成套设备有 915MHz 和 2 450MHz 两个频率。

3. 贮藏

贮藏中药材种子应掌握以下几方面的贮存技巧，以确保其发芽率，为下季药材种植做好准备。

（1）单独存放　贮藏中药材一定要与其他树木、蔬菜、粮食和草种分开存放，避免混杂。中药材种子要单收、单打、单晒、单独贮藏。贮藏时应贴上标签，标明种子名称、重量、纯度、入库时间等。要一个容器盛放一个品种。在贮存前，要彻底清除其杂草和泥土等杂质。贮存房间要用10%石灰水进行常规消毒，严防药种受到污染。

（2）控制好水分　含油类多的药材种子水分要控制在8%~9%，一般种子水分应控制在12%~13%。如果种子数量多，可分批晾晒，隔一段时间翻动一次，待种子含水量降到安全线以下后再入库。因为水分过高种子容易霉变。

（3）贮藏中药材种子不宜暴晒，要在傍晚降温后再入库　贮藏种子最佳温度应控制在10℃左右，温度过高，种子呼吸旺盛，将消耗自身贮藏的营养，降低发芽率。

（4）控制中药种子受潮　用砖木垫高，在离地50cm以上的地方贮藏中药种子，不可直接把中药种子放在地面上，以免受潮而影响发芽率。贮藏室要留出30%的空间，以利通风换气。室外存放的种子，受冻后不要再转到暖室内。

（5）千万不要用塑料袋密封中药材种子　因为塑料不透气，种子被迫进行无氧呼吸，会产生酒精和有机酸等有毒物质，失去发芽率。种子要放入麻袋、编织袋、布袋内贮藏。

（6）中药材种子存放禁忌　不要把中药材种子与农药、化肥一起存放，种子存放要远离火炉，不可受到烟气熏蒸。

三、中药种子的休眠与解除

（一）休眠

种子休眠（seed dormancy）：活种子在适宜的萌发条件（温度、水分和氧气等）下仍不能发芽的现象，是植物重要的适应特性之一。种子休眠是一个可遗传的性状，其程度由种子发育过程中的环境来调节。种子休眠是有生命力的种子由于胚或种壳的因素，在适宜的环境条件下仍不能萌发。休眠是植物在长期系统发育过程中获得的一种抵抗不良环境的适应性，是调节种子萌发的最佳时间和空间分布的有效方法。具有休眠特性的农作物种子在高温多雨地区可防止穗发芽；某些沙漠植物的种子可以休眠状态度过干旱季节，以待合适的萌发条件。根据种子休眠产生的时间可分为初生休眠（收获时即已具有的休眠现象）和次生休眠（原来无休眠或解除休眠后的种子由于高湿、低氧、高二氧化碳、低水势或缺乏光照等不适宜环境条件的影响诱发的休眠）。

种子休眠的原因可归为两大类：第一类是胚本身的因素造成的，包括胚发育未完成、生理上未成熟、缺少必需的激素或存在抑制萌发的物质。用低温层积、变温处理、干燥、激素处理等方法可解除休眠。第二类是种壳（种皮和果皮等）的限制造成的，包括种壳的机械阻碍、不透水性、不透气性以及种壳中存在抑制萌发的物质等原因。用物理、化学方法破坏种皮或去除种壳即可解除休眠。休眠种子是种子本身未完全通过生理成熟或存在着发芽的障碍，虽然给予适当的发芽条件而仍不能萌发；而静止种子是种子已具有发芽的能力，但由于不具备发芽所必需的基本条件，种子被迫处于静止状态。下面详细介绍种子休眠原因的几个方面。

1. 胚的影响

银杏、人参等的种子采收时外部形态已近成熟，但胚尚未分化完全，仍需从胚乳中吸收养料，继续分化发育，直至完全成熟才能发芽。

2. 种皮的影响

主要是由种皮构造所引起的透性不良和机械阻力的影响。有的是种皮因具有栅状组织和果胶层而不透水，导致吸水困难，阻碍萌发（如豆科植物种子）；有的种皮虽可透水，但气体不易通过或透性甚低，因而阻碍了种子内的有氧代谢，使胚得不到营养而不能萌发（如椴树）。有些“硬实”种子则是由于坚厚种皮的机械阻力，使胚芽不能穿过而阻止萌发（如苜蓿、三叶草）。

3. 抑制物质的影响

有些种子不能萌发是由于种子或果实内含有萌发抑制剂，其化学成分因植物而异，如挥发油、生物碱、激素（如脱落酸）、氨、酚、醛等都有抑制种子萌发的作用。这些抑制剂存在于果汁中的如西瓜、番茄；存在于胚乳中的如鸢尾；存在于颖壳中的如小麦和野燕麦；存在于种皮的如桃树和蔷薇。它们大多是水溶性的，可通过浸泡冲洗逐渐排除；同时也不是永久性的，可通过贮藏过程中的生理生化变化，使之分解、转化、消除。

种子的休眠可分为 3 种类型。第一类，胚休眠。这类种子成熟时，胚未分化完全，必须经过形态后熟进行胚的进一步分化发育，再经低温生理后熟才能萌发。属于这种类型的中草药种子有人参、西洋参、五加、刺五加、羌活、黄连、五味子、伊贝母、北沙参、芍药和牡丹等。第二类，生理休眠。这类种子胚的形态分化完全，但由于存在某些因子（如抑制物质），影响了种子的萌发，或是由于胚乳的原因而影响了胚的萌发。必须采取一定的措施，如低温层积、光照或变温处理、外源激素处理等，解除种子的休眠。需要进行生理休眠的中草药种子有很多，如商陆、金莲花、杜仲、金银花、黄柏、龙胆、紫草等。第三类，综合休眠。是由于种皮障碍和胚休眠共同引起的休眠。打破这类种子的休眠，先须突破种皮障碍，然后运用一定的技术措施解除胚的休眠后，种子才能萌发，如山楂、山茱萸等。

（二）解除

为了提高中药材种子品质，防治种子病虫害，打破种子休眠，促进种子萌芽和幼苗健壮成长，中药材种子在播种前要进行处理，可提高中药材的产量。主要常规处理方法如下。

1. 选种

选取颗粒饱满、大小均匀、发育完善、不携带病虫卵、生命力强的种子。种量少可选择手工选种，种量大可用风选或水选。

2. 晒种

播种前晒种能促进某些药材种子的生理成熟，加快种子内部新陈代谢，提高种子成活率、发芽势和发芽率，并起到杀菌消毒的作用。晒种一般选择晴朗天气晒2~3天，在水泥地上晒种时，注意不能摊得太薄，以防烫伤种子，一般以3~5cm为宜；每隔2~3小时翻动一次，使种子受热均匀。以果实或种子为播种材料的中药材，播前晒种能促进种子成熟，增强种子酶的活性，降低种子含水量，提高发芽率：同时还能杀死寄附在种子上的病菌和害虫。晒种宜选晴天进行，注意勤翻动，使之受热均匀。

3. 浸种

用冷水或40℃左右温水直接浸种，热水变温交替浸种24小时，可使种皮老化、透性增强，并能杀死种子内外所藏病菌，防止病害传播，促使种子快速、整齐萌发。浸种时若采用化学物质直接进行种子处理，效果更佳。① 用生长激素处理。常用激素有吲哚乙酸、赤霉素等。② 在水中加入微量元素处理。常用微量元素有硼、锌、锰、铜、钼、铝等。③ 擦伤和破壳处理。有些药材种子坚硬，富含蜡质，不透水，影响种子萌发。常采用人工破壳、搓擦等方法损伤种皮，可增强透性、促进萌发。如杜仲可采用破翅果，取出种仁直接播种；黄芪、穿心莲的种子种皮有蜡质，可先用细沙摩擦，再用温水浸种，可显著提高发芽率。

以果实或种子作为播种材料的中药材，播种前用温汤浸种对种子消毒，能使种皮软化，种皮透性增强，有利于种子萌发，并可杀死种子表面所带病菌。不同药材的种子所需要的水温和浸种时间不同，如白术，一般在25~30℃温水中浸种24小时，而颠茄种子要求在50℃温水中浸泡12小时。药液浸种可打破休眠，促进后熟，提高发芽率。注意选择适宜的药剂，严格掌握浓度和浸种时间。如三七秋播前用65%代森锌可湿性粉剂200~300倍液浸种消毒15分钟；明党参用0.1%溴化钾浸种30分钟，捞出立即播种。甘草、火炬树等药材的种子皮厚、坚硬，不易透水透气，发芽率低，可利用机械损伤种皮的方法，增强透气，促进发芽；黄芪、穿心莲等种皮有蜡质的种子，先用细沙摩擦，使其稍受损伤，再用35~40℃温水浸种24小时，可显著提高发芽率。如牛膝、白芷、桔梗等种子用10~20mg/kg的赤霉素溶液处理可显著提高发芽率。番红花种子放在25mg/kg的赤霉素溶液中浸30分钟，金莲花在50mg/kg的赤霉素溶液中浸12小时，不仅发芽早且发芽率高。

4. 层积处理

即一层湿沙、一薄层种子，再盖一层湿沙，再撒一薄层种子，如此重复堆积处理，可打破种子休眠，促进成熟和萌发。如芍药、黄连、银杏等种子常用层积处理来促进萌芽。人参等种子采收后要通过较长时间的后熟过程才能发芽，这期间既要供氧充足，又要保湿防干燥，需采用沙藏催芽。玉竹（尾参）、百合等以根茎、鳞茎作种子的，为了打破高温休眠，也采用沙藏催芽。选择干燥、不易积水的地方，挖1个20~30cm深的坑，坑的四周挖好排水沟。将手捏成团、触之即散的沙与种子按3：1拌好，放入坑内，顶层覆土2cm厚，上盖稻草，再用防雨材料搭荫棚，每15天检查1次，经2~3个月种子裂口后即可播种。此方式适用于人参、西洋参、黄柏、黄连、芍药、牡丹等种子催芽。玉竹、百合等根茎、鳞茎作种的常在室内采用沙藏的方法，沙与种子按3：1混合，堆置于室内通风阴凉处，高度不超过1.5m，顶层用沙盖没种茎，覆盖薄膜保湿，勤检查以防烂种。

5. 拌种

一般用药剂拌种，可起到杀菌消毒、促进生长和吸收的作用。① 常用50%多菌灵拌种，可杀死种子表面及土壤中的病菌，防止细菌性猝倒病，用量为每500g种子用药3~5g拌匀。② 采用细菌肥料拌种，可增加土壤中有益微生物，能把土壤和空气中植物不能直接利用的元素转化成植物可吸收利用的养分，从而促进中药材的生长发育。常用菌肥有根瘤菌剂、固氮菌剂等。除以上常用的种子处理方法外，还可用射线、超声波等高技术处理药材种子，均有促进种子发芽、生长旺盛、早熟增产等作用。

四、中药种子的萌发

（一）发育阶段

种子从吸胀开始的一系列有序的生理过程和形态发生过程，大致可分为如下5个阶段。

1. 吸胀为物理过程

种子浸于水中或落到潮湿的土壤中，其内的亲水性物质便吸引水分子，使种子体积迅速增大（有时可增大1倍以上）。吸胀开始时吸水较快，以后逐渐减慢。种子吸胀时会有很大的力量，甚至可以把玻璃瓶撑碎。吸胀的结果使种皮变软或破裂，种皮对气体等的通透性增加，萌发开始。

2. 水合与酶的活化

这个阶段吸胀基本结束，种子细胞的细胞壁和原生质发生水合，原生质从凝胶状态转变为溶胶状态。

各种酶开始活化，呼吸和代谢作用急剧增强。如大麦种子吸胀后，胚首先释放赤霉素并转移至糊粉层，在此诱导水解酶（α-淀粉酶、蛋白酶等）的合成。水解酶将胚乳中贮存的淀粉、蛋白质水解成可溶性物质（麦芽糖、葡萄糖、氨基酸等），并陆续转运到胚轴供胚生长的需要，由此而启动了一系列复杂的幼苗形态发生过程。

3. 细胞分裂和增大

细胞分裂和增大时吸水量又迅速增加，胚开始生长，种子内贮存的营养物质开始大量消耗。

4. 胚突破种皮

胚突破种皮时胚生长后体积增大，突破种皮而外露，大多数种子先出胚根，接着长出胚芽。

5. 幼苗长成以后

长成幼苗以后长出根、茎、叶，形成幼苗。有的种子下胚轴不伸长，子叶留在土中，只由上胚轴和胚芽长出土面生成幼苗，这类幼苗称为子叶留土幼苗，如豌豆、蚕豆等。有些植物如棉花、油菜、瓜类、菜豆等的种子萌发时下胚轴伸长，把子叶顶出土面，形成子叶出土幼苗。

（二）自身条件

1. 有生命力且完整的胚

被昆虫咬坏了胚的种子不能萌发。种子在离开母体后，超过一定时间将丧失生命力而不能萌发，对不同种子而言其寿命时间长短不同。例如柳种子仅有 12 小时，花生 1 年，小麦和水稻的种子一般能活 3 年，白菜和蚕豆的能活 5~6 年。

2. 有足够的营养储备

正常种子在子叶或胚乳中储存有足够种子萌发所需的营养物质，干瘪的种子往往因缺乏充足的营养而不能萌发。

3. 不处于休眠状态

多数种子形成后，即使在条件适宜的情况下暂时也不能萌发，这种现象被称为休眠。对于休眠的种子，若需促进萌发，应针对不同原因解除休眠。

（三）外界条件

种子的萌发，除了种子本身要具有健全的发芽力以及解除休眠期以外，也需要一定的环境条件，主要是充足的水分、适宜的温度、足够的氧气和充足的阳光。

1. 充足的水分

干燥的种子含水量少，一般仅占种子总重量的 5%~10%，这样的条件使一切生理活动都很微弱。只有吸足水分，使种皮膨胀、软化，氧气才容易透入，呼吸才能增强，各种生理活动才会大大加强；只有吸足水分，种子内贮藏的营养物质溶解于水并经过酶的分解后才能转运到胚，供胚吸收利用。一般种子要吸收其本身重量的 25%~50% 或更多的水分才能萌发，例如水稻为 40%，小麦为 50%，棉花为 52%，大豆为 120%，豌豆为 186%。种子萌发时吸水量的差异，是由种子所含成分不同而引起的。为满足种子萌发时对水分的需要，农业生产中要适时播种，精耕细作，为种子萌发创造良好的吸水条件。

2. 适宜的温度

种子萌发时，包括胚乳或子叶内有机养料的分解，以及由有机和无机物质同化为生命的原生质，都是在各种酶的催化作用下进行的。而酶的作用需要有一定的温度才能进行，所以温度也就成了种子萌发的必要条件之一。不同植物种子萌发都有一定的最适温度。高于或低于最适温度，萌发都受影响。超过最适温度到一定限度时，只有一部分种子能萌发，这一时期的温度叫最高温度；低于最适温度时，种子萌发逐渐缓慢，到一定限度时只有一小部分勉强发芽，这一时期的温度叫最低温度。了解种子萌发的最适温度以后，可以结合植物体的生长和发育特性，选择适当季节播种。

3. 足够的氧气

种子得到足够的水分和适当的温度后，就开始萌动，此时氧气的供应对萌发起着主导作用。在氧气充分的情况下，胚细胞呼吸作用逐渐加强，酶的活动逐渐旺盛，种子中贮藏物质通过呼吸作用，提供中间产物和能量，才能充分供应生长的需要。一般种子需要空气中含氧量在10%以上才能正常萌发，含脂肪较多的种子比含淀粉多的种子需要更多的氧气。当含氧量下降到5%以下时，多数种子不能萌发。如棉花、落花生或其他作物种子，完全浸没在水中或深藏于土壤深处往往不能萌发，主要是因为得不到氧气。因此，播种、浸种过程中要加强人工管理。播种后如遇雨，要注意松土，控制并调节氧气的供应，使种子萌发正常进行。

4. 充足的阳光

阳光是种子生长中不可或缺的因素，是植物进行光合作用所必需的。一般种子萌发和光线关系不大，无论在黑暗或光照条件下都能正常进行，但有少数植物的种子，需要在有光的条件下，才能萌发良好，如黄榕、烟草和莴苣的种子在无光条件下不能萌发，这类种子叫需光种子。有些植物如早熟禾、月见草属的和毛蕊花的种子在有光条件下萌发得好些。还有一些百合科植物和洋葱、番茄、曼陀罗的种子萌发则为光所抑制，这类种子称为嫌光种子。需光种子一般很小，贮藏物很少，只有在土面有光条件下萌发，才能保证幼苗很快出土进行光合作用，不致因养料耗尽而死亡。嫌光种子则相反，因为不能在土表有光处萌发，避免了幼苗因表土水分不足而干死。此外还有些植物如莴苣的种子萌发有光周期现象。

第二节　中药材的离体快繁技术

一、中药材离体快繁技术的发展和意义

（一）离体快繁

离体快速繁殖技术的应用，首先应归功于More，他在1960年首先建立了兰花

离体繁殖的方法（原球茎繁殖）。目前已有近400种植物的离体繁殖获得成功，其中许多具有重要经济价值的花卉（如兰花、菊花、石竹）、果树（草莓、无籽西瓜、葡萄）、经济作物（马铃薯、甘蔗）、林木（桉树、杨树）均已在种苗生产上广泛应用，取得了巨大的经济和社会效益。我国快速繁殖植物的种类达443种之多，荷兰是试管苗的生产王国。植物快繁与传统营养繁殖相比的优点：繁殖效率高；生长速度快；培养条件可控制性强；占用空间小；管理方便，利于自动化控制；便于种质交换和保存。但也有如下的局限性。① 一些植物快速无性繁殖技术的某些环节还没有突破。② 要对其成本、技术等进行估算。③ 随继代次数增多，培养材料的分化能力下降。

（二）植物快繁存在的问题

植物快繁是利用体外培养方式快速繁殖植物的技术，主要应用于用其他方式不能繁殖，或繁殖效率低的植物的繁殖。为了保持某一品种的基因型稳定，避免在有性繁殖过程中发生变异，也采用植物快繁技术。快繁中利用的植物材料主要是茎尖、茎切段、叶片、胚等。快繁技术容易掌握，繁殖率高。但是植物组培快繁无论在技术上，还是在产业化方面都存在一定的问题。

一是快繁技术的推广应用还存在着技术障碍。不同种类的植物通过组培再生植株难易程度差异很大，尽管许多植物都有组培成功的报道，但由于繁殖率低等问题，真正应用于大规模生产的并不多。总的来讲，木本植物的组织培养难于草本植物，单子叶植物难于双子叶植物。对于一些木本植物而言，突出的问题是被培养材料的生根问题。而且植物组织培养技术的系统性不强，这方面鲜有研究，阻碍了组培快繁技术的推广和应用。因此，需要针对不同类型的植物展开大规模的基础理论和应用基础研究，从植物细胞学、发育学、生理学角度探索外植体发育的调控机制，建立适合不同类型植物组织培养快繁技术体系，并开发出专用于组织培养的、效率更高的植物生长激素或调节剂。

二是植物组织培养快繁技术成本较高，是阻碍其产业化的原因之一。能源消耗较大、成本较高。出售价格如果过高，将影响快繁苗的使用，出售价格若过低，快繁公司的利润空间变小。所以设法降低生产成本，是植物组织培养技术产业化必须跨越的障碍。降低成本的途径主要有3个：一是完善现有的培养技术，减少污染和死株，提高繁殖率；二是优化培养基配方和环境控制，减少消耗；三是创立全新的成本低的快繁模式。突破固有组培快繁模式，应该是未来组培技术发展的一个重要途径。一些小型的公司应注意向专业化方向发展，集中力量搞好一类或几类植物的快繁。因为不同植物的快繁需要的技术和管理是不同的，有的差异很大。此外，在组织培养快繁中发生变异，再生苗不整齐也是一个严重的问题。

二、中药材离体快繁方法

植物离体繁殖（Propagation in vitro）又称植物快繁或微繁（Micropropagation）是指利用植物组织培养技术对外植体进行离体培养，使其在短期内获得遗传性一致的大量再生植株的方法，又称“离体繁殖，快速无性繁殖、微型繁殖”，是工厂化育苗的技术基础。试管苗：由离体无性繁殖获得的植株称试管苗。无性系：指由同一个体通过无性繁殖产生的一个群体，它们的遗传背景基本一致。

（一）植物快繁器官形成方式

植物快繁的器官再生主要分为五种类型。

1. 短枝发生型

类似于微型扦插，指外植体携带的带叶茎段，在适宜的培养环境中萌发，形成完整植株，再将其剪成带叶茎段，继代再成苗的繁殖方法。此方法能一次成苗，遗传稳定，成活率高，但繁殖系数低。

2. 丛生芽发生型

是大多数植物快繁的主要方式。指外植体携带的顶芽或腋芽在适宜培养环境（含有外源细胞分裂素）中不断发生腋芽而呈丛生状芽，将单个芽转入生根培养基中，诱导生根成苗的繁殖方法。不经过愈伤阶段，后代变异小，应用普遍，也可用于无病毒苗的生产。

3. 不定芽发生型

指外植体在适宜培养基和培养条件下，形成不定芽，后经生根培养，获得完整植株的繁殖方法。分为通过愈伤组织产生不定芽，和直接产生不定芽两种方式。外植体涉及多种器官，如茎段、叶、根、花器官等，是植物快繁的另一种主要方式，繁殖系数高。但变异率较高，尤其是通过愈伤途径产生的植株。

4. 胚状体发生型

指外植体在适宜培养环境中，经诱导产生体细胞胚，从而形成小植株的繁殖方法。分为间接途径（经愈伤途径）和直接途径两种。此法成苗数量大、速度快、结构完整。但由于对其发生及发育过程了解不够，应用上还没有前两种广泛。

5. 原球茎发生型

是兰科植物特有的一种快繁方式，指茎尖或腋芽外植体经培养产生原球茎的繁殖类型。原球茎可以增殖形成原球茎丛。

（二）植物快繁的程序

植物快繁的程序包括四个阶段：无菌（或初代）培养的建立、繁殖体增殖、芽苗生根、小植株的移栽驯化。

1. 无菌（或初代）培养的建立

母株和外植体的选取：母株性状稳定、健壮、无病虫害污染。无菌培养物的获得，外植体的启动生长：愈伤产生、不定芽发生或外植体芽直接生长，该过程通常需要4~6周。

2. 繁殖体增殖

培养材料的增殖。主要增殖方式为诱导丛生芽或不定芽产生，再以芽繁殖芽的方式增殖，兰科植物为原球茎增殖途径，4~8周继代一次。一个芽苗增殖数量一般为5~25个或更多，多次继代可大量繁殖。增殖培养基可适当提高细胞分裂素和矿质浓度，与增殖体的大小和切割方法有关。

3. 芽苗生根

离体生根：也称试管内生根。降低无机盐浓度，减少或去除细胞分裂素，增加生长素浓度。活体生根：也称试管外生根。通常芽苗可先在生长素中快速浸蘸或在含有相对高浓度生长素的培养基中培养5~10天，然后移到基质中生根。生根培养时间一般为2~4周。

4. 小植株的移栽驯化

移栽：洗去根部的培养基，将小植株移栽入培养基质中。驯化管理：移栽初期要保证空气湿度，减少叶面蒸腾，弱光照。同时，逐渐降低空气湿度，使其适应自然环境条件；增加光照强度。另外注意防止病害的发生。主要应用有：① 用来加速难繁殖和繁殖速度慢的植物的繁殖；② 无病毒苗木的繁殖；③ 用于某些杂合园艺植物的繁殖；④ 用于需要加速繁殖的特殊基因型。

植物组织培养中应注意的问题如下。

（1）褐变　① 褐变的概念：指在组织培养过程中，由培养材料向培养基中释放褐色物质，致使培养基逐渐变成褐色，培养材料也随之慢慢变褐而死亡的现象。② 克服褐变的方法：选择适宜的外植体（幼嫩材料、春季取材）；改善营养条件（连续培养）；在培养基中加入一些附加物。

（2）污染　① 细菌污染的特点：在培养材料附近出现黏液状菌斑，一般接种1~2天可发现。特别应注意一种呈乳白色的细菌污染，这种细菌为芽孢杆菌，外被荚膜，耐高温，一般灭菌剂难以杀死，可随培养材料、用具传播，可出现在培养基表面，也可呈滴形云雾状存在于培养基内，发现及时淘汰，并对用过的器具严格高温灭菌。② 真菌污染的特点：培养基上长霉，一般接种3~5天就可见，霉的颜色有黑、白、黄等，真菌污染的特点是污染部分有不同颜色的霉菌，接种3天，有时多达10天才能表现。③ 造成污染原因有外植体灭菌不彻底；培养基及各种器具清洁灭菌不彻底；人为因素；超净工作区被污染；环境不清洁。

（3）玻璃化　① 玻璃化概念：是试管苗的一种生理失调症状，当植物材料进行离体繁殖时，有些培养物的茎、叶往往会出现半透明状和水渍状，这种现象称为玻璃化。② 克服方法有增加固体琼脂浓度，使细胞吸水受到阻碍。提高培养基中的碳氮比。控制温度，增加自然光照。

第三节　中药材的良种繁育

一、中药材良种繁育的意义和任务

选育和推广良种是提高植物产量、质量、经济利用价值的主要措施，也是发展植物生产的一项基本建设。育成新品种为生产利用提供了可能性，但更重要的是迅速大量繁殖优良种苗，提供充足种源，并在应用过程中保持新品种的优良特征特性。良种繁育是品种选育工作的继续，也是品种工作的重要组成部分。

中药材良种繁育的主要任务有两个：一是加速繁殖新的优良品种，以便更换已在生产上应用的老品种；二是保持新品种的优良性，防止混杂和退化。简言之"繁殖推广足量的优质种苗"。优质种苗——经过法定单位审（认）定的优良品种的纯度高（遗传特性）、活力高（发芽特性）的种苗。

二、中药材良种退化的原因

1. 机械混杂

良种中混进了异品种或异种植物的种子或栽子叫机械混杂。机械混杂是在下种、收获、晒干、贮藏过程中操作不严造成的，是目前种子混杂的主要原因，应高度重视。

2. 生物学混杂

在生产过程中，由于和其他品种及类型发生天然杂交而引起的混杂叫生物学混杂。优良品种中有个别植株和其他品种杂交后，后代必然发生分离，使本来整齐一致的优良品种中出现了五花八门的个体，破坏了优良品种的整齐性和丰产性。此外，有些需要进行人工授粉的中药材，如果对所授花粉选择不当也会引起混杂退化。

3. 品种本身的性状分离

品种的"纯"只是相对的，任何一个新品种不可能做到所有性状都绝对稳定，而是或多或少都带有一定的杂合性，在生产过程中不可避免地会产生性状分离，从而造成品种的混杂退化。

4. 良种本身的自然突变

按照遗传学的观点，性状是由遗传物质即基因控制的。在自然界，基因突变是经常发生的，基因改变必然引起相应性状的改变。

5. 不科学的无性繁殖

如罗汉果传统的繁殖方法是利用垂于棚下的徒长性匍匐茎（俗称“懒藤”）压蔓繁殖。但是，一般情况是生长发育良好、开花结果多的母株“懒藤”较少，而徒长不结果的母株才生长较多“懒藤”。因此，这种繁殖方法不是繁殖良种，而是繁殖了劣种。又如地黄用块茎繁殖，有些人为节约用种量，往往将膨大好的块茎作商品，而将膨大差的细长根茎留种，这种不科学的留种方法也会导致种性退化。

三、防止品种退化的方法

一个优良品种应经常提纯复壮，如果等混杂退化严重后再来提纯复壮就事倍功半了。在防杂保纯的技术上主要抓以下几个环节。

1. 去杂去劣

在药苗生长季节，首先应根据品种的特征，把与良种不同的杂株拔除，保留纯的植株。其次，如果种过一个品种的地块，第二年再种另一品种，头一年收挖不尽的品种有可能混杂。因此，要注意轮作。

2. 隔离繁殖

自花授粉的中药材异变率不高，一般不用隔离，异花授粉和常异花授粉的中药材，为防止异交，要采取措施隔离繁殖。隔离的方法有空间隔离（不同品种或类型相隔一定距离种植），时间隔离就是使不同品种或类型花期不遇，天然屏障（房屋、树木、高秆作物等）或人工屏障（用塑料薄膜、网罩等）隔离。少数珍贵药用植物也可用人工套袋方法隔离。但是简便而经济的方法还是空间隔离为好。根据对延胡索授粉习性的观察，延胡索为异花授粉植物，品种内自交基本不结实，但与其他品种延胡索相邻种植时，结实率可达61.3%，相距50m左右时，结实率降为21.5%，相距500m，结实率仅1.4%，在温室内由于没有昆虫授粉，完全不结实。以上说明空间隔离是防止混杂退化的重要手段。

3. 加强选择

人工选择不仅可以除去杂株，保证品种纯度，并且有巩固和提高优良性状的作用。良种繁育用选择方法，培育新品种也用选择的方法，但它们之间是有区别的。培育新品种是从原有品种中选择比原有品种更好的个体培育成优于原有品种的“新品种”，而良种繁育选择的目的只是保持原有品种的特征，能保证原品种的产量和质量就达到了目的。因此，在技术上比较简单易行。例如浙江贝母，因繁殖系数很低，为保证种子质量，生产上将商品地和种子地分开培植，对种子地种栽有较高要求，不太大也不太小，太大不但成本高，而且相应地减少了当年商品产量。过小，既影响种子的质量也影响下年商品的产量和质量。又如元胡的块茎分“母元胡”和“子元胡”，生产上必须用“子元胡”作种才能获优质高产。再如地黄新品种A和B，其每公顷产量曾分别达到2 874kg和3 582kg，由于这两个新培育出来的品种都存在优劣两种类型的个体，因此退化很快。后来把B品种中的优良类型选出单独繁殖，恢复了B品种原来的种性，使每公顷产量达到了2 435kg，而没有进行选择复壮的A品种，每公顷仅产619kg，完全退化而被淘汰。

4. 改变繁殖方法

有的中药材长期无性繁殖容易引起生命力衰退，采用有性繁殖则可使生命力得到提高。天麻就是一个典型的实例。天麻的人工栽培，开始是用无性繁殖的，中国医学科学院药用植物研究所的科研人员发现长期无性繁殖退化严重，经过努力，终于发明了天麻的有性繁殖方法——树叶菌床法。既解决了天麻无性繁殖品种退化问题，又解决了天麻种源缺乏的问题。

5. 其他方法

（1）异地换种　本地品种退化严重，可从外地调进种子以提高生命力和适应性。如美国栽培西洋参，为了提高产量和质量，常常从加拿大购进种子以替换自产种子。我国平原栽培川芎常常在山区培育“芎苓子”，实际上也是异地换种的一种方式。

（2）采用倒栽方法生产繁殖材料　如地黄用块茎繁殖，如果用春栽地黄秋天收获的块茎作种子，由于块茎大，不但用种量大，成本高，而且生长不好，产量不高。若在7月将未长大的地黄块茎刨出栽植（俗称倒栽），到回苗时，其块茎不但数量多，而且大小匀称，相对处于年幼和生命力较强的阶段。用这种块茎作种子，不但成本低，而且生长好、产量高，可防止退化。

（3）利用茎尖培养方法获得无病毒植株　如地黄农家品种金状元，经过茎尖培养所得无病毒苗与原品种相比，病害轻，产量高，可使因感染病毒而退化的品种复壮。

（4）提芽栽培防止退化　山东淄博药材站于百功等经十多年试验，总结出了提芽栽培技术防止地黄退化的新方法，比传统方法平均增产30%左右。传统方法每0.1hm^2用种50kg，而新方法仅需用种15kg。

此外，根据每种药用植物所要求的环境条件，选择适宜地区种植；注意栽培技术；加强肥水管理；防治病虫害等都是防止品种退化的重要环节。

下　篇

各　论

第一章　花类中药材

第一节　菊　花

一、植物特征及品种

菊花（菊科菊属），别名甘菊、真菊、金蕊、药菊（图 1-1、图 1-2）。多年生草本，高 60~150cm。茎直立，基部木质，分枝或不分枝，被白色短柔毛，略带紫红色。花期 9—11 月。雄蕊、雌蕊和果实多不发育。菊花品种具有多样性，根据不同分类标准有不同品种。

图 1-1　菊花植株

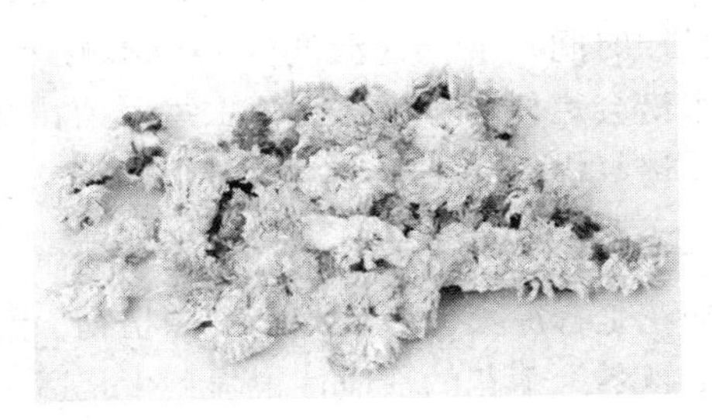

图 1-2　菊花药材

（一）按花期分为夏菊、秋菊和寒菊

1. 夏菊

又名五九菊。在每年农历 5 月及 9 月各开花一次。现今利用保护设施栽培可在阳历 5 月及 10 月各开花一次。

2. 秋菊

花期有早、晚之分。早菊花期在 9 月中、下旬为中型菊。晚菊花期在 10—11 月为大型菊，是栽培最普遍的秋菊。

3. 寒菊

又称冬菊。花期自 12 月至次年 1 月。

（二）按花径分为大菊、中菊和小菊

1. 大菊

花的直径在 10cm 以上，多用作多本菊和标本菊栽培。

2. 中菊

花的直径为6~10cm，多用作花坛菊及大立菊栽培。

3. 小菊

花的直径在6cm以下，属满天星型，可作盆菊、悬崖菊、扎菊、盆景菊等，以布置庭园或陈设。

（三）按菊花依栽培方式分为盆栽菊、地被烫、切花菊、造型菊（艺菊）四大类

（四）按产地和加工类型分为亳菊、滁菊、贡菊、杭菊

二、生物学特性

（一）生态习性

菊花喜温和凉爽的气候，忌酷暑炎热的天气。它所适宜的温度是18~25℃，最低10℃，最高30℃。菊花比较耐寒，地下部分大多数品种能耐-10~-5℃的低温。菊花喜阳光，忌荫蔽，在气候温和、阳光充足的环境下生长良好，开花期间需要充足的日照时间。菊花喜湿润气候，不耐干旱，忌水涝。生长期间干旱易造成分枝少，水涝会烂根和发生病害、虫害。菊花在沙质土壤或沙质黏壤土生长较好；在黏性大、透气性差的土壤上不宜种植。

（二）生长发育特性

菊花是喜凉爽，爱阳光短日照植物。春季发芽，夏季营养生长，秋季开花，冬季地下越冬。菊花的适应性很强，生长适宜温度18~21℃，最低10℃，最高32℃，地下根茎耐低温极限一般为-10℃。花期最低夜温17℃，开花期（中、后）可降至13~15℃。秋菊为长夜日植物，每天12小时以上的黑暗与10℃的夜温则适于花芽发育。但品种不同对日照的反应也不同。菊花的根和茎节均能萌生不定根，可进行无性繁殖。菊花老蔸上着生的新枝，其生长和开花较差，故以每年分株、扦插繁殖新株为宜。菊花一般于3月上旬萌芽展叶，9月下旬现蕾，10月中、下旬开花，至12月上、中旬枯萎，年生育期290天左右。

三、栽培技术

（一）选地与整地

菊花为浅根性植物。育苗地应选择地势平坦、土层深厚、疏松肥沃和有水源灌溉方便的地方。于头年秋冬季深翻土地，使其风化疏松。在翌年春季进行扦插繁殖前，再结合整地施足基肥，浅耕一遍。然后作成宽1.5m，长视地形而定的插床，四周开好大小排水沟，以利排水。栽植地，宜选择地势高燥、阳光充足、土质疏松、排水良好的地块，以沙质壤土为理想。选地后，于前作收获后，翻耕土壤

25cm左右，结合整地每亩施入腐熟厩肥或堆肥2 500kg，翻入土内作基肥。然后整细耙平做成宽1.5m的高畦，开畦沟宽40cm，四周挖好大小排水沟，以利排水。

（二）繁殖方法

以分株繁殖为主，亦可扦插繁殖。

1. 分株繁殖

摘花前，选留株壮、花大的优良植株，做好标记。于11月收获菊花后，将地上茎枝齐地面割除，将其根蔸全部挖起，集中移栽到一块肥沃的地块上，用腐熟厩肥或土杂肥覆盖保暖越冬。翌年3—4月，扒开土粪等覆盖物，浇施1次清水稀释的人畜粪水，促其萌发生长。4—5月，当菊苗高15cm左右时，挖出根蔸，选取种根粗壮、须根发达、无病虫害的作种苗，立即栽入大田。栽前，将苗根用50%多菌灵可湿性粉剂600倍液浸渍12小时，可预防叶枯病等病。栽时，在整好的栽植地上按行距40cm，株距30cm挖穴，每穴栽入种苗2~3株。栽后用手压紧苗根并浇水湿润。

2. 扦插繁殖

于每年4—5月或6—8月，在菊花打顶时，选择发育充实、健壮、无病虫害的茎枝作插条。去掉嫩茎，将其截成10~15cm长的小段，下端近节处，削成马耳形斜面。先用水浸湿，快速在吲哚乙酸溶液中浸蘸一下，取出晾干后立即进行扦插。插时，在整好的插床上，按行距10cm、株距8cm画线打引孔，将插条斜插入孔内。插条入土深度为穗长的1/2~2/3，插后用手压实并浇水湿润，20天左右即可发根。插条生根萌发后，若遇高湿天气，应给予搭棚遮阴，增加浇水次数；发现床面有杂草，要及时拔除。当苗高20cm左右时，即可出圃栽植。栽植密度每亩以4 000~5 000株为宜。

（三）田间管理

1. 中耕除草

菊苗栽植成活后至现蕾前要中耕除草4~5次；第1次在立夏后，宜浅松土，勿伤根系，除净杂草，避免草荒；第2次在芒种前后，此时杂草滋生，应及时除净，以免与药菊争夺养分；第3次在立秋前后；第4次在白露前；第5次在秋分前后进行。前2次宜浅不宜深，后3次宜深不宜浅。在后2次中耕除草后，应进行培土壅根，防止植株倒伏。

2. 追肥

菊花为喜肥作物，前期氮肥不宜多，合理增施磷肥，可使菊花结蕾多、产量高。除施足基肥外，在生长期还应追肥3次；第1次于移栽后半个月左右，当菊苗成活开始生长时，每亩追施稀薄人畜粪水1 000 kg，或尿素8~10kg对水浇施，以促进菊苗生长；第2次在植株开始分枝时，每亩施入稍浓的人畜粪水1 500 kg，或腐熟饼肥 50kg 对水浇施，以促多分枝；第 3 次在孕蕾前，每亩追施较浓的人畜粪水 2 000kg，或尿素 10kg 加过磷酸钙 25kg 对水浇施，以促多孕蕾开花。

3. 摘心打顶

摘心、打顶可促进菊花多分枝、多孕蕾开花和主干生长粗壮。应于小满前后、当苗株高 20cm 左右时进行第 1 次摘心，即选晴天摘去顶心 1~2cm。以后每隔半月摘心 1 次，共 3 次。在大暑后必须停止，否则分枝过多，营养生长过旺，营养跟不上，则花头变得细小，反而影响菊花产量和质量。此外，对生长衰弱的植株，也应少摘心。

4. 浇水

春季菊苗幼小，浇水宜少；夏季菊苗长大，天气炎热，蒸发量大，浇水要充足，可在清晨浇一次，傍晚再补浇一次，并要用喷水壶向菊花枝叶及周围地面喷水，以增加环境湿度；立秋前要适当控水、控肥，以防止植株窜高疯长。立秋后开花前，要加大浇水量并开始施肥，肥水逐渐加浓；冬季花枝基本停止生长，植株水分消耗量明显减少，蒸发量也小，须严格控制浇水。浇水最好用喷水壶缓缓喷洒，不可用猛水冲浇。浇水除要根据季节决定水量和次数外，还要根据天气变化而变化。阴雨天要少浇或不浇；气温高蒸发量大时要多浇，反之则要少浇。一般在给花浇水时，要见盆土变干时再浇，不干不浇，浇则浇透。但不要使花盆汪水，否则会造成烂根、叶枯黄，引起植株死亡。

四、病虫害防治

（一）病害

1. 斑枯病

又名叶枯病。4 月中、下旬始发，为害叶片。

防治方法　收花后，割去地上病植株，集中烧毁；发病初期，摘除病叶，并交替喷施 1∶1∶1 倍液波尔多液和 50%托布津乳油 1 000 倍液。

2. 枯萎病

6 月上旬至 7 月上旬始发，开花后发病严重，为害全株并烂根。

防治方法　选无病老根留种；轮作；作高畦，开深沟，降低湿度；拔除病株，并在病穴撒石灰粉或用 50%多菌灵可湿性粉剂 1 000 倍液浇灌。

（二）虫害

1. 螟虫

又叫食心虫，其幼虫灰褐色，体长 3~10mm，先从芽心顶部摄食，把嫩心吃光，9—10 月间的幼虫钻入嫩蕾蛀食表面，不易察觉，上午 9—10 时爬出，然后再潜回蕾瓣，一旦被蛀，便失去观赏价值。

防治方法　9—10 月每天上午仔细检查，发现被蛀花蕾，立即摘除，必要时，可用40%氧化乐果乳油每半个月喷一次，连喷两三次。

2. 白粉虱

虫体细小，全身遍披白色蜡粉，繁殖迅速。该虫群集上部嫩叶背面进行为害，刺吸汁液，导致叶片发黄变形。

防治方法　80%敌敌畏1 000倍液加少许洗衣粉喷洒即可除治。

3. 红蜘蛛

为红色或红黄色细小螨类害虫，通常潜伏于叶背面，刺吸汁液，造成叶片干黄枯死，多发生在5—6月。

防治方法　用40%氧化乐果或80%敌敌畏800～1 000倍液，最好使用三氯杀螨醇800倍液喷洒，具有特效。

4. 蚜虫

自幼苗至花期终了，时有发生，种类很多。为害菊花的主要是茶褐色、有光泽、体型很小的长管蚜虫和青绿色蚜虫等。长管蚜虫多在芽心、嫩尖为害，被害菊株发黄变形，为害花芽，使花容减色憔悴。青绿色蚜虫潜藏下部叶背，以夏、秋季为害最多，导致下部叶片枯黄凋零。

防治方法　用40%氧化乐果1 500倍液或80%敌敌畏1 000倍液喷洒。由于蚜虫繁殖快，1年发生多代，应随时观察，用药除治。

5. 潜叶蛾

成虫为2mm左右的白色小蛾子，5月间在叶子上产卵，幼虫孵化后即钻到叶肉里蛀食，把叶肉吃光，蛀成一条条蜿蜒曲折的干空隧道，严重时每片叶子上有四五个，导致全叶枯黄干死。1年繁殖三四代，到10月仍有发生。

防治方法　可于早期摘除被害叶片，4—5月用氧化乐果等内吸式杀虫剂喷洒防治。

6. 菊虎

是菊类特有的一种害虫，成虫为1cm左右的小型灰黑色天牛，5—6月飞来，在距植株顶芽10cm处咬破茎部产卵孵化，幼虫即钻入髓心向下蛀食，使顶部萎蔫枯死，同时蛀食嫁接菊的砧木蓬蒿，为艺菊的一大敌害。

防治方法　在5—7月发生期，清早或午后成虫飞来时捕杀，并可用氧化乐果等内吸式农药喷洒防治。

7. 蛴螬

为金龟子幼虫。虫体乳白色，柔软肥硕，头黄褐色，常弯曲成马蹄形，潜伏在根旁边土壤中咬食菊株根茎，造成全株死亡，一般一年发生一代。

防治方法　各种培养土使用前掺入适量土壤杀虫剂，一旦盆中发现害虫，可用敌百虫或马拉硫磷1 000倍液浇灌。

8. 地老虎

俗称地蚕或夜盗虫，是菊花苗期地下害虫。虫体褐色，幼虫灰黑色，一年一代，蛹、老熟幼虫和成虫均可在地下越冬，第一代于每年4月为害，常在日落后至黎明前出来咬食菊苗，致菊株枯萎。

防治方法 春季清除周边杂草，消灭中间寄主，晚间或黎明前人工捕捉幼虫，用800~1 000倍液敌百虫杀灭。

9. 蚱蜢

虫体淡绿色，像蝗虫而略小，两端似小舟，每年8—10月啮食菊花嫩头，为害严重。蚱蜢以卵产于土中越冬。

防治方法 冬季深翻灭卵，人工捕捉成虫；大量出现时，可用敌敌畏1 500倍液喷杀。

菊花的病虫害防治要掌握“预防为主，治早、治小、治了”这个原则。对于病害，应随时注意消毒灭菌。对于虫害，应随时观察，发现虫情立即消灭，防患于未然。两种以上病虫害同时发生，可以适当混合用药，除严格掌握药量外，5—10月高温时，应在早晨温度低时打药，以免造成药害。

五、采收加工

（一）采收

一般于霜降至立冬采收。以管状花（即花心）散开2/3时为采收适期，若将全部开放的花朵采下后加工质量差。采收菊花要选晴天露水干后进行，否则容易腐烂、变质、色逊、质差。

（二）加工

菊花品种繁多，各地均有独特的传统加工方法。

1. 亳菊

在花大部分盛开齐放、花瓣普遍洁白时，连茎秆割（折）下，分2~3次收完。扎成小捆，倒挂于通风干燥处晾干3~4周，不能暴晒，否则香气差。干燥快的色白，干燥慢的为淡黄色，至花有八成干时，即可将花摘下，置熏房内用硫黄熏白。熏后再摊晒1天即可干燥。然后装入木板箱或竹篓，内衬牛皮纸，1层菊花1层纸相间压实贮藏。一般每亩产50kg，高产达150kg。

2. 滁菊

菊花采后阴干、熏白，晒至六成干时，用竹筛将花头筛成圆球形，再晒至全干即成。晒时切忌用手翻动，可用竹筷轻轻翻动晾晒。

3. 贡菊

菊花采后置烘房内烘焙干燥，以无烟的木炭作燃料。烘房温度控制在40~50℃。烘时将贡菊摊在竹帘上，当第1轮菊花烘至九成干时，再转为第2轮。第2轮的温度较第1轮低，为30~40℃。当花色烘至象牙白时，即可从烘房内取出，再置通风干燥处阴至全干。此法加工菊花，清香而有甘味，花色鲜艳而又洁白，且挥发油损失甚少，较晒、熏、蒸法加工质量为好。尤其是采用硫黄熏蒸，菊花被硫和硫化物污染，严重影响贡菊的质量和卫生。

4. 杭菊

杭菊花加工采用烧柴的小灶蒸花的办法。铁锅外缘直径50cm左右，把菊花铺放在蒸花盘内（蒸花盘用竹篾编成，周边斜上，比添加物料后长出约5cm，上缘直径37~39cm），厚约3cm，过厚不易蒸好。锅水烧开后，放入2~3只花盘，上盖木锅盖。蒸花火力要猛而均匀，每蒸一次加一次热水。锅水不宜过多，以免水沸腾到蒸花盘，影响菊花质量。蒸的时间4~4.5分钟，蒸的时间过长成湿腐状，不易晒干；蒸的时间过短，则出现生花，刚出笼时花瓣不贴伏，颜色灰白，经风一吹则成红褐色。因此，蒸的时间过长过短都会影响质量。蒸好的菊花放在竹帘上晒，菊花未干不要翻动，晚上收进室内不能压，晒3天后翻身一次，晒6~7天后，收起贮藏数天以后再晒1~2天，花心完全变硬即可贮藏。

温馨小提示：养好秋菊的关键，首先是使秋菊过好越冬关。由于我国南北方气候条件不同，秋菊越冬的管理办法也不同。南方一些地区露地栽培的菊花花谢之后，茎叶逐渐枯萎时可在菊株距地面15cm处剪断，浇1次越冬水，然后用落叶干土覆盖，使茎叶外露3~5cm，以利通气，即可安全越冬。

第二节　红　花

一、植物特征及品种

红花（菊科红花属），别名红蓝花、刺红花、草红花、杜红花、金红花（图1-3、图1-4）。一年生草本，高20~100cm，茎直立，上部分枝，全部茎枝白色或淡白色，光滑，无毛。花期5—7月，果期7—9月。

图1-3　红花植株

图1-4　红花药材

根据产地分为怀红花（又名淮红花）、杜红花、散红花、大散红花、川红花、南红花和云红花。

二、生物学特性

（一）生态习性

红花喜温暖、干燥气候，抗寒性强，耐贫瘠，抗旱怕涝，适宜在排水良好、疏松、土层较厚、土质微酸、温和、中等肥沃的沙质土壤上种植，以油沙土、紫色夹沙土最为适宜。

（二）生长发育特性

红花繁殖方式为种子繁殖，一般采用春播。红花种子均无生理休眠特性，种子容易萌发，5℃以上就可萌发，发芽适宜温度为15~25℃，发芽率为90%左右，大多数红花品种幼苗能耐-6℃低温，种子寿命为3年。红花整个生育期灌溉2~3次水，追肥1~2次。红花属于长日照植物，对于大多数红花品种来说，在一定范围内，不论生长时间的长短和植株的高矮，只要植株处于长日照条件下，红花就会开花。红花通常在早晨开花授粉，以上午8—12时开花最盛，花粉最多。温度较高、空气干燥时开花较早较多；低温、空气潮湿时则开花较晚较少。根据红花根、茎、叶、分枝的生长及干物质累积动态与生长中心的转移规律，可将药用红花生育期划分为莲座期、伸长期、分枝期和种子成熟期。红花生育期一般在110~140天。

三、栽培技术

（一）选地与整地

依据红花抗旱怕涝特性，宜选地势高燥、排水良好、土层深厚、中等肥沃的沙土壤或轻黏质土壤种植。忌连作，前茬以豆科、禾本科作物为好。翻耕前采用秋灌或春灌，整地时，每亩施用腐熟农家肥2 000kg左右，配加过磷酸钙20kg和硫酸钾作8kg基肥，秋、春耕翻入土，耙细整平可以喷洒除草剂，作成宽1.3~1.5m的高畦，做畦时要视地势、土质及当地降雨情况确定是做高畦还是平畦。在北方种植可不做畦，选择平整和排水良好的地块即可。播前整地要求达到地表平整，表土疏松细碎，土块大小直径不超过2cm。

（二）繁殖方法

红花用种子繁殖，由于红花对日照长短有特殊的要求，适宜的播种期对红花产量和品质有较大影响。一般坚持“北方春播宜早”的原则，具体时间因时因地而异。春播时间在3月中下旬至4月上旬进行播种，平均气温达到3℃和5cm地温达5℃以上时即可播种，播种深度为5~8cm。适期早播可延长幼苗的营养生长时期，培育壮苗，为中后期的生长发育打下良好基础。播种期的早晚对红花的株高、生育期的长短和单位面积产量等影响极大，播种期还影响种子的含油率、壳的百分率、蛋白质含量和碘值。

播种方法分条播、穴播、点播和撒播。根据土壤墒情可以直接播种或播前用50℃温水浸种10分钟，转入冷水中冷却后，取出晾干待播。条播行距为20~30cm，沟深5cm，播后覆土2~3cm。穴播行距同条播，穴距15~20cm，穴深5cm，穴径10cm，穴底平坦，每穴播种5~6粒，播后覆土，耧平畦面。点播行距为20~30cm，株距8~10cm，采用精量点播机进行播种。撒播要均匀撒播，撒播后运用机械镇压耧平或耙子耧平。干旱地区播种后可覆盖塑料膜。用种量：条播每亩3~4kg，穴播每亩2~3kg，撒播每亩4~5kg。

（三）田间管理

1. 间苗定苗

红花播后7~10天出苗，当幼苗长出2~3片真叶时进行第一次间苗，去掉弱苗，第二次间苗即定苗，每穴留1~2株，缺苗处选择阴雨天补苗。

2. 中耕除草

播后遇雨及时破除板结，拔锄幼苗旁边杂草。第一次中耕要浅，深度3~4cm，以后中耕逐渐加深到10cm，中耕时防止压苗、伤苗。灌头水前中耕、锄草2~3次。

3. 追肥

红花除了施足基肥外，还应根据地力与生长发育情况，合理进行追肥。定苗后，每亩施尿素20~25kg，提苗促壮。抽茎分枝期或封行前可施腐熟圈肥1 500~2 000kg，撒于根旁，再以土盖肥，地旱时浇水，既可以补充肥力，又可防倒伏。在现蕾前，可用0.2%的磷酸二氢钾液喷洒叶面，根外施肥，以促进开花。

4. 灌水

第一水应适当晚灌，在红花分枝后中午植株出现暂时性萎蔫时灌头水。灌水方法采用小畦灌溉，灌水要均匀，灌水后田内无积水。一般情况下在红花出苗后60天左右灌头水，每亩灌量60~70m^3。从分枝期开始灌头水，开花期和盛花期各灌一次水。以后根据土壤墒情控制灌水，不干不灌。特别是肥力高的下潮地控制灌水是防止分枝过多、田间郁蔽、预防后期发病的关键措施。红花全生育期一般需灌水3~4次，灌水质量应达到不淹、不旱。灌水方法可采取小畦灌溉，严禁大水漫灌。

四、病虫害防治

（一）病害

1. 锈病

土壤和种子带菌、连作栽培、高湿等是导致该病害发生的主要原因。其为害是锈病孢子侵入幼苗的根部、根茎和嫩茎，形成束带，使幼苗缺水或折断，造成严重缺苗。随风传播的孢子常侵染红花的子叶、叶片及苞叶，形成栗褐色的小疱疹，破裂后散出大量锈褐色粉末，发病严重时，造成红花减产。

防治方法　一是选择地势高燥、排水良好的地块种植；二是进行轮作栽培，使用不带菌的种子；三是控制灌水，雨后及时排水，适当增施磷、钾肥，促使植株生长健壮；四是红花收获后及时清园，集中处理有病残株；五是在发病初期用20%三唑酮乳油1 500倍液，或15%三唑酮可湿性粉剂800~1 000倍液防治。

2. 根腐病

由根腐病菌侵染，整个生育阶段均可发生，尤其是幼苗期、开花期发病严重。发病后植株萎蔫，呈浅黄色，最后死亡。

防治方法　发现病株要及时拔除烧掉，防止传染给周围植株，在病株穴中撒一些生石灰或呋喃丹，杀死根际线虫，用50%的托布津1 000倍液浇灌病株。

3. 炭疽病

为红花生产后期的病害，主要为害枝茎、花蕾茎部和总苞。

防治方法　选用抗病品种；与禾本科作物轮作；用30%菲醌25g拌种5kg，拌后播种；用70%代森锰锌600~800倍液进行喷洒，每隔10天喷1次，连续喷2~3次。要注意排出积水，降低土壤湿度，抑制病原菌的传播。

4. 猝倒病

猝倒病是红花上重要病害，各种植区普遍发生，严重影响红花产量和品质。主要为害幼苗的茎或茎基部，初生水渍状病斑，后病斑组织腐烂或缢缩，幼苗猝倒。病菌侵入后，在皮层薄壁细胞中扩展，菌丝蔓延于细胞间或细胞内，后在病组织内形成卵孢子越冬。该病多发生在土壤潮湿和连阴雨多的地方，与其他根腐病共同为害。

防治方法

（1）农业防治　重病田实行统一育苗，无病新土育苗。加强苗床管理，增施磷钾肥，培育壮苗，适时浇水，避免低温、高湿条件。

（2）药剂防治　采用营养钵育苗的，移栽时用15%绿亨1号450倍液灌穴。采用直播的可用20%甲基立枯磷乳油1 000倍液或50%拌种双粉剂300g对细干土100kg制成药土撒在种子上覆盖一层，然后再覆土。出苗后发病的可喷洒72. 2%普力克水剂40倍液或58%甲霜灵锰锌可湿性粉剂800倍液、64%杀毒矾可湿性粉剂500倍液、72%克露可湿性粉剂800~1 000倍液、69%安克锰锌可湿性粉剂或水分散粒剂800~900倍液。

5. 黑斑病

病原菌为半知菌，在4—5月发生，受害后叶片上呈椭圆形病斑，具有同心轮纹。

防治方法　清除病枝残叶，集中销毁；与禾本科作物轮作；雨后及时开沟排水，降低土壤湿度。发病时可用70%代森锰锌600～800倍液喷雾，每隔7天喷1次，连续喷2～3次。

（二）虫害

钻心虫

对花序为害极大，一旦有虫钻进花序中，花朵死亡，严重影响产量。

防治方法　在现蕾期应用甲胺磷叶面喷雾2～3次，把钻心虫杀死。在蚜虫发生期，可用乐果1 000倍液喷雾2～3次，可杀死蚜虫。

五、采收加工

（一）采收

一般于小满至芒种之间采摘。

1. 收花

以花冠裂片开放、雄蕊开始枯黄、花色鲜红、油润时开始收获，最好是每天清晨采摘，此时花冠不易破裂，苞片不刺手。应特别注意的是，红花收花不能过早或过晚。若采收过早，花朵尚未授粉，颜色发黄；采收过晚，花变为紫黑色。所以过早或过晚收花，均影响花的质量，花不宜药用。

2. 收籽

于采花后20天左右，当红花植株变黄，花球上只有少量绿苞叶，花球失水，种子变硬，并呈现品种固有色泽时，即可收获。一般采用普通谷物联合收割机收获。

（二）加工

将采摘的红花放于竹席上，上盖一层报纸，晒干或晾干即可入药出售。每亩产量20kg。

知识小典故：红花有活血化瘀之功效。宋代顾文荐的《船窗夜话》及元代仇远的《稗史》中均记载了一件奇事。宋代医家浙江奉化人陆酽医术精湛，极负盛名。新昌有一位徐姓妇女，产后昏晕厥，不远二百里去请陆严，陆严到时，见产妇昏死过去，只有胸膈尚温。陆说“快买红花数十斤，人可救活。”红花买来后，用大锅煮药，汤沸，把产妇搁置在倒有药水的桶上，以药气熏蒸，汤稍冷再加一桶。不一会儿产妇手微动，半日苏醒。

第三节　西红花

一、植物特征及品种

西红花（鸢尾科番红花属），别名藏红花、番红花（图 1-5、图 1-6）。多年生宿根草本，球茎扁圆球形，直径约 3cm，外有黄褐色的膜质包被。花期 10—11 月，果期 11—12 月。

西红花商品有干红花和湿红花两种。

干红花（生晒红花）　为弯曲的细线形，橙红色，无光泽或微有光泽。柱头红棕色，长 2.5～3cm，基部窄，向上则稍微宽大并内卷成筒，直径约 0.5mm，边缘不整齐，呈细齿状，内方有一裂缝长 1.5～2cm。有时带有部分橙黄色花柱。质轻，易折断。入水则柱头膨胀，呈长喇叭状，散出橙黄色色素，染水成黄色。有特异香气，味微苦。

湿红花　性状与干红花相似，但全体呈棕红色，其油润光泽，摸之有油润感，易黏成团。余与干红花相同。

图 1-5　西红花植株

图 1-6　西红花药材

二、生物学特性

（一）生态习性

西红花属亚热带植物，喜温和、凉爽，怕炎热，较耐寒。土壤以肥沃的沙质壤土为好，忌积水。西红花适温为 1～19℃，2—4 月温度为 5～14℃。西红花在我国北方-18℃温度下采取防寒措施即可安全越冬，南方高温 25℃情况下适当遮阴，就能延长西红花的生长时间，利于西红花的球茎增重。西方国家多采用露地开花，球茎繁殖；我国多采用室内开花，大田繁殖。西红花的生长习性及栽培技术与种蒜相仿。

（二）生长发育特性

西红花生长期分为室内开花与大田繁殖种子两个阶段，各为180天左右。室内培育管理，从起土到6月中旬为全休眠期，6月中旬末至7月下旬为同化叶分化期，室温保持23~28℃，不能超过30℃，同化叶停止分化。8月中旬至9月中旬系花芽分化期，室温保持24~27℃，湿度80%，9月中旬末至10下旬初系引盛期，室温保持23℃，湿度80%。10月底至11月中旬末系开花期，室温保持16~20℃，湿度75%。室温超过20℃，容易产生死花烂花。因此，如遇高温，空气湿度高，应采取预防措施。

三、栽培技术

（一）选地与整地

根据西红花对环境条件的要求，宜选择冬季较温暖，光照充足，疏松肥沃的地块。西红花喜轮作，忌连作。前茬以豆类、玉米、水稻等为佳，也可在果园内间作。北方冬季气温低，追肥不方便，施足基肥很重要。结合翻耕每亩施100kg石灰或15kg五氯硝基苯消毒，以氮肥30kg、腐熟饼肥200kg作基肥。整细耙平按南北向挖沟畦，畦宽1.3m，高30cm，畦面呈龟背形，畦间距30~40cm。

（二）繁殖方法

1. 球茎的处理

西红花球茎上有主芽和侧芽，主芽开花，侧芽不开花，每个芽都可形成一个小球茎，母球茎可长6~15个小球茎，若不抹芽，则小球茎越来越多，8g以下球茎不开花，花的产量越来越低。为了保证来年高产，必须彻底剥除侧芽，一般球茎20g以下的留1个主芽。有实验表明，西红花经多次去芽可增产27%左右。

2. 播种

露地栽培西红花宜在9月。早栽种，早出苗，先发根，后发芽，植株生长健壮；迟则先发芽，后扎根，植株生长亦差。室内开花的球茎在10月下旬至11月中旬在室内把80%的花采摘后，立即移栽于大田；另20%的花在田间采摘，栽前把球茎按大小分开，大的稀些，小的密些。一般株行距20cm×20cm，开沟深10cm左右，球茎芽头向上，按球茎的2~2.5倍高度，即3~6cm覆土。球茎深栽也是培育大球茎的方法之一。栽后浇透定根水，保持土壤湿润，一个月左右出苗。

3. 室内管理技术

西红花球茎在不供给水、土、肥的情况下，靠自身储存的养分就能正常开花，并且采花方便、省工、省力，不受外界气候条件的影响，无病虫害，产量可比露地增加30%左右，且除侧芽方便。鉴于以上优点，我国多采用室内开花，大田增殖球茎的方法进行栽培。

西红花的架子长1m左右，宽60cm，层与层间距30~40cm，高约5层，以操作方便为佳。用木板、竹匾担上，$1m^2$可摆放球茎10kg左右，一般一间房可摆放一亩球茎。

8—10月把西红花球茎按大小分开，8g以下不开花的可直接种到大田里，大的球茎芽向上摆放在制好的架子上，球茎少的可直接摆放在屋地上。室内保持湿度80%以上，湿度不够时可往地上浇水。严禁往球茎上洒水，以免提前生根。西红花在室内的生长期为60天。

（三）植物激素应用

用植物激素刺激西红花，有显著的增产效果。在球茎休眠期用赤霉毒100mg/kg浸种24小时，在出苗后用50mg/kg赤霉毒喷雾2次，可使球茎个数增加6%，增重10%~30%，花增产27%~50%。

用赤霉素100mg/kg浸球茎配合变温处理（30℃一个月，然后降至18℃），结果每个球茎开花比对照增加5%~20%，还能提早16天。提早下种，有利于球茎的生长。

（四）田间管理

1. 施肥

栽后20天左右，每亩（1亩≈$667m^2$）用人畜粪50担对水浇施，干旱情况下对水多些，来年2月中旬西红花返青，每亩用人畜粪60~80担对水浇施。自3月起西红花生长进入旺盛阶段，每隔10天喷0.2%的磷酸二氢钾1次，连喷2~3次。

2. 浇水

藏红花在播种后要浇足水分、保持土壤湿润。北方地区少雨干旱，入冬前要浇水防冻。翌年2月藏红花返青后浇水，4月藏红花生长旺盛需再浇水，以满足藏红花生长的需要。南方多雨，应注意排水，防止藏红花受涝。

3. 防冻

西红花虽属耐寒作物，但遇到-20~-10℃的严寒天气要采取防冻措施，在畦上覆盖一层干草，盖上塑料薄膜，搭防风障。

4. 摘除侧芽

种球栽种时已剔除多余侧芽，进入田间生长后如发现多有侧芽长出，用小刀插入土中，连叶一块剔除。

四、病虫害防治

（一）病害

1. 腐烂病

病原为一种杆状细菌，为害球茎，在整个生育过程均有发生。受害处黑色，内部腐烂呈豆腐渣状。发病与温度、湿度密切相关。

防治方法　选择地势稍高、排水良好的土壤种植；与其相邻的土地不要作早稻秧田，以防止地里积水。球茎种植田间前，用50%多菌灵可湿性粉剂300～500倍液浸泡1～2小时。

2. 花叶病

病原为西红花花叶病毒，为西红花主要病害之一。受害病株明显矮小，出现黄斑，提早枯萎，球茎逐年退化，无花芽。

防治方法　轮作，拔除病株，剔除受害球茎。

（二）虫害

1. 蚜虫

常于10月飞迁进入培养室，聚集在西红花芽头上为害。

防治方法　用40%乐果乳剂2 000倍液喷杀。但球茎遇水易发根，所以不能在球茎架上喷药，需搬到室外再逐盘喷药，切勿将球茎萌根处喷湿，待鳞片上的药液吹干后，再搬回室内。

2. 蛞蝓

俗称水蚰。于9月中下旬为害幼芽，以阴暗潮湿的培养室内常见。

防治方法　人工捕杀或在架子的基部放少量石灰。

五、采收加工

（一）采收

4月下旬至5月上旬，西红花地上部分枝叶逐渐变黄，便可用铁耙从畦的一端小心起挖。西红花室内和大田的花期均在10月中旬至11月上旬，以每天9—11时开花最盛，花朵色泽鲜艳。室内不受天气影响，可全天采花；室外花朵在开的第1天8—11时采摘，采晚了柱头易沾上雄蕊花粉影响质量。

（二）加工

地上部分挖出后，除去枝叶残根，在田间晾晒两天，再收贮室内。收贮时要按照健病、完损、大小标准进行分株，分门别类贮存。贮藏室要少光、阴凉、通风，地面最好是泥土地，室内要保持干燥。

花朵采后剥开花瓣，取出雌蕊花柱和柱头，以三根连着为佳。摊于白纸上置通风处阴干，量大可用烤箱烘干，避光密闭贮藏。

知识小链接： 西红花的干燥柱头味甘性平，能活血化瘀，散郁开结，止痛。用于治疗忧思郁结，胸膈痞闷，吐血，伤寒发狂，惊怖恍惚，妇女经闭，血滞月经不调，产后恶露不尽，瘀血作痛，麻疹，跌打损伤等。国外用作镇静、驱风剂，活血化瘀，凉血解毒，解郁安神。温毒发斑、忧郁痞闷、惊悸发狂。

第四节　金银花

一、植物特征及品种

金银花（忍冬科忍冬属），别名忍冬花、双花、二宝花（图 1-7、图 1-8）。金银花是忍冬花蕾或带初开的花，忍冬，多年生半常绿缠绕及匍匐茎的灌木，藤长可达 9m，茎中空，多分枝。花期 4—6 月（秋季亦常开花），果熟期 10—11 月。

金银花品种主要有四季金银花、大毛花和鸡爪花、树形金银花和山银花。

图 1-7　金银花植株

图 1-8　金银花药材

二、生物学特性

（一）生态习性

金银花根系繁密发达，萌蘖性强，茎蔓着地即能生根。喜阳光、温和、湿润的环境，生命力强，适应性广，耐寒，耐旱，在荫蔽处生长不良。生于山坡灌丛或疏林中、乱石堆、山路旁及村庄篱笆边，海拔最高达 1 500m。对土壤要求不严，酸性、盐碱地均能生长，但以湿润、肥沃的深厚沙质壤上生长最佳，每年春夏两次发梢。

（二）生长发育特性

金银花生长发育过程可大致划分为萌动展叶期、现蕾开花期和生长停滞期 3 个时期。3 月下旬叶芽萌动，4 月上旬展叶生长。5 月下旬开始现蕾，15 天后开花。小满至芒种（5 月下旬至 6 月上旬）开头茬花，产量占全年的 80%~90%。7 月下旬至 8

月上旬开二茬花，产量占全年的15%～20%。现蕾先绿，后变白，下午4—5时开放。二茬花开后即行结果，9月果熟。10月下旬霜降过后，部分叶片枯萎进入越冬状态。

金银花栽植3～5年后产花渐多，7～8年后高产期，20年后才渐衰退，需要更新。

金银花喜阳光、温和、湿润的环境，生长适温为20～30℃。根系发达，细根很多，生根力强。插枝和下垂触地的枝，在适宜的温湿度下，不足15天便可生根，10年生植株。根冠分布的直径可达300～500cm，根深150～200cm，主要根系分布在10～50cm深的表土层。须根则多在5～30cm的表土层中生长。根以4月上旬至8月下旬生长最快。一年四季只要有一定的湿度，一般气温不低于5℃，便可发芽，春季芽萌发数最多。幼枝绿色，密生短毛，老枝毛脱落，树皮呈棕色，而后自行剥裂，每年待新皮生成后老皮脱落。叶子在-10℃下不凋落。种子在5℃左右发芽，并可在含盐量0.3%左右的地区生长。

三、栽培技术

（一）选地与整地

育苗时，选择土质疏松、肥沃、排水良好的沙质土壤和灌溉方便、有水源的地方。选地后深翻土壤30cm以上，打碎土块，整平耙细，施足基肥，然后作成宽1～3m的高畦播种育苗或扦插育苗。栽植地，可利用荒坡、地边、沟旁、房前屋后零星地块种植。先深翻土地，施足基肥，整平耙细做高畦或高垄栽植。

（二）繁殖方法

以扦插繁殖为主，也可种子繁殖和分根压条繁殖，扦插繁殖分直接扦插和扦插育苗两种方法。

1. 扦插繁殖

（1）扦插时期　扦插于春夏秋冬均可进行。春季宜在新芽萌发前，秋季于9月初至10月中旬。

（2）插条选择与处理　宜选择1～2年生健壮充实的枝条，截成长30cm左右的插条，每根至少具3个节位。然后，摘去下部叶片，留上部2～4片叶，将下端近节处削成平滑的斜面，每50根扎成1小捆，用500倍液吲哚丁酸溶液快速浸蘸下端斜面5～10秒，稍晾干后立即进行扦插。

（3）直接扦插　在整好的栽植地上，按行株距150cm×150cm或170cm×170cm挖穴，穴径和深度各40cm，挖松底土，每穴施入腐熟厩肥或堆肥5kg。然后，将插条均匀撒开，每穴插入3～5根，入土深度为插条的1/2～2/3，再填细土用脚踩紧，浇1次透水，保持土壤湿润。1个月左右即可生根发芽。

（4）扦插育苗　在整平耙细的插床上，按行距15～20cm划线，每隔3～5cm用小木棒或竹筷在畦面上打孔。然后，将插条1/2~2/3斜插入孔内，压实按紧，随即浇1次水。若在早春低温时扦插，插床上要搭塑料薄膜弓形棚，保温保湿。半个月左右便可生根和萌发新芽，随即拆除塑料薄膜，进行苗期管理。春插的于当年冬季或第2年春季出圃定植。夏、秋扦插育苗的于翌年春季移栽。扦插育苗在短期内取得大量营养苗。

2. 种子繁殖

4月播种，将种子在35~40℃温水中浸泡24小时，取出用2~3倍湿沙催芽，等裂口达30%左右时播种。在畦上按行距21~22cm开沟播种，覆土1cm，每2天喷水1次，10余日即可出苗，秋后或第2年春季移栽，每公顷用种子15kg左右。

（三）移栽技术

于早春萌发前或秋冬季休眠期进行。在整好的栽植地上，按行距150cm、株距120cm挖穴，宽深各30~40cm，每穴施入土杂肥5kg与底土拌匀。然后，每穴栽壮苗1株，填细土压紧、踏实，浇透定根水。成活后，通过整形修剪，使匍匐藤形成直立单株的矮小灌木。增加分枝，扩大树冠，由1年1茬收花变为1年3~4茬，可大幅度提高产量。

（四）田间管理

1. 中耕除草

移栽成活后，每年中耕除草3~4次。第一次在春季萌发出新叶时；第二次在6月；第三次在7—8月；第四次在秋末冬初进行。中耕除草后还应植株根际培土，以利越冬。中耕时，在植株根际周围宜浅，远处宜深，避免伤根，否则影响植株根系的生长。第三年后，视杂草生长情况，可适当减少中耕除草次数。

2. 追肥

栽植后的头1~2年内，是金银花植株发育定型期，多施一些人畜粪、草木灰、尿素、硫酸钾等肥料。栽植2~3年后，每年春初，应多施畜杂肥、厩肥、饼肥、过磷酸钙等肥料。第一茬花采收后即应追适量氮、磷、钾复合肥料，为下茬花提供充足的养分。每年早春萌芽后和第一批花收完时，开环沟浇施人粪尿、化肥等。每株每种肥料施用250g，施肥处理对金银花营养生长的促进作用大小顺序为尿素+磷酸二氢铵>硫酸钾复合肥>尿素>碳酸氢铵。其中，尿素+磷酸二氢铵、硫酸钾复合肥、尿素能够显著提高金银花产量。结合营养生长和生殖生长状况以及施肥成本，追肥以追施尿素+磷酸二氢铵（150g+100g）或250g硫酸钾复合肥为好。

3. 整形修剪

剪枝是在秋季落叶后到春季发芽前进行，一般是旺枝轻剪，弱枝强剪，枝枝都剪，剪枝时要注意新枝长出后要有利通风透光。多余细弱枝、枯老枝、基生枝等全部剪掉，对肥水条件差的地块剪枝要重些，株龄老化的剪去老枝，促发新枝。幼龄植株以培养株型为主，要轻剪，山岭地块栽植的一般留 4~5 个主干枝，平原地块要留 1~2 个主干枝，主干要剪去顶梢，使其增粗直立。

整形是结合剪枝进行的，原则上是以肥水管理为基础，整体促进，充分利用空间，增加枝叶量，使株型更加合理，并且能明显地增花高产。剪枝后的开花时间相对集中，便于采收加工，一般剪后能使枝条直立，去掉细弱枝与基生枝有利于新花的形成。摘花后再剪，剪后追施一次速效氮肥，浇一次水，促使下茬花早发，这样一年可收 4 次花，平均每亩可产干花 150~200kg。

4. 排灌水

花期若遇干旱天气或雨水过多时，均会造成大量落花、沤花、幼花破裂等现象。因此，要及时做好灌溉和排涝工作。

四、病虫害防治

（一）病害

1. 褐斑病

是叶部常见病害，造成植株长势衰弱。多在生长后期发病，8—9 月为发病盛期，在多雨潮湿的条件下发病重。发病初期在叶上形成褐色小点，后扩大成褐色圆病斑或不规则病斑。病斑背面生有灰黑色霉状物，发病重时，能使叶片脱落。

防治方法　剪除病叶，然后用 1：1.5：200 比例的波尔多液喷洒，每 7~10 天喷 1 次，连续喷 2~3 次或用 65%代森锌 500 倍稀释液或托布津1 000~1 500倍稀释液，每隔 7 天喷 1 次，连续喷 2~3 次。

2. 白粉病

在温暖干燥或植株荫蔽的条件下发病重；施氮过多，植株茂密，发病也重。发病初期，叶片上产生白色小点，后逐渐扩大成白色粉斑，继续扩展布满全叶，造成叶片发黄，皱缩变形，最后引起落花、落叶、枝条干枯。

防治方法　清园处理病残株；发生期用 50%托布津 1 000 倍液喷洒。

（二）虫害

1. 蚜虫

为害叶片、嫩枝，引起叶片和花蕾卷曲，生长停止，产量锐减。4—6 月虫情较重，“立夏”前后，特别是阴雨天，蔓延更快。

防治方法　用 40%乐果 1 000~1 500 倍稀释液或灭蚜松（灭蚜灵）1 000~1 500 倍稀释液喷杀，连续多次，直至杀灭。

2. 尺蠖

头茬花后幼虫蚕食叶片，引起减产。

防治方法　入春后，在植株周围 1m 内挖土灭蛹。幼虫发生初期，喷 25%鱼藤精乳油 400~600 倍液；或用敌敌畏、敌百虫等喷杀，但花期要停止喷药。

3. 炭疽病

叶片病斑近圆形，潮湿时叶片上着生橙红色点状黏状物。

防治方法　清除残株病叶，集中烧毁；移栽前用 1∶1∶150 波尔多液浸种 5~10 分钟；发病期喷施 65%代森锌 500 倍液或 50%退菌特 800~1 000 倍液。

4. 天牛

植株受害后，逐渐衰老枯萎乃至死亡。

防治方法　成虫出土时，用 80%敌百虫1 000倍液灌注花墩。在产卵盛期，7~10 天喷 1 次 90%敌百虫晶体 800~1 000 倍液；发现虫枝，剪下烧毁；如有虫孔，塞入 80%敌敌畏原液浸过的药棉，用泥土封住，毒杀幼虫。

五、采收加工

（一）采收

金银花采收最佳季节为夏初花开放前，时间是清晨和上午，此时采收花蕾不易开放，养分足、气味浓、颜色好。下午采收应在太阳落山以前结束，因为金银花的开放受光照制约，太阳落山后成熟花蕾就要开放，影响质量。不带幼蕾，不带叶子，采后放入条编或竹编的篮子内，集中的时候不可堆成大堆，应摊开放置，放置时间最长不要超过 4 小时。

（二）加工

金银花商品以花蕾为佳，混入开放的花或梗叶杂质者质量较逊。花蕾以肥大、色青白、握之干净者为佳。5、6 月间采收，择晴天早晨露水刚干时摘取花蕾，置于芦席、石棚或场上匀开晾晒或通风阴干，以 1~2 天内晒干为好。晒花时切勿翻动，否则花色变黑而降低质量，至九成干，拣去枝叶杂质即可。忌在烈日下暴晒。阴天可微火烘干，但花色较暗，不如晒干或阴干为佳。或用硫黄熏后干燥。

知识链接： 金银花自古以来就以它的药用价值广泛而著名。其功效主要是清热解毒，主治温病发热、热毒血痢、痈疽疔毒等。现代研究证明，金银花含有绿原酸、木犀草素苷等药理活性成分，对溶血性链球菌、金黄葡萄球菌等多种致病菌及上呼吸道感染致病病毒等有较强的抑制力，另外还可增强免疫力、抗早孕、护肝、抗肿瘤、消炎、解热、止血（凝血）、抑制肠道吸收胆固醇等，其临床用途非常广泛，可与其他药物配伍用于治疗呼吸道感染、菌痢、急性泌尿系统感染、高血压等 40 余种病症。

第五节　夏枯草

一、植物特征及品种

夏枯草（唇形科夏枯草属），别名铁色草、棒柱头花、榔头草、棒槌草、牛枯草、大头花（图 1-9、图 1-10）。多年生草本，高 13~40cm。花期 5—6 月，果期 7—8 月。

主要品种有大花夏枯草、硬毛夏枯草、狭叶夏枯草、白花夏枯草和山菠菜。

图 1-9　夏枯草药材

图 1-10　夏枯草植株

二、生物学特性

（一）生态习性

夏枯草喜温暖湿润的环境，耐寒，适应性强，但以阳光充足、排水良好的沙质土壤为好，也可在旱坡地、山脚、林边草地、路旁、田野种植，但低洼易涝地不宜栽培。

（二）生长发育特性

夏枯草是农历 8 月上旬至 9 月上中旬，足墒种植，15 天左右出苗，年内定根越冬。夏枯草花期为 4—6 月，果实成熟于 7—10 月。

三、栽培技术

（一）选地与整地

应选阳光充足，排水良好的沙壤田块或地块播种，播种前深耕细耙，做到土细厢平。耙时每亩施入腐熟堆厩肥2 000kg 或 48%进口复合肥 25~30kg，土、肥拌匀，然后整成畦宽 1. 2m 的厢面，同时开好三沟待播（或育苗）。

（二）繁殖方法

夏枯草可以采用种子繁殖和分株繁殖的方法进行繁殖。

1. 种子繁殖

采种花穗变黄褐色时，摘下果穗晒干，抖下种子，去除杂质，贮存备用。

播种　北方春播，于 3 月下旬至 4 月中旬；秋播于 8 月下旬。多用条播，在畦上按行距 20~25cm 开沟，沟深 0.5~1cm。将种子均匀播入沟中覆细土，稍稍镇压，浇水，经常保持土壤湿润。15 天左右出苗，每亩用种量 0.5~1kg。

2. 分株繁殖

春季末萌芽时，将老根挖出，进行分株。按行株距 25cm×10cm 挖穴，每穴栽 1~2 株。栽后覆土压实，浇水，保持土壤湿润，7~10 天出苗。

（三）田间管理

1. 间苗与定苗

苗齐后，结合中耕除草进行，在苗高 5cm左右时间苗，去弱苗留强苗；苗高8~10cm时，按行距 5~10cm定苗。

2. 中耕杂草

夏枯草出苗后应视杂草生长情况及时进行人工除草，宜浅锄勿伤根，幼苗期勤松土除草。要求床面清洁无杂草，禁止使用化学除草剂进行除草。

3. 灌水排水

播种后，遇干旱要及时浇水，保持土壤湿润，以保苗齐。雨天要及时清沟排水，避免田间积水。

4. 追肥

应视幼苗生长情况辅以适量的追肥。幼苗高 10cm左右时，每亩施清水稀释的人畜粪水 250kg，施后浇水一遍，花前施圈肥 1 000kg、过磷酸钙 15kg，开浅沟沟施。

四、病虫害防治

（一）病害

1. 叶斑病

先老叶变红或部分叶片变红干枯有坏死斑，叶背面似水浸状病斑，造成夏枯草长势衰弱，产量降低。

防治方法　选用无病种子和抗病品种；合理轮作，清除田间病残体，深翻改土，合理施肥，加强田间管理；药剂防治。种子消毒一般采用多菌灵拌种或浸种。4 月上旬至 5 月中旬在夏枯草发病前或发病初期用 50%多菌灵、72%硫酸链霉素、0.2%磷酸二氢钾三者混合液叶面喷雾防治，或用宁南霉素、70%甲基托布津、0.2%磷酸二氢钾三者混合液叶面喷雾防治，连续防治 2~3 次，每次间隔7~10 天。

2. 病毒病

一般年后3月份开始发生，典型的症状是花叶、叶片畸形和植株矮缩，叶片从叶脉处黄化，同辣椒病毒病表现相似。

防治方法　在田间发现染病植株后及时拔除，避免带毒植株混入；在收获时，选择生长健壮的植株单独剪穗，用这部分穗的种子进行播种，尽可能保证种子不带毒，降低病毒病发生的概率。

（二）虫害

1. 蚜虫

分为苗蚜和穗蚜两个为害阶段。

防治方法　用25%蚜螨清乳油50ml或吡虫啉系列产品1 500~2 000倍液喷雾，10%的蚜虱净60~70g；20%的吡虫啉2 500倍液；25%的抗蚜威3 000倍液喷雾防治。麦蚜对吡虫啉和啶虫脒产生耐药性的麦区不宜使用单一药剂，可与低毒有机磷农药合理混配喷施。

2. 大灰象甲

年前零星发生，年后随着气温回暖，为害加重。大灰象甲以幼虫取食嫩尖和叶片，为害时间主要是在年后的3月中下旬至4月上旬。

防治方法　3月份在田间除草时要注意观察，发现叶片有空洞及活虫时应立即开始防治，一般药剂防治至少要进行两次，第一次防治后7~10天观察防治效果，如仍发现有为害应进行第二次药剂防治，间隔期不宜过长，以免达不到防治效果。药剂防治一般使用高效氯氟氰菊酯或高效氯氰菊酯1 000倍液喷雾，也可用康宽（氯虫苯甲酰胺）3 000倍液喷雾。大灰象甲一般白天不活动，喷雾时间在傍晚效果会较好。

五、采收加工

（一）采收

夏枯草的采收一般在6月上中旬，1/3果穗呈棕红色时收割，收割前要关注天气，避免阴雨天收割。

（二）加工

收割后的夏枯草可在晾场或田间晒干，晾晒时避免雨淋打湿，晒干后即可剪穗，也可暂存待农闲时再剪穗。暂存时要确保场地干净，避免牲畜为害污染，避免老鼠为害。剪穗也要在干净的场地进行，剪穗标准以手指夹穗基部不露秆为宜，尽量避免叶子、枝秆混入。剪好的穗要装入干净无污染的编织袋中，存放于干燥通风的场所，存放时要垫高，防止吸潮及老鼠为害。

知识链接：中医所用夏枯草的主要功效为清肝火，散郁结。所谓肝火，即肝脏精气过于亢进，使肝脏机能平衡被破坏，会出现一系列临床症状。为使亢进的机能平息，中医称之为清肝火；郁结，是指情志不舒，气机郁滞不得发越所致的病症。为祛除体内郁滞之气，恢复脏腑机能，称为散郁结。自古以来，夏枯草一直用于眼疾充血，疼痛，头痛，头昏，瘰疬及外伤性化脓等症。现代医学中用于急性黄胆性肝炎。因在体外对于葡萄球菌、链球菌、痢疾杆菌和绿脓杆菌有抑制作用，故适用于伤口及阴道的消毒洗净剂使用。

第六节　款冬花

一、植物特征及品种

款冬花（菊科款冬属），别名冬花、蜂斗菜（图 1-11、图 1-12）。多年生草本，高 10~25cm。花期 2—3 月，果期 4 月。

图 1-11　款冬花植株

图 1-12　款冬花药材

二、生物学特性

（一）生态习性

款冬花耐严寒，怕热，怕干旱，又怕涝。适宜在气候凉爽、通风、半阴半阳的环境中生长。不喜强烈直射阳光。气温超过 36℃时，则易塌叶或枯死。在土壤疏松、湿润、肥沃的腐殖质丰富的沙质壤土中生长良好。重黏土、涝洼积水地及重茬地不宜种植。轻盐碱地可种植。

（二）生长发育特性

款冬花栽后于 5 月中旬出苗，出苗后生长缓慢，6 月下旬才开始迅速生长，8

月份生长旺盛，为营养生长期。9 月初花蕾开始形成，进入生殖生长期，其营养生长达高峰，此后生长的新叶较多，但都发育不大，有效茎的生长也基本稳定。10 月上旬气温明显下降，地上部生长明显减慢，10 月下旬基部叶开始枯黄，11 月中旬大部分下部基叶已枯黄。

三、栽培技术

（一）选地与整地

栽培宜选择半阴半阳、湿润、腐殖质丰富的微酸性沙质壤土，以既能浇水又便于排水的地块最为合适。生于海拔 1 100～1 900m 的半阴半阳处，坡度为 100°～250°，山洞、河堤、小溪旁均可种植。栽培地选好后，每亩施入腐熟的农家肥 2 500～3 500kg，加过磷酸钙 50kg 翻入土中作基肥。深翻、整细、耙平后做畦，宽 1.3m、高 20cm，畦四周开好排水沟。

（二）繁殖方法

用地下根茎繁殖。冬季采收花时，将根茎埋藏于沙土中，留出根茎做种栽。翌年 3 月中、下旬春栽或冬栽宜在 10—11 月上旬，春栽从贮藏的根茎中选无病虫伤害的、粗壮的、黄白色的根茎做种栽。过于白嫩细长的根茎和根茎梢，不宜作种栽。冬栽均采用随收刨随栽种。无论春栽还是冬栽，将根茎截成 7～8cm 的小段，每段保留 2～3 个节，用湿沙土盖好，以免风干，可随栽随取。

栽种常采用条栽或穴栽。穴栽行距 30～35cm 开沟，沟深 7～10cm，穴距 23～27cm。每穴呈三角形，放根茎 3 段，平放于沟内，覆土 4cm，压实。条栽按行距 27cm，沟深 7～10cm，每隔 10～13cm 放根茎一段，覆土压实。温湿度适宜时，一般 15～20 天出苗。每亩用根茎种栽 35kg 左右。栽种后适当点种玉米进行遮阴，以利款冬花生长。

（三）田间管理

1. 中耕除草

于 4 月上旬出苗展叶后，结合补苗，进行第 1 次中耕除草，因为此时苗根生长缓慢，应浅松土，避免伤根；第 2 次在 6—7 月，苗叶已出齐，根系亦生长发育良好，中耕可适当加深；第 3 次在 9 月上旬，此时地上茎叶已逐渐停止生长，花芽开始分化，田间应保持无杂草，避免养分消耗。

2. 间苗定苗

4 月底至 5 月初，待幼苗出齐后，看出苗情况适当间苗，留壮去弱，留大去小，按 15cm 左右定苗。

3. 追肥培土

款冬花前期不追肥，以免生长过旺、易患病害。后期应加强追肥管理，一般在

9月上旬，每亩施有机肥1 000kg左右，9月下旬至10月上旬每亩施氮肥15kg、磷肥75kg。无论追施有机肥或化肥都应和除草松土配合进行，追肥后结合松土，一面覆盖肥料，一面向根旁培土，以保持肥效，提高产量。

4. 灌水排水

款冬花既怕旱又怕涝。春季干旱，应连续浇水2~3次保证全苗。雨季到来之前做好排水准备，防止涝淹。

5. 剪叶通风

款冬花6—8月为盛叶期，叶片过于茂密，会造成通风透光不良而影响花芽分化和导致病虫为害，尤其是在和高粱、玉米间作时，叶片过密不易通风透光。这时可用剪刀从叶柄基部把枯黄的叶片或刚刚发病的烂叶剪掉，清理重叠的叶子，以利通风透光。剪叶时切勿用手掰扯，避免伤害植株基部。

四、病虫害防治

（一）病害

1. 褐斑病

为害叶片。夏季发病重，叶片上的病斑呈圆形或近圆形，直径5~20mm，中央褐色，边缘紫红色，有褐色小点。

防治方法　收获后清园，消灭病残株；发病前或发病初期用1∶1∶120波尔多液或65%可湿性代森锌500倍液喷雾，7~10天喷1次，连续喷数次。

2. 枯叶病（萎缩性枯叶病）

雨季发生较重。病斑由叶缘向内延伸，病斑为黑褐色不规则斑点，质脆、硬，致使局部或全叶干枯，可蔓延至叶柄。

防治方法　剪除枯叶；收获后清园，消灭病残株；发病前或发病初期用1∶1∶120波尔多液或65%可湿性代森锌500倍液喷雾，7~10天喷1次，连续喷数次。

3. 白绢病

款冬花生产上常见病害，各地广泛发生，为害严重。染病幼苗或成株根茎部出现水渍状病斑，后渐蔓延扩展，在病部及土表长出白色棉絮状菌丝体，其上形成很多白色的小菌核，后随菌核增大至油菜籽大小，颜色变成深褐色时，菌核和菌丝缠结在一起覆在植株基部表面。

防治方法　重病田实行轮作；采用干净的河边沙预处理插条能减少或控制其发病；选择高燥地块种植；科学肥水管理，培育壮苗；栽种前进行插条消毒，可用50%多菌灵可湿性粉剂500倍液或36%甲基硫菌灵（即甲津托布液）悬浮剂600倍液，将河边沙喷湿喷透，再用塑料薄膜盖7~8天进行沙藏预处理插条；也可把沙藏后的插条用上述杀菌剂浸泡20~30分钟，都能减少白绢病的发生。常用药剂有多菌灵、甲基硫菌灵。

（二）虫害

蚜虫，以成、若虫吸食茎叶汁液，严重者造成茎叶发黄。

防治方法　冬季清园，将枯株和落叶深埋或烧毁；发生期喷50%杀螟松1 000~2 000倍液，每7~10天喷1次，连续喷数次。

五、采收加工

（一）采收

款冬花栽培1年，地下根状茎即可长出花蕾。于冬初地冻前花蕾未出土、苞片呈紫色时采收，采收时应掌握季节，宜早不宜迟，采收晚了，降低质量。一般采收期在11月，土壤冻结前（立冬前后）进行，高海拔地区，亦可推迟至次年2月。采收时挖出全部根状茎，仔细摘下花蕾，去净花梗和泥土，切勿用水冲洗或揉搓，防止受雨、露、霜、雪淋湿，造成花蕾干后变黑，影响商品质量。

（二）加工

鲜花蕾排放在晒席上，置通风干燥处晾干，但不能日晒。待水分晾干后，立即用无烟煤或微火炕干。干燥过程中，不宜摊放过厚，一般7cm左右；炕干时间不能过长，干透为止。干燥时不宜过多翻动，尤其是即将干燥的花蕾，否则，外层苞片易撞破，影响质量。

知识链接：款冬花始载于《神农本草经》，又名橐吾，列为中品。历代本草均有记载。今为常用中药。款冬花味辛微苦，性温，主要有温肺化痰、止咳平喘的作用，治疗咳嗽最为常用，所以，古人称款冬花为治嗽要药。

第七节　辛　夷

一、植物特征及品种

辛夷（木兰科木兰属），别名侯桃、房木、迎春、木笔花、毛辛夷（图1-13、图1-14）。辛夷为落叶灌木，高3~4m。花期2—3月，果期6—7月。

品种主要有望春花、玉兰、武当玉兰。

图 1-13　辛夷花朵

图 1-14　辛夷药材

二、生物学特性

（一）生态习性

喜疏松肥沃、排水良好的沙质壤土，不耐盐碱。喜温暖湿润气候和充足阳光，稍耐寒、耐旱，但忌积水，多生于海拔 200m 以上的平原、丘陵、山谷。有较强的抗逆性，在酸性或微酸性土壤上生长良好，苗期怕强光。

（二）生长发育特性

种子有休眠特性，需低温沙藏 4 个月方可打破休眠，低温处理的种子发芽率达 80%以上。每年秋天落叶，第 2 年春天先花后叶。实生苗 8~10 年产蕾，嫁接苗 2~3 年产蕾。辛夷物候期因地而异，在长江中、下游地区，一般 3 月中、下旬开花，先叶开放或同期开放，9 月中、下旬果实成熟。雌蕊比雄蕊早熟，自然结实率低，可在花开放前进行人工授粉，提高结实率。种子有生理后熟现象，经低温层积处理可破除休眠，若在层积前用 100~200mg/kg 赤霉素溶液处理，可缩短层积时间，提高萌发率，加快萌发速度。根部萌发力强，成枝率也高。

三、栽培技术

（一）选地与整地

一般土地均可，深翻 20~30cm，施土杂肥，整平耙细作成畦。土地干旱，先向畦内浇水，待墒情适宜进行播种。分株或移栽的土地，不需做畦。

育苗地宜选阳光较弱、温暖湿润的环境，土壤以疏松肥沃、排水良好的沙壤土为好，翻耕约 30cm，施足腐熟堆肥，整平耙细，作成宽 1.5m 左右的畦。

栽植地宜选阳光充足的山地阳坡，或房前屋后零星栽培，最好大面积成片栽培，便于管理。栽前宜深耕细耙，施足底肥，修建沟渠，以利排灌。

（二）繁殖方法

可用种子繁殖、分株繁殖和压条繁殖等方法，生产中以分株繁殖为主。

1. 分株繁殖

冬末春初，把有多数分蘖的老株挖起，每株需带有根才易成活，随挖随栽，在整好的地上按行株距 150~200cm 的距离挖穴，每穴一株，根子平展栽正，并较原来入土深 3~6cm，用细土覆盖根部并压实，使根与土壤密接，再行浇水。

2. 压条法

早春未发新叶时，将母树靠近地面的小枝条轻轻压入土内，勿使折断，以泥土盖紧并用树钩钩牢，使枝条接近地面处生出嫩根和新技，一年后便能定植。

3. 高空压条法

6 月下旬，在母株上选择健壮无病虫害的幼嫩枝条，于分岔处用刀削去枝条的皮，枝条削面约呈半圆环状。然后用细长形的竹筒或无底瓦罐套上，使枝条去皮处插在筒中，筒内盛满湿润肥沃的泥土，外面用绳索扎紧，勿使移动。以后经常浇水。保持筒内土壤湿润。次年 4 月下旬，筒内已长新根，即可取下定植。

4. 种子繁殖

于春季或秋季播种，播前将种子放在加草木灰的温水中浸泡 3~5 天，搓去蜡质，再用温水浸泡一天半后，捞出盖上稻草，经常浇水。种子裂口后，做高畦，按 30cm 左右的行距开沟条播，覆土 8cm 左右，播后保持土壤湿润。开始出苗的一个月中要插枝遮阴，并及时浇水，除草施肥，生长两年后定植。

（三）田间管理

定植后须经常浇水，保持土壤湿润，容易生长新根，成活后如不遇特殊干旱，都不浇水。其余管理要求不严，只需经常除去杂草。辛夷在未成林时，每年除草 3~4 次，在成林后每年除草 1~2 次，每季施用人畜粪水一次，促使花多蕾壮。若是成片栽种，可以在地里间作豆类、麦类或蔬菜等作物。

四、病虫害防治

（一）病害

立枯病

4—6 月多雨时期易发，为害幼苗，基部腐烂。

防治方法 ① 苗床平整，排水良好。② 进行土壤消毒处理，每亩可用15~20kg 硫酸亚铁，磨细过筛，均匀撒于畦面。③ 拔除病株，立即烧毁。

（二）虫害

1. 蝼蛄

为害嫩茎。

防治方法　可用25%敌百虫粉拌毒饵诱杀，生长期主要有刺蛾、蓑蛾等为害，可按常规方法防治。

2. 刺蛾

防治方法　① 挖除树基四周土壤中的虫茧，减少虫源。② 幼虫盛发期喷洒 80%敌敌畏乳油 1 200 倍液或 50%辛硫磷乳油 1 000 倍液、50%马拉硫磷乳油 1 000 倍液、25%亚胺硫磷乳油 1 000 倍液、25%爱卡士乳油 1 500 倍液、5%来福灵乳油 3 000 倍液。

3. 蓑蛾

防治方法　① 进行园林管理时，发现虫囊及时摘除，集中烧毁。② 注意保护寄生蜂等天敌昆虫。③ 掌握在幼虫低龄盛期喷洒 90%晶体敌百虫 800~1 000 倍液或 80%敌敌畏乳油 1 200 倍液、50%杀螟松乳油 1 000 倍液、50%辛硫磷乳油 1 500 倍液、90%巴丹可湿性粉剂 1 200 倍液、2. 5%溴氰菊酯乳油 4 000 倍液。④ 提倡喷洒每克含 1 亿活孢子的杀螟杆菌或青虫菌进行生物防治。

4. 地老虎

俗称地蚕或夜盗虫，是菊花苗期地下害虫。虫体褐色，幼虫灰黑色，一年一代，蛹、老熟幼虫和成虫均可在地下越冬，第一代于每年 4 月为害，常在日落后至黎明前出来咬食菊苗，导致菊株枯萎。

防治方法　春季清除周边杂草，消灭中间寄主，晚间或黎明前人工捕捉幼虫，用 800~1 000倍液敌百虫杀灭。

五、采收加工

（一）采收

辛夷嫁接苗，春季剪砧，当年即可成蕾，两年有产，3~4 年即可采摘花蕾。应于立冬至立春前进行采摘，晚摘花蕾发虚，质量差，故宜早不宜晚。花期 4 月左右，但在温暖地区开花较早。山地或寒冷地带较迟。采时要逐朵从花柄处摘下，切勿损伤树枝，以免影响第 2 年产量。

（二）加工

晒干。采收后，白天在阳光下暴晒，并要做到白天翻晒通风，晚间堆放在一起。使其夜间堆集发汗，花苞内部干湿一致，晒至半干时，再堆放 1~2 天后再晒至全干。1 个月左右可以干透，即为成品。成品以黄绿色、有特殊香气、味辛凉为佳。

烘干。采收后遇到阴雨天。用无烟煤或炭火烘烤，当烤至半干时，也要堆放 1~2 天后再烘烤，烤至花苞内部全干为止。

知识链接：辛夷主治鼻渊、鼻塞。用辛夷研末，加麝香少许，以葱白蘸入鼻中，几次即见效。

第八节　玫瑰花

一、植物特征及品种

玫瑰花（蔷薇科蔷薇属），别名徘徊花、笔头花、刺玫花。直立灌木（图 1-15、图 1-16）。茎丛生，有茎刺。花期 5—9 月，果期 9—10 月。

玫瑰花根据花色可以分为七大系：红玫瑰、黄玫瑰、紫玫瑰、白玫瑰、黑玫瑰、橘红色玫瑰、蓝玫瑰。

玫瑰花根据株型可以分为七大系：中型花、大轮花、迷你玫、蔓性玫瑰、半蔓性玫瑰、现代灌木玫瑰、英国玫瑰。

玫瑰花根据花型可以分为十大系：平开型、开杯型、深杯型、丛生、四分丛生、单瓣、半重瓣、剑瓣、半剑瓣、单瓣环抱。

图 1-15　玫瑰花植株

图 1-16　玫瑰花药材

二、生物学特性

（一）生态习性

玫瑰为浅根性植物，系温带树种，萌蘖力强，性喜阳光，耐寒、耐旱，适应性较强。玫瑰在遮阴和通风不良的地方生长欠佳，开花稀少，造成空长。玫瑰对土壤要求不严，但在深厚肥沃，排水良好的中性或微酸性轻壤土中生长最好，微碱性土壤也能生长。玫瑰怕涝，积水时间稍长，枝干下部的叶片即易黄落，严重水涝会使整个植株死亡，玫瑰栽植不宜靠墙太近，以免日光反射引起日灼。

（二）生长发育特性

玫瑰在冬季有雪覆盖的地区能忍耐-40～-38℃的低温，无雪覆盖的地区也能耐-30～-25℃的低温，但不耐早春的旱风。花期在 5 月上旬至 6 月上旬，较少结果实，9 月上旬开始落叶，11 月中下旬后叶基本全部落光。玫瑰的花芽和萌动要求平均气温 7℃以上，从萌动初期到花开期一共需要有效积温 365℃，生长发育期一般依据当时的气温高低而定。玫瑰花期最忌干热风和土壤干旱，有水利条件的田块可进行一次蕾期灌水。玫瑰在生长发育的过程中有两次停止生长期（一般在6—7月称夏眠，11—12月称冬眠），此时不发枝，枝条不伸长。夏眠期是采花苗木的最佳修剪期，冬眠期可配施底肥、灌好越冬水，为来年花蕾的稳产高产奠定基础。

三、栽培技术

（一）选地与整地

选择地下水位低、疏松通气的泥性壤土为佳，土壤需含有丰富的有机质，含量最好能达到10%以上。土壤pH值在6.5左右。改良土壤要结合整理种植畦进行，通过深翻并施用大量的有机肥，使土壤的通透性和保水肥性得到改善和长期维持，促进玫瑰根系长期良好的生长。改良土壤的有机肥种类可选用牛粪、猪粪、羊粪、鸡粪、骨粉、腐叶土、堆肥等。

种植畦按畦面宽0.9m，走道底宽0.5m，畦高0.5m，畦面要平整。定植畦做好后，需再次检查土壤的pH值、EC值，并用肥、酸、碱调整，使pH值调整在6.5左右，EC值调整在0.8~1.2ms/cm，若EC值小于0.8ms/cm用肥料进行调整，EC值大于1.2ms/cm可用水进行淋洗。滴灌预先安装好。

（二）繁殖方法

可采用播种、扦插、分株、嫁接等方法进行繁殖，但一般多采用分株法和扦插法为主。

1. 分株法

可于春季或秋季进行。选取生长健壮的玫瑰植株连根掘取，根据根的生长趋势情况，从根部将植株分割成数株，分别栽植即可。一般可每隔3~4年进行一次分根繁殖。

2. 扦插法

春、秋两季均可进行。玫瑰的硬枝、嫩枝均可作插穗。硬枝扦插，一般在2—3月植株发芽前，选取2年生健壮枝，截成15cm的小段作插穗，下端涂泥浆，插入插床中。一般扦插可于1个月左右生根，然后及时移栽养护。扦插亦可于12月结合冬季修剪植株时进行冬插。

3. 嫁接法

一般选用野蔷薇、月季作砧木，于早春3月用劈接法或切接法进行。

4. 种子繁殖

单瓣玫瑰可用种子繁殖。当10月种子成熟时，及时采收播种；或将种子沙藏至第二年春播种。复瓣玫瑰不结果实，因此不能用种子繁殖。

（三）田间管理

1. 建园

山区要充分利用土坡，这样不但增加经济收益，而且可以固土，防止水土流失。平原地应建立成片玫瑰专用园，进行规模化经营。但不论山区、平原，切忌在黏重积水地上栽植。

2. 土壤处理

定植前进行土壤消毒，以蒸汽消毒为主，无条件时可用氯化苦熏蒸，氯化苦熏蒸后，应多次深翻，以免药害影响植株根系的发育。然后施入 20cm 厚的农家肥，进行耕翻。平原地以畦面宽 200cm 整成高畦，畦高 15～20cm。

3. 定植

栽植行距 2～2.5m，株距 1～1.5m，平原地可适当加大株行距。挖好栽植坑（长、宽、深各 60cm），放入苗木，填土踏实并浇水即可。

4. 施肥

施肥可分 2 次进行。一次在秋末，结合深翻，每亩施入3 000～3 300kg 农家肥；另一次在花后，结合松土，每亩施入 5～25kg 磷酸二铵或其他复合肥。

5. 修剪

玫瑰萌生力强，如不及时修剪，常常因为株丛郁闭造成枝条生长瘦弱枯死。修剪时应根据株龄、生长状况、肥水及管理条件进行，采取以疏剪为主，短截为辅的原则，达到株老枝不老，枝多不密，通风透光。5 年以上的老枝应及时除去，以扶持新枝生长。对于生长衰弱基本失去开花能力的玫瑰，可以重剪、促生新枝。

四、病虫害防治

（一）病害

玫瑰的主要病害有锈病、白粉病、褐斑病。防治锈病可摘除病芽并深埋。在锈病、白粉病、褐斑病发病前和发病期每半个月喷洒 1 次粉锈宁、退菌特或百菌清，对防止病害侵染蔓延有良好效果。

（二）虫害

1. 蚜虫、夜蛾

为害植株嫩梢及叶片。

防治方法　10%吡虫啉可湿性粉剂+新高脂膜 800 倍液喷施。

2. 金龟子、小地虎

为害植株根部。

防治方法　喷洒杀螟松、爱卡士乳油等药剂+新高脂膜 800 倍液，或用毒饵诱杀。

五、采收加工

（一）采收

通常玫瑰花蕾应在未开放前采收，即花蕾纵直径是花萼3倍时采收最好，过早产量降低，过晚花已开放影响质量。花期集中期选择健壮饱满的花蕾采摘，其他细弱花蕾待完全开放后采摘花瓣。其他时间零星开放的花也待完全开放后采摘花瓣。

（二）加工

取原药材，除去杂质及梗，筛去灰屑。炮制后贮干燥容器内，密闭，置阴凉干燥处，防潮。花蕾加工分烘干和阴干两种，烘干温度不同，产生的颜色也就不同。同为粉红玫瑰，干制后，烘干的颜色就淡一些，阴干的颜色就深一些。

知识链接：玫瑰代表爱情，但不同颜色玫瑰还另有吉意，如红玫瑰代表热情真爱；黄玫瑰代表珍重祝福和嫉妒失恋；紫玫瑰代表浪漫真情和珍贵独特；白玫瑰代表纯洁天真；黑玫瑰则代表温柔真心；橘红色玫瑰代表友情和青春美丽；蓝玫瑰则代表敦厚善良。

第九节　除虫菊

一、植物特征及品种

除虫菊（菊科匹菊属）（图1-17、图1-18），多年生或两年生草木，株高30~80cm，全株灰绿色，被绿色细毛。花果期5—8月。

品种有红花除虫菊和白花除虫菊。

图1-17　除虫菊植株

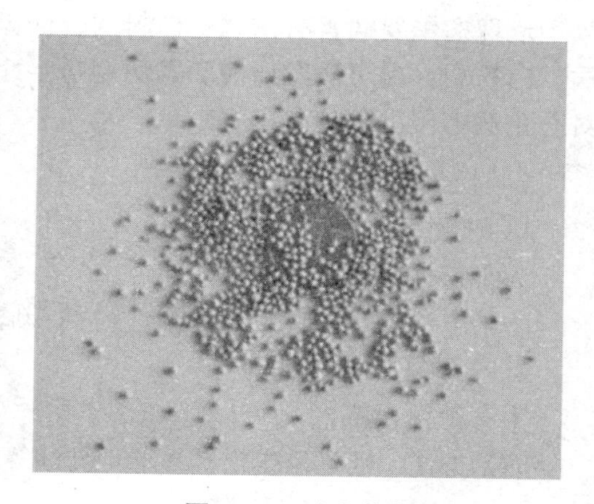

图1-18　除虫菊药材

二、生物学特性

除虫菊性喜温暖，适宜中性土壤及弱酸性土壤种植。喜欢排水良好、肥厚的沙质壤土。如果在比较优越的环境条件下，它可以健壮生长，而且除虫菊素的含量亦高。

三、栽培技术

（一）选地与整地

宜选择凉爽、干燥、通风、土壤疏松的，中性或微碱性土壤种植（一般低山、丘陵、平原均可种植），过黏或低洼地不宜种植。秋作物收割后，应及时翻耕，耕深约 0.33m，做成宽 1~1.33m 的畦。每亩施复混肥 50~70kg 作底肥，耙匀待播。

（二）繁殖方法

繁殖方法有两种：一是种子繁殖，二是分株繁殖。

1. 种子繁殖

可以春播或秋播。秋播在 9 月上旬至 10 月下旬为宜，春播以 3 月下旬至 4 月下旬为宜。播种前 15 天催芽，用 35~40℃ 的水浸种。秋播比春播好，种子发芽的适宜温度在 18℃。春播一般每亩用种 250~300g，行距 50cm，株距 33cm。也可育苗移栽，育苗床多施基肥，整平后浇一次水，水渗后均匀地撒上种子（每平方米用种子 3~5g），再覆细土，15~20 天即可出苗。苗高 10~18cm 时移栽，不要栽得过深，不要伤根，栽后浇水。

2. 分株繁殖

可在 9—10 月或早春植株发芽前进行。方法是将母株自然分开，然后根据生长年限和根的大小分级，分别栽培，带点须根，以缩短缓苗期。

（三）田间管理

1. 除草

菊苗移栽后需及时除草，并疏通田间沟渠，保障雨水畅通，防涝保苗。

2. 追肥

第一次，提苗肥，在除虫菊移栽 20 天后，以氮肥为主，用量每亩碳酸氢铵 20kg 或尿素 10kg，兑水 150kg 左右浇施提苗；第二次，发棵分蘖肥，在第一次追肥 1 个月后，每亩用尿素 15kg 和硫酸钾 10kg，兑水 150kg 左右浇施；第三次，现蕾打苞肥，开春前 5 天，每亩用复合肥 30kg，兑水 150kg 左右浇施；第四次，壮花肥，于 2 月底，每亩用复合肥 15kg 浇施。

3. 适时灌溉

除虫菊旺盛生长期应适时浇水，保持土壤湿润，特别是除虫菊的开花期为需水临界期，需要大量水分，开花期到采摘前10天，最少需浇一次透水。

温馨小提示： 硫酸钾使用时应注意：1. 在酸性土壤中，多余的硫酸根会使土壤酸性加重，甚至加剧土壤中活性铝、铁对作物的毒害。在淹水条件下，过多的硫酸根会被还原生成硫化氢，使根受害变黑。所以，长期施用硫酸钾要与农家肥、碱性磷肥和石灰配合，降低酸性，在实践中还应结合排水晒田措施，改善通气。2. 在石灰性土壤中，硫酸根与土壤中钙离子生成不易溶解的硫酸钙（石膏）。硫酸钙过多会造成土壤板结，此时应重视增施农家肥。3. 在氯敏感作物上重点施用，如葡萄、甜菜、西瓜、薯类等增施硫酸钾不但产量提高，还能改善品质。硫酸钾价格比氯化钾贵，货源少，应重点用在对氯敏感及喜硫喜钾的经济作物上，效益会更好。4. 此种肥料是生理酸性盐，施用在碱性土壤可降低土壤 pH 值。

四、病虫害防治

（一）病害

1. 白粉病

叶片、叶柄、嫩梢及花蕾均可发病。成叶上产生不规则白粉状霉斑，病叶从叶尖或叶缘开始逐渐变褐，导致全叶干枯脱落。嫩叶染病，绿色渐渐褪去并逐渐蔓延，扩大，边缘不明显，嫩叶正背两面产生白色粉斑，后覆满全叶，叶片变为淡灰色或紫红色。新叶皱缩畸形。叶柄、新梢染病后节间缩短，茎变细，有些病梢出现干枯，病部也覆满白粉。花蕾染病，花苞、花梗上覆满白粉，花萼、花瓣、花梗畸形，重者萎缩枯死，失去观赏价值。白粉病菌在病芽上越冬。栽植过密、施氮过多、通风不良、阳光不足，易发病。

防治方法　选用抗白粉病的品种。冬季修剪时，注意剪去病枝、病芽。发病期少施氮肥，增施磷、钾肥，提高抗病力。注意通风透光，雨后及时排水，防止湿气滞留，可减少发病。发病初期，喷施20%三唑酮乳油1 000倍液或20%三唑酮硫黄悬浮剂1 000倍液、50%多菌灵可湿性粉剂800倍液。如对上述杀菌剂产生耐药性，可改喷12.5%腈菌唑乳油或30%特富灵可湿性粉剂3 000倍液。早春萌芽前喷2~3波美度石硫合剂或45%晶体石硫合剂40~50倍液，杀死越冬病菌。

2. 根腐病

多发生于梅雨季节。症状为植株萎蔫、根系腐烂。主要病因：田间积水时间过长，使土壤的通透性能变差，为病菌的大量繁殖提供了有利条件，使根系受到为害而死亡。

防治方法　雨季及时排涝，雨后及时松土；播种时先将种子用0.5%的多菌灵药液浸泡4~6小时；发现个别病株及早拔除，用50%的多菌灵800~1 000倍液浇灌根穴及周边土壤，防止病菌扩散、蔓延，病株集中销毁；注意轮作。

3. 干腐病

防治方法　一方面要控制水分，另一方面要辅以化学防治，即发病初期用多菌灵或瑞毒霉灌根。

（二）虫害

蓟马

防治方法　开花初期，每亩用虱蚜唑40g或毒丝本80mL兑水60kg，7~10天防治一次，连续防治2~3次。

五、采收加工

（一）采收

5~6月间，当舌状花冠尚未完全展开，筒状花冠已渐展开时，花中有效成分含量最高，为采收花的最适时间。除虫菊的花，一般在10余天内可以开放完毕，故应选择晴天抓紧采收。收花期是小满到芒种。采摘时要根据花的开放程度分批适时采摘，要平蒂采摘，不带花柄。

（二）加工

采后及时晒干，若遇雨天可用55~60℃的温度烘干或风干，使含水量下降到6%~12%。全草在夏秋季采收，晒干备用。除虫菊的花所含杀虫成分容易水解失效，所以必须充分干燥，防潮避光贮存。一般不耐久贮，若贮一年，杀虫效力则减少一半。

温馨小提示：1. 除虫菊常作蚊烟原料，亦作粉剂或乳油剂。敏感者接触或吸入后，可出现皮疹、鼻炎、哮喘等。吸入较多或吞服中毒，则引起恶心、呕吐、胃肠绞痛、腹泻、头痛、耳鸣、恶梦、晕厥等。婴儿还可出现面色苍白，惊厥等症。2. 除虫菊所含杀虫成分容易水解失效，所以必须充分干燥，防潮避光贮存。一般不耐久贮；如贮藏一年，杀虫效力则能减少一半左右。

第十节　丁　香

一、植物特征及品种

丁香，别名紫丁香、华北丁香（图1-19、图1-20）。落叶灌木或小乔木，高10~15m。花期1—2月，果期6—7月。

分为公丁香和母丁香。公丁香，指的是没有开花的丁香（桃金娘科蒲桃属）花蕾晒干后作为香料。母丁香，指的是丁香（桃金娘科蒲桃属）的成熟果实，也是晒干后作为香料使用。

图 1-19　丁香花

图 1-20　丁香花药材

二、生物学特性

（一）生态习性

香料用和药用的丁香原产于热带，喜热带海洋性气候。喜生于高温、潮湿、静风、温差小的热带雨林气候环境中。丁香性喜阳光，稍耐阴，耐寒性强，也耐旱，喜湿润，忌渍水。抗逆性强，对土壤要求不严，但适生于肥沃、疏松、排水良好的土壤中，切忌栽于低洼阴湿处。

（二）生长发育特性

我国海南种植区，其年平均气温 23.1～24.4℃，月平均最高气温 26.0～28.4℃，月平均最低气温 16.7～18.8℃，年降水量 1 330～2 530mm。温度低于 5℃时，嫩叶受害，落蕾，落花；达 3℃时植株死亡。

丁香幼树喜阴，不耐烈日暴晒，生长缓慢；成龄树喜阳光，阳光充足才能早开花，多开花。丁香地上部枝叶茂密，树冠大，而根群浅且纤细，故支撑力小，不抗风，需设防护林加以保护，选地要选东南向或朝东坡向。喜土层深厚、肥沃、排水良好、pH 值 5～6 的沙壤土。丁香种子发芽快而又极易受到损伤，完全成熟的种子在果实尚未脱落，其胚根就已萌动。在高温多雨季节，种子成熟后，若不及时采收，会在树上发芽，形成实生苗。但成熟度不够的果实，发芽率低。种子发芽温度 18.2～32.7℃，最适温度 28.3～31.9℃。种子不耐贮藏，宜随采随播，若不能及时播种，须用湿沙或湿木糠层积贮存，可延长生活力，否则易丧失生活力。较适宜的湿沙含水量为 15%～20%，而木糠粒（直径小于 0.3cm）与水之比为 1∶2，用手捏有水从指缝渗出为宜。果实或种子贮存均可。丁香幼树喜阴，生长缓慢，不耐烈日暴晒；成熟树喜阳，5 龄后生长加快，并进入开花阶段。开花有大小年现象。10～15 年为初产期，株产 2～3kg 花蕾。每年可有两次花期，即 12 月至次年 2 月，以 4—6 月花量大，为采收的主要季节。丁香树顶端优势很强，成龄树枝条萌发力强，若成龄树截干矮化，会萌发大量徒长枝。幼树枝条萌发力弱，不耐修剪。

三、栽培技术

（一）选地与整地

宜选择温和湿润、静风环境、温湿变化平缓、坡向最好为东南坡的地区，并选择土层深厚、疏松肥沃、排水良好的土壤上栽培。土壤以疏松的沙壤土为宜。深翻土壤，打碎土块，施腐熟的干猪牛粪、火烧土作基肥，每亩施肥 2 500～3 000kg。平整后，做宽 1～1. 3m、高 25～30cm 的畦。如果在平原种植，地下水位要低，至少在 3m 以下。有条件先营造防护林带，防止台风为害。种植前挖穴，植穴规格为 60cm×60cm×50cm，穴内施腐熟厩肥 15～25kg，掺天然磷矿粉 0. 05～0. 1kg，与表土混匀填满植穴，让其自然下沉后待植。

（二）繁殖方法

丁香可采用分株、压条、嫁接、扦插和播种等多种方法进行繁殖，一般多用播种和分株法繁殖。

1. 播种

在 4 月上旬进行。先将种子放在 40～50℃ 的热水中浸泡 1～2 小时，捞出后以一份种二份沙的比例混合，置于向阳处，盖上草袋或麻袋，经常浇水，以保持草袋、麻袋湿润。约经一周，种子可发芽，然后播种。

2. 分株

于 3 月或 11 月均可进行。只要将母株根部丛生出的茎枝分离出，另行移栽即可。扦插宜在秋季进行。嫁接多以女贞、水蜡树作砧木，行高接法，一般在砧木离地 120～150cm 处进行嫁接，接芽、接穗要选自优良品种的母株。还要注意随时剪除砧木新发的枝芽，以免消耗营养，使接芽和接穗发育不良，喧宾夺主。压条繁殖于 2 月进行为好。压条时，粗枝要进行环剥处理。压条成活后 2～3 年可开花。丁香宜地栽，也可盆栽。移栽时，根部要尽量多带土，这样容易成活。

（三）田间管理

1. 荫蔽

1～3 年生的幼树特别需要荫蔽，由于植距较宽，可在行间间种高秆作物，如玉米、木薯等，既可遮阴，又可作防护作用，还能增加收益，达到以短养长的目的。

2. 除草、覆盖

每年分别在 7 月、9 月和 10 月，在丁香植株周围除草，并用草覆盖植株，但不要用锄头翻上以免伤害丁香根，林地上其他地方的杂草被割除作地面覆盖，还可作绿肥，代替天然植被覆盖地面。除草工作直至树冠郁闭而能抑制杂草的生长为止。

3. 补苗

丁香在幼龄期的致死因素较多，如发现缺苗，应及时补种同龄植株。

4. 排灌

幼龄丁香，根系纤弱，不耐旱，三年生以下的丁香树，干旱季节需要淋水，否则幼树干枯。开花结果期在干旱季节易引起落花落果，也要淋水，雨季前疏通排水沟，以防积水。

5. 施肥

定植后，一般每年施肥 2~3 次。第一次在 2—3 月；每株施稀人粪尿 10~15kg 或尿素、硫酸钙和氯化钾各 0.05~0.1kg；第二次在 7—8 月，除施氮肥外，每株加施 0.1kg 过磷酸钙或适量堆肥和火烧土，但不宜过量和紧靠根际，以免引起灼根造成腐烂；第三次在 10—12 月施以厩肥或堆肥，掺适量过磷酸钙和草木灰。

6. 培土

丁香树是浅根系，表土上层的细根必须避免受伤，同时这些细根不应露在土面，若露出要用肥沃松土培土 2~5cm。

7. 修枝

丁香树木需要大量修枝，但为了便于采花，可将主干上离地面 50~70cm 内的分枝修去；若有几个分叉主干，应去弱留强，去斜留直，保留 1 个。上部枝叶不要随便修剪，以免造成空缺，影响圆锥形树冠的形成。

8. 防风

防护林的设置是确保丁香园完整的一项重要措施。此外，幼龄期在台风来临前要做好防风工作，可用绳子和竹子固定丁香植株树干，以减轻台风对丁香植株的摇动，从而减少为害。

四、病虫害防治

（一）病害

1. 褐斑病

幼苗和成龄树都有发生，为害枝叶、果实。

防治方法　可在发病前或发病初期用 1∶1∶100 倍的波尔多液喷洒；清洁田园，消灭病残株，集中烧毁。

2. 煤烟病

主要是由黑刺粉虱、蚧类、蚜虫等害虫的为害而引起的。

防治方法　发现上述害虫为害时用杀虫剂喷杀；发病后用 1∶1∶100 倍的波尔

多液喷洒。

（二）虫害

1. 根结线虫病

由一种线虫引起，为害根部。

防治方法　可用3%呋喃丹颗粒剂穴施或撒施于根区。

2. 红蜘蛛

为害叶片。

防治方法　用0.2~0.3波美度石硫合剂和20%三氯杀螨砜500倍稀释液喷杀。两种液体混合使用效果更好。每5~7天喷1次，连续2~3次。

3. 红蜡介壳

为害枝叶。

防治方法　初孵幼虫的活动期和为害期便是进行防治的最好时期和关键时期。此时的幼虫无蜡壳保护，对药物敏感，防治省时省力，而且效果好。一般可选择农药亚胺硫磷800~1 000倍液、敌敌畏1 000~1 500倍液喷洒红蜡蚧为害部位，或者选用40%扑杀灭乳油1 000倍液，或25%蚧死净乳油1 000倍液喷洒防治，或者用松脂合剂防治（松脂合剂可有效穿透蜡蚧，效果好）。防治浓度冬天可浓些，夏季可稀些（防止夏季气温高产生药害）。如果花木数量不多，可进行人工刷除或刮除，也可结合修剪，把剪下的带虫枝条进行集中处理，加以烧毁。

4. 大头蟋蟀

为害小枝、叶、幼干。

防治方法　采用毒饵诱杀。先将麦麸炒香，然后用90%晶体敌百虫30倍液，拌湿麦麸，傍晚放在畦周围。

五、采收加工

（一）采收

一般种植5~6年后开花，25~30年为盛产期。但有大小年现象，其寿命可达100多年。在我国海南省引种区，6—7月花芽开始分化，明显看见花蕾，当花蕾由淡绿色变为暗红色时，或偶有1~2朵开放时，即把花序从基部摘下，勿伤枝叶，这样可提高公丁香产量，又可减少丁香树养分的消耗。如果让花蕾继续生长，次年3月为盛花期，4—6月坐果，并逐渐长成幼果，采收未成熟果实，即为母丁香。从花芽分化到果实成熟需经3年时间。采收后的丁香花蕾，拣净杂物于阳光下晒，若天气晴朗一般晒3~4天即可。为了充分干燥，花蕾不可堆得太厚，而且要定时翻动，晒至干脆易断即为商品丁香。未成熟的幼果，采收后晒干，即为母丁香。

（二）加工

采下后除去花梗，晒干。干品花蕾装于双层无毒塑料袋，密藏，宜在30℃以下保存，不使气味散失。置干燥处，避光保存。不能用水洗，以免挥发油损失。

知识链接： 观赏用的丁香，是木犀科丁香属的植物，在中国春天开各种颜色的花，生活并原产于中国的温带，不能用来做香料和中药。香料用和中药用的丁香，是桃金娘科蒲桃属植物。调料用和药用的丁香是热带植物，原产于印度尼西亚的马鲁古群岛及其周围岛屿。

第十一节　金莲花

一、植物特征及品种

金莲花（毛茛科金莲花属），别名旱荷、旱莲花寒荷、陆地莲、旱地莲、金梅草、金疙瘩（图1-21、图1-22）。多年生宿根草本植物，植株全体无毛；须根长达7cm。6—7月开花，8—9月结果。

图1-21　金莲花朵

图1-22　金莲花药材

知识链接： 中国自古热爱莲花，作为中华本土宗教的道教，莲花自然是道教的象征之一。莲花在道教象征着修行者，于五浊恶世而不染卓，历练成就。《太乙救苦护身妙经》中救苦天尊步摄莲花，法身变化无数，忽而女子，忽而童子，忽而风师雨师，忽而禅师丈人！莲花被人誉为“出淤泥而不染”的翩翩君子。

二、生物学特性

（一）生态习性

原产秘鲁、智利等国，我国主要分布于河北北部、内蒙古南部和山西等高寒山区。金莲花野生于海拔 1 000～2 200m 的山地或坝区的草坡、疏林或沼泽地的高岗处。喜冷凉阴湿气候和充足光照，耐寒，不耐荫蔽，忌涝、忌高温，土壤要求疏松肥沃的沙质壤土，排水良好。

（二）生长发育特性

金莲花生长期适温为 18～24℃，能忍受短期 0℃低温，35℃以上生长受抑制。露地栽培时，10 月至次年 3 月需 4～10℃，3—6 月为 13～18℃。而室内栽培时，9 月至次年 3 月为 10～16℃，3—9 月需 18～24℃。夏季高温时，开花减少，冬季温度过低，易受冻害，甚至整株死亡。

金莲花在每年 5 月开始发芽生长，6—7 月进入花期，8—9 月开始结果，种子成熟后，地上部分的叶、茎干枯死亡，在地下形成过冬芽渡过漫长的冬季，休眠芽至翌年 5、6 月开始生长进入下一个生长年。

三、栽培技术

（一）选地与整地

最好选冬季寒冷、夏季凉爽的平缓山地或坝区，具体种植地应选排水良好的沙质壤土，尽量选用平缓的稀疏林或幼林果园。耕地前每亩施腐熟有机肥3 000～4 000kg 做基肥，均匀施于地表，再耕翻入地下，耙平做畦。一般作平畦，多雨地区可作高畦，畦宽 1. 4～1. 5m，在不便灌溉的缓坡地，就山势整平，再根据地形开数条排水沟即可。

（二）繁殖方法

金莲花常用种子繁殖，也可用分株繁殖。

1. 种子繁殖

金莲花野生状态下 7 月下旬种子陆续成熟。种子很小，千粒重只有 0. 8～1. 3g。新采下的种子尚处于休眠状态，须经低温沙藏或赤霉素处理后打破休眠方可发芽。成熟的种子呈黑色，有光泽。采种时应小心，剪下的果实勿倒置，以防种子从果端小孔处掉落，并及时装入布袋内，运回摊开数天再脱粒，簸净种子，及时用 5～10 倍的湿沙拌匀，装于木箱或大花盆里，埋于阴凉处。贮藏期间要常检查沙的干湿度，干了应及时浇水，雨季要加盖，防雨淋湿，入冬前要盖草压土防冻。第二年早春解冻后取出播种。少量种子可藏于 0～5℃冰箱内。播种前 2～3 天先把地浇湿，待稍干时耙平整细再播种。用经低温沙藏处理的种子与沙一起，于畦面按 10cm 行距开浅沟条播或撒播，播后盖0.5cm厚的薄土，并搭遮阴棚或盖薄膜保湿。要常浇水，保持表土湿润，播后10天左右即可出苗。新采收的种子也可用500mg/kg的赤霉素浸24小时后播种，同样可以出苗。出苗后要勤松土除草和浇水，保持土壤湿润，无杂草。苗期可追施尿素1次，每次每亩用量5kg。加强管理，第二年春化冻后即可移栽，行距为30~35cm，株距20~25cm。

2. 分株繁殖

秋末植株枯黄时采挖种苗，地上部干枯花茎尚存，便于发现，或于4—5月出苗时挖取。将挖起的根状茎进行分株，每株留1~2个芽即可栽种，栽植行株距同上。栽后浇水，无浇水条件的地方，栽后应把土压实，秋末栽者成活率较高。

（三）田间管理

1. 松土除草

植株生长前期应除草松土，保持畦内清洁无杂草。7月植株基本封垄，操作不便，避免伤及花茎，可不再松土。

2. 灌溉排水

金莲花苗期不耐旱，应常浇水以保持土壤湿润，但不宜太湿以防烂根死亡。7—8月雨季时要注意排涝。

3. 追肥

出苗返青后追施氮肥以提苗，每亩可施尿素10kg或人畜粪尿500~800kg。当年移栽的小苗施人畜粪尿，应稀释1~2倍。6—7月可追施磷酸铵颗粒肥，每亩施30~40kg，冬季地冻前应施有机肥，每亩施1 500~2 000kg。每次施肥都应开沟施入，施后盖土。

4. 遮阴

在低海拔地区引种特别要注意遮阴，荫蔽度控制在30%~50%，棚高1m左右，搭棚材料可就地取材。也可采用与高秆作物或果树间套作，达到遮阴目的。

5. 移植

当做观赏植物时，在幼苗出齐后，高5~8cm时，便可以选择适合其生长习性的山间草地、草原、沼泽草甸进行带土移植。移植时一般以3~5株幼苗为一墩，一起移植，同时摘除底部1~3片叶，以减少养分的消耗。移植深度宜浅不宜深，并及时浇水。

四、病虫害防治

（一）病害

1. 萎蔫病和病毒病

防治方法　可用50%托布津可湿性粉剂500倍液喷洒。

2. 叶斑病

由系半知菌类真菌侵染所致，病菌首先侵染叶缘，随着病情的发展逐步向叶中部发展，发病后期整个植株都会死亡。此病 5 月中下旬开始发病，7、8 月为发病高峰期，高温高湿天气及密不通风利于病害传播。

防治方法　防治叶斑病一定要注意经常修剪枝条，除去杂枝和过密枝，使植株保持通风透光。如果发现有叶斑病，可以喷施 75%百菌清可湿性颗粒 1 200 倍液或 50%多菌灵可湿性颗粒 800 倍液进行防治，每 10 天喷 1 次，连续喷 3~4 次可有效控制住病情。

（二）虫害

1. 粉纹夜蛾和粉蝶

防治方法　用 90%敌百虫原液 1 000 倍喷杀。

2. 粉虱

防治方法　可用 40%氧化乐果 1 500 倍液喷杀。

3. 红蜘蛛

为害叶。6—8 月天气干旱、高温低湿时发生最盛。红蜘蛛成虫细小，一般为橘红色，有时黄色。红蜘蛛聚集在叶背面刺吸汁液，被害处最初出现黄白色小斑，后来在叶面可见较大的黄褐色焦斑，扩展后，全叶黄化失绿，常见叶子脱落。

防治方法　①收获时收集田间落叶，集中烧掉；早春清除田埂、沟边和路旁杂草。②发生期及早用 40%乐果乳剂 2 000 倍液喷杀。但要求在收获前半个月停止喷药，以保证药材上不留残毒。

4. 金针虫

防治方法　可用 50%敌百虫乳油 30 倍液 1kg 与 50kg 炒香的麸皮拌匀撒于畦面诱杀。

5. 蝼蛄

为害嫩茎。

防治方法　可用 25%敌百虫粉拌成毒饵诱杀，生长期主要有刺蛾、蓑蛾等为害，可按常规方法防治。

五、采收加工

（一）采收

采用种子繁殖的植株，播后第二年即有少量植株开花，第三年以后才大量开花；采用分根繁殖者，当年即可开花。

（二）加工

开花季节及时将开放的花朵采下放在晒席上，摊开晒干或晾干即可供药用。也可将花经过煮提浓缩后制成金莲花片。

知识链接：金莲花具有清热解毒的功效，用于治疗扁桃体炎、咽炎、急性中耳炎、急性鼓膜炎、急性结膜炎、急性淋巴管炎、口疮、疔疮。金银花清热解毒，散风消肿，用于风热感冒发热、肠炎、菌痢、腮腺炎、肺炎、阑尾炎、外伤感染及痈疮毒肿，属于多年生半常绿攀缘状藤缠绕灌木，高达 9m，与金莲花有区别。

第十二节　洋金花

一、植物特征及品种

洋金花（茄科曼陀罗属），别名闹洋花、风茄花、风茄花、曼陀罗花（图 1-23、图 1-24）。一年生直立草木而呈半灌木状，高 0.5~1.5m，全株近无毛；茎基部稍微木质化。花果期 3—12 月。

我国常见种有曼陀罗、毛曼陀罗、白花曼陀罗 3 种。

图 1-23　洋金花植株

图 1-24　洋金花药材

二、生物学特性

（一）生态习性

洋金花常生于荒地、旱地、宅旁、向阳山坡、林缘、草地或住宅旁。适应性较强，喜温暖、湿润、向阳环境，怕涝，对土壤要求不甚严格，一般土壤均可种植，但以富含腐殖质和石灰质土壤为好。

（二）生长发育特性

洋金花种子容易发芽，发芽适温 15℃左右，发芽率约 40%。从出苗到开花约 60 天，霜后地上部枯萎，温度低于 2℃时，全株死亡，年生育期约 200 天。

三、栽培技术

（一）选地与整地

选向阳、肥沃、排水良好的土地，也可在房前屋后、河边、粪堆边等地种植。忌连作，前作不宜选茄科植物。冬前耕翻 30cm，结合耕翻每亩施入圈肥或土杂肥 2 000kg，耙细整平，开春后再翻 1 次，打碎土块，整细耙平，作成 1.5m 宽的平畦。

（二）繁殖方法

1. 种子繁殖

花期末采收成熟果实，取种，于 4 月上旬播种。种子繁殖采用直播或育苗移栽法。

（1）直播法　在 3 月下旬至 4 月中旬进行，行株距 43cm×33cm，每穴播种 6~7 颗，每亩用种量 0.5kg。

（2）育苗移栽法　在套种、间种田中，可在 3 月播种育苗，5—6 月上旬幼苗有 4~6 片真叶时移栽。

2. 扦插繁殖

取带芽嫩枝扦插于肥沃土壤中。

（三）田间管理

1. 中耕除草

培土生长期中耕除草 2~3 次，浅锄表土，兼在茎秆基部培土，以防茎秆倒伏。

2. 间苗

定苗 6 月上旬，苗高 8~10cm 时间苗，间去弱苗，每穴留 2 株，高约 15cm 时定苗，每穴留 4 株。

3. 追肥

定苗后每亩施 2 000kg 圈肥，植株旁开穴施入或用尿素 10kg 拌水浇入。生长旺盛，可适当施入人畜粪水或过磷酸钙追肥。

四、病虫害防治

（一）病害

1. 黑斑病

病原菌为半知菌，在 4—5 月发生，受害后叶片上呈椭圆形病斑，具有同心轮纹。

防治方法　清除病枝残叶，集中销毁；与禾本科作物轮作；雨后及时开沟排水，降低土壤湿度。发病时可用70%代森锰锌600~800倍液喷雾，每隔7天喷1次，连续喷2~3次。

2. 曼陀罗黄萎病

染病株叶片侧脉间变黄，后逐渐转褐，从叶缘起枯死，叶脉仍保持绿色，叶片从下向上逐渐黄萎，横剖病茎，维管束呈暗褐色。有的仅1~2分枝发病。发病重的不能结果。

防治方法　进行轮作；必要时在发病前浇灌50%甲基硫菌灵或多菌灵可湿性粉剂600~700倍液。

（二）虫害

1. 蚜虫

防治方法　用40%乐果乳剂2 000倍液喷杀防治。

2. 茄二十八星瓢虫

成虫、幼虫食害曼陀罗的叶片，被害叶片仅留叶脉及上表皮，形成许多不规则的透明凹纹后变成褐色斑痕，过多会导致叶片枯萎。

防治方法　① 人工捕捉成虫，利用成虫的假死习性，用盆盛接敲打植株使之坠落；② 人工摘除卵块，雌虫产卵集中成群，颜色鲜艳，极易发现，易于摘除；③ 要在幼虫分散前施药，可用50%辛硫磷乳剂1 000倍液、或40%菊杀乳油3 000倍液、或2. 5倍溴氰菊酯乳油3 000倍液喷杀。

3. 烟青虫

以幼虫为害曼陀罗的花蕾和花，尤其是花蕾。幼虫钻入花蕾内部，咀食雌蕊、雄蕊，造成花蕾和花很快腐烂，影响花的产量。

防治方法　可在幼虫初孵期或幼龄期用90%晶体敌百虫1 000倍液喷杀。

五、采收加工

在7月到10月，花陆续开放，可于早晨七八点钟，露水干后随开随采，当日采摘当日放阳光下晒干，不得过夜或闷晒。如需收叶子，要在生长旺期，从下往上逐渐上升，每次3到5片叶不等，多采不利于收花，影响产量。叶子采收后，也是当天晒干，否则易变质，影响药效。

知识链接：洋金花主要用于止咳平喘，止痛镇静。哮喘咳嗽，脘腹冷痛，风湿痹痛，小儿慢惊，外科麻醉。曼陀罗全草有毒，以果实特别是种子毒性最大，嫩叶次之。干叶的毒性比鲜叶小。忌入口，但可入药。

第二章　肉果类中药材

第一节　枸　杞

一、植物特征及品种

枸杞分为中华枸杞和宁夏枸杞（图 2-1、图 2-2）。

中华枸杞（茄科枸杞属）为多分枝灌木，高 0.5～1m，栽培时可达 2m 多。花果期 6—11 月。

宁夏枸杞（茄科枸杞属）为灌木，或栽培因人工整枝而成大灌木，高 0.8～2m，栽培者茎粗直径达 10～20cm。花果期较长，一般从 5 月到 10 月边开花边结果，采摘果实时成熟一批采摘一批。

图 2-1　枸杞植株

图 2-2　枸杞药材

二、生物学特性

（一）生态习性

枸杞喜光，稍耐阴，喜干燥凉爽气候，较耐寒，适应性强，耐干旱、耐碱性土壤，喜疏松、排水良好的沙质壤土，忌黏质土及低湿环境。对土壤要求不严，耐盐碱、耐肥、耐旱、怕水渍。在肥沃、排水良好的中性或微酸性轻壤土栽培为宜，盐碱土的含盐量不能超过 0.2%，在强碱性、黏壤土、水稻田、沼泽地区不宜栽培。

（二）生长发育特性

枸杞每年的休眠期，从头年 11 月至次年的 3 月，每年的生长期为 7 个月，即每年的3—10月。在生长期内，枝条生长，花芽分化、开花、果实发育连续不断，交错进行。花冠呈漏斗状，粉红色或深紫红色，花凋谢前为乳白色。花期是每年的5—10月，连续开花，连续结果。果实成熟时为鲜红色。果期从6月中旬至10月中下旬，直到霜期到来截止。一年内有2次大规模开花结果期，春季4月下旬开花，6月下旬采果。另一次8月下旬开花，9月中旬采收秋果，幼树当年栽植，当年开花结果，以后，随着树龄的增长，开花结果能力逐渐提高，15年后，开花结果能力又渐渐降低。

果肉内有种子。枸杞种子很小，千粒重只有0.83~1.0g，常温条件下，可保存4~5年，在20~25℃适温条件下，7天种子就能发芽。

三、栽培技术

（一）选地与整地

育苗地选择灌溉方便、地势平坦、阳光充足、土层深厚、排水良好的沙壤土处。在播种前一年的秋末冬初深翻地25~30cm，结合整地每亩施入厩肥2 500~3 000kg，灌冬水，待次年春天土壤解冻10cm时，再整地耙细，起120~130cm高的畦，整平打碎畦面土，以待播种或扦插育苗。

种植地宜选择排灌方便的轻壤土或沙壤土，含盐量在0.3%以下。在头年冬进行翻耕，使土壤风化。到第2年种植前翻耕1次，再按行距200cm×200cm挖穴，深宽各40cm，每穴施下腐熟厩肥5kg，回土与肥拌匀，上覆细土10cm，以待种植。

（二）繁殖方法

可用种子繁殖，也可扦插繁殖。

1. 种子繁殖

可选用优良品种，以采果大、色鲜艳、无病虫斑的成熟果实，夏季采摘后，用30~60℃温水浸泡，搓揉种子，洗净，晾干备用。在播种前用湿沙（1∶3）拌匀，置20℃室温下催芽，待有30%种子露白时或用清水浸泡种子一昼夜，再行播种。春、夏、秋季均可播种，以春播为主。春播在3月下旬至4月上旬，按行距40cm开沟条播，深1.5~3cm，覆土1~3cm，幼苗出土后，要根据土壤墒情，注意灌水。苗高1.5~3cm，松土除草1次，以后每隔20~30天松土除草1次。苗高6~9cm时，定苗，株距12~15cm，每亩留苗1万~1.2万株。结合灌水在5、6、7月追肥3次，为保证苗木生长，应及时去除幼株离地40cm部位生长的侧芽，苗高60cm时应行摘心，以加速主干和上部侧枝生长，当根粗0.7cm时，可出圃移栽。

2. 扦插繁殖

在优良母株上，采粗0.3cm以上的已木质化的一年生枝条，剪成18~20cm长的插穗，扎成小捆竖立在盆中用萘乙酸浸泡2~3小时，然后扦插，按株距6~10cm

斜插在沟内，填土踏实。

（三）田间管理

1. 中耕除草、翻晒地

中耕除草一般每年进行3次，第一次在5月上旬，第二次在6月上中旬，第三次于7月下旬。栽后头2~3年内种有间作物，可结合间作物进行中耕除草。

翻晒地是为了保湿和提高土壤温度，促进根部生长，通常每年进行2次，第一次在3月下旬至4月上旬浅翻12~15cm，8月上中旬进行第二次，这次可深翻20cm。

2. 施肥

在植株生长期，每年进行施肥3次。第1次在5月上旬，第2次在6月上旬，第3次在6月下旬，每株施人畜粪水15~20kg、尿素100g于株旁穴施，施后灌水，盖土。另外，在5—7月每月用0.5%尿素和0.3%磷酸二氢钾进行1次根外追肥。每年11月上中旬灌封冻水前，每株施入人畜粪水20kg、土杂肥50kg、饼肥2kg，在根际周围挖穴或开沟施下，施后盖土，并在根际培土，以利越冬。

3. 灌溉

在植株生长和开花结果期，通常要进行灌水3~4次，4月底和5月初进行1次，以后每相隔15天浇水1次。高温季节正值果熟期，需水量大，每次采果后都应浇水1次。秋梢生长期分别在8月上旬、9月上旬、11月上旬各浇水1次，封冻前要浇1~2次冬水。

4. 整形修剪

为了培育丰产树形，枸杞的整形修剪分为幼龄树整形修剪、成年树修剪两个时期。

（1）幼龄树整形修剪　种植的第1年，在树干60cm高的地方，将顶部剪除，当年又从发出的新枝中选留生长分布均匀的5~6条培养成第1层树冠的主枝，到了夏、秋季把留下的主枝剪去上部，留下20cm长的短枝（称为短截），留下的主枝又能长出众多的侧枝，到了夏季进行短截留下20~30cm长，并适当把弱枝剪除（称为疏删）。种后的第2年，又从主干上部长出直立性的枝条中选留一条健壮枝作延伸主干，在距第1层树冠60cm处剪去上部，从枝上长出的侧枝中再留下5~6条作为培养第2层树冠的主枝。种后的第3年，再从第2层树冠顶上长出的直立性枝条中选壮枝1条作延伸主枝，在距第2层树冠40cm处剪去上部，再从长出侧枝中选出3~5条培养成第3层树冠主枝。通过3年的修剪可以使植株形成主干粗壮、层次分明、生长旺盛的丰产型树冠。同时对生长过密的枝条应从基部剪除，生长过旺则应将上部剪除。

（2）成年树的修剪　成年树是指已进入开花结果盛期的枸杞树。这个时期的修剪，每年5—6月、8—11月分两次进行，主要是将枯枝、徒长枝、过密枝、病虫枝及主杆顶端长出的直立性枝、无用横枝、针刺枝等剪去，保留生长健壮枝。通过修剪，减少养分消耗，有利通风透光，减少病虫害，控制树体高度，有利果实发育和果枝生长，达到丰产的目的。

四、病虫害防治

（一）病害

1. 黑果病

5—8 月发病，为害青果、花蕾和花。发病后，果实出现褐色的病斑。

防治方法　开沟排水，摘除病果。结果期用 1：1：100 波尔多液喷施，雨后立即喷 50%退菌特可湿性粉剂 600 倍液。

2. 根腐病

6 月下旬发病，7—8 月较严重。初期根部发黑，逐渐腐烂，而后地上部枯萎，全株死亡。

防治方法　用 50%甲基托布津可湿性粉剂 1 000~1 500倍液或 50%多菌灵可湿性粉剂1 000~1 500倍液浇灌根部。

（二）虫害

1. 枸杞实蝇

主要为害幼果，1 年 2~3 代，其蛹在土内越冬。

防治方法　用 80%敌敌畏乳油 1 000 倍液或 40%乐果乳油 1 500 倍液，每隔 7~10 天喷 1 次，连喷 3~4 次，也可用毒土灭土内初羽化的成虫或人工摘除蛆果。

2. 枸杞蚜虫

为害幼芽、叶片、幼果，1 年发生多代。5 月下旬至 7 月中旬为害最严重。

防治方法　用 40%乐果乳剂 2 000 倍液，每隔 7~10 天喷 1 次，连喷 3 次。

3. 枸杞瘿病

1 年多代。4 月中下旬成虫开始产卵，而后幼虫侵入组织，使组织畸形，变成蓝黑色的痣状虫瘿。翌年新梢受为害。

防治方法　发生前期，用 40%乐果乳剂 1 500~2 000 倍液喷洒。

4. 枸杞负泥虫

成虫、幼虫为害幼叶，严重时可将叶片完全取食光。1 年发生 3 代，6—7 月为害最重。

防治方法　7—8 月用 40%乐果乳油 1 500~2 000 倍液或 80%敌敌畏乳油 1 500 倍液，每 7~10 天喷 1 次，连喷 3~5 次。

温馨小提示：敌敌畏农业使用时，要佩带防毒口罩。紧急事态时，应该佩带自给式呼吸器。此外，使用敌敌畏时应戴化学安全防护眼镜，穿相应的防护服，戴防护手套。

五、采收加工

（一）采收

枸杞一年两季采收分为“夏果”和“秋果”，而夏季产的果实质量最佳。采果期在6—8月，幼龄树可延迟至10月。采果期间通常每隔5~7天采摘1次，采摘过早或过迟采摘的果实干燥后色泽不佳，并忌在有晨露和雨水未干时采摘。

（二）加工

可采用晒干或烘干两种方法。

晒干　将鲜果摊在果栈上，厚度2~3cm，置向阳、通风干燥处晾晒，开始的两天内不宜在强光下暴晒，晾晒时忌用手翻动，一般10天左右即可干燥。

烘干　先将鲜果摊在果栈上，然后推入烘房，温度逐渐升高，第1阶段，温度40~45℃，历时24~36小时，失水占总含水量的50%左右，果实出现部分收缩皱纹；第2阶段，温度45~50℃，历时36~48小时，失水占总含水量的30%~40%，果实全部呈现收缩皱纹，呈半干状；第3阶段，温度50~55℃，历时24小时左右即可干燥。果实色良好，干燥后要进行脱柄，其方法各地不同。

第二节　山茱萸

一、植物特征及品种

山茱萸（山茱萸科山茱萸属），别名山萸肉、肉枣、鸡足、萸肉、药枣、天木籽、实枣儿（图2-3、图2-4）。落叶乔木或灌木，株高2~8m。花期3—4月，果期9—10月。

山茱萸品种有山茱萸和川鄂山茱萸。

图2-3　山茱萸植株

图2-4　山茱萸药材

二、生物学特性

（一）生态习性

山茱萸为暖温带阳性树种，适宜温暖湿润气候，具有耐阴、喜光、怕湿的特性。生长适温为20～30℃，超过35℃则生长不良。抗寒性强，可耐短暂的-18℃低温，生长良好，山茱萸较耐阴但又喜充足的光照，通常在山坡中下部地段，阴坡、阳坡、谷地以及河两岸等地均生长良好，一般分布在海拔400～1 800m的区域，其中600～1 300m比较适宜。宜栽于排水良好、富含有机质、肥沃的沙壤土中。黏土要混入适量河沙，增加排水及透气性能。

（二）生长发育特性

结合山茱萸的生命周期情况，将整个生长过程划分为幼龄期、结果初期、盛果期和衰老期四个时期。这四个时期无明显界限，每一阶段的年限长短主要受到环境条件和管理技术的制约。

（1）幼龄期　实生苗长出至第一次结果。特点是生长旺盛，枝条顶端优势明显，分枝能力强，新梢生长快，分枝角度小，枝条丛生。此期一般为8～10年。

（2）结果初期　或称结果生长期，即第一次结果至大量结果时期。这一时期一般可延续10年左右。此期山茱萸树的骨架基本形成，树冠迅速扩大，营养生长逐渐转向生殖生长，新梢生长减慢。根部多萌发栗条，树冠内膛多萌发徒长枝。

（3）盛果期　从开始大量结果至衰老以前。其特点是树体高大，树势开展，结果部位逐渐外移，花芽分化早，大小年明显，新梢生长缓慢，这一时期是山茱萸的黄金期，一般可延续百年左右。

（4）衰老期　从树体开始衰老直至死亡。其特点是树体内干枯枝增多，内膛空虚，少量外围枝条挂果，产量明显下降，生长枝生长极弱，枝梢及根茎的芽逐渐失去萌发力，直至最后枯死。

三、栽培技术

（一）选地与整地

育苗地宜选择背风向阳、光照良好、土层深厚的缓坡地或平地。土壤应为疏松、肥沃、湿润、排水良好的沙质壤土和近水源、灌溉方便的地方，土壤酸碱度应为中性或微酸性。不宜连作。栽植林地以中性和偏酸性、具团粒结构、通透性佳、排水良好、富含腐殖质及多种矿质营养元素、较肥沃的土壤为宜。海拔在200～1 200m的背风向阳的山坡，且坡度不超过30°。高山、阴坡、光照不足、土壤黏重、排水不良等处不宜栽培山茱萸。

育苗地选好后，应在入冬前进行一次深翻，其深度以30～40cm为宜，播种前每亩可施土杂肥 2 500~3 000 kg 和充分发酵的饼肥 50kg，做畦，畦宽 1.2m，沟宽 30cm，高 25cm，畦面呈瓦背形。对易发生蝼蛄、蛴螬等地下害虫的育苗地，整地时每亩可撒辛硫磷粉剂 1.5kg 防治地下害虫，用 50%多菌灵可湿性粉剂 0.5kg 对土壤进行消毒处理，以防治苗圃立枯病。

栽植地可根据具体情况采用全面整地、带状整地和块状整地等方式，然后挖栽植穴，穴的大小规格为 50cm×50cm×50cm，每亩挖穴 30~50 个。

（二）繁殖方法

主要以种子繁殖为主，也可压条繁殖和嫁接繁殖，扦插繁殖难以生根。

1. 种子繁殖

（1）种子处理　因种子的种皮厚而坚硬，水分不易浸入，发芽慢、发芽率低，播种前常进行种子处理，一法是温汤浸种，用 60℃热水浸泡两天捞出，晾干再播种。二法是人尿浸种 15~20 天，然后用草木灰拌和后再播种。三是用浓硫酸浸泡种子 1 分钟，再用清水漂洗后播种。但陕西省中医药研究院栽培组通过试验认为，山茱萸种子发芽出苗须经过一个先高温（夏、秋）、后低温（冬）、再高温（春）的过程，而播种前不必进行种子处理，比如今年选的种，今年冬播或明年春播，都是在后年的 4 月份才可出苗。

（2）催芽、播种　秋季将鲜果剥去果肉，种子催芽处理，果核用 5 倍细沙土（沙土含水量约 30%，即手握成团，落地即散）与种子拌匀。在室外不积水的地方，挖坑或放入木箱中，坑上盖沙土 7~10cm 与地面平，上边再覆盖杂草。天旱时，每隔 7~10 天喷水 1 次，保持种子湿润。夏季大雨时将坑盖严，防止种子被雨水浸泡而腐烂。早春约有 40%种子萌发，将种子播于已整好的畦里，条播，开浅沟 3~5cm 深。种子撒入沟内，覆土耧平。一般 10~15 天即可出苗。

（3）移栽　育苗播种 1~2 年，苗高 50~70cm，在 11 月封冻前后，按行距 3m、株距 2m 在山坡、地堰等土地上，挖坑栽种。起苗时，需将树苗连须根一起挖出，搬到挖好的坑内，每坑 1 棵。移栽时，使根系伸展开，再将拌肥料的土填于坑内，捣实。移栽后随即浇水，待水渗下后，将四周的土培到根部，用脚踩实。

2. 压条繁殖

秋季收果后或大地解冻芽萌动前，将近地面 2、3 年生枝条弯曲至地面，在近地面处将切至木质部 1/3 的枝条埋入已施腐热厩肥的土中，上覆 15cm 沙壤土，枝条先端露出地面。勤浇水，压条第 2 年冬或第 3 年春将已长根的压条割断与母株连接部分，将有根苗另地定植。

3. 嫁接繁殖

山茱萸实生苗繁育难度大，繁育出的小苗定植后 10 年以上才能结果，而嫁接苗 2~3 年便可开花结果。采用嫁接苗可使山茱萸早结果，早获益。

（1）砧木选择　砧木宜采用自身良种实生苗。

（2）接穗选择　选择接穗要从产量高、生长健壮、无病虫害的优质母树上取用。采集接穗时要从树冠外围采集发育充实、芽体饱满的一年生枝条。

（3）嫁接时间　早春砧木开始发芽。在接穗芽刚萌动时（3 月中下旬左右）用插皮接，7 月中旬至 8 月中旬，砧木树皮容易剥离、接穗芽饱满时进行芽接。

（4）嫁接方法　① 插皮接。首先选树皮光滑平整且接近地面 5~10cm 的部位截断砧木上梢部，削平截口，在迎风面一侧用嫁接刀从上向下切一刀，长约 3cm，深达木质部，再用刀将接口的皮层撬开一裂缝，然后将接穗截成 15cm 长。在主芽背面下侧削一片长 3~5cm 的斜切面，过髓心，在削面两侧轻轻刮 2 刀露出形成层即可。把削好的接穗含入口中，保湿待用。接下来将接穗斜面靠里，尖端对着切缝，用手按紧砧木切口将接穗慢慢插入，再用嫁接刀轻敲接口，使其紧固。削面稍露出接口为宜，最后用塑料薄膜绑好接口。嫁接后及时抹除砧木上萌生的嫩芽。当接穗苗长到高 50cm 时，将绑缚的塑料膜用小刀划开。②芽接法。首先选成熟、健壮的接穗在上边取长 2cm、宽 1.5cm 的芽。将砧木剪去顶梢，在距地面 5~10cm 光滑部位用刀刻取与芽块大小相同的树皮。将待接芽块嵌入砧木取皮部位，然后用塑料膜绑严，但要露出接芽。嫁接 7~10 天后，接口愈合，可解开绑带，在芽上方 5cm 处将主干截去。嫁接后，要及时抹去砧木上的萌芽，以促进苗木生长。

4. 扦插繁殖

通常于 5 月中、下旬，在优良母株上剪取枝条，将木质化的枝条剪成长 15~20cm 的扦条，枝条上部保留 2~4 片叶，插入腐殖土和细沙混匀所做的苗床，行株距为 20cm×8cm、深 12~16cm，覆土 12~16cm，压实。浇足水，盖农用薄膜，保持气温 26~30℃，相对湿度 60%~80%，上部搭荫棚，透光度 25%，6 月中旬透光度调至 10%避免强光照射。越冬前撤荫棚，浇足水。次年适当松土拔草，加强水肥管理，深秋冬初或翌年早春起苗定植。

（三）田间管理

1. 扩穴培土

山茱萸定植后，要及时扩穴培土，扩大树盘，熟化土壤，给根系创造良好的土壤条件，增大吸收养分的范围。幼树生长的前几年，于植穴外进行深度为 30~40cm 的扩穴改土，以利于幼树根系的生长。

2. 间种

在山茱萸定植后的 3~4 年，可利用其株行距间的空隙套种矮秆农作物、绿肥作物或其他草本药材。

3. 中耕除草

栽植后的前 3 年，每年可视情况，中耕除草 2~3 次，全面整理的园地，可以结合间种的农作物进行，操作时应注意不要伤害幼树和根系。

4. 施肥

施肥应根据山茱萸的生长习性和长势、结果多少进行适期、合理的施肥，并注意有机肥与化肥配合施用；氮、磷、钾肥配合施用；土壤施肥与叶面喷肥配合施用。

5. 整形修剪

山茱萸栽植后，若任其自然生长，常导致主枝过多，相互交叉重叠，枝干紊乱，树冠内部通风透光性差，致使结果多限于树冠外围和上部，这是造成山茱萸单株产量低及大小年的重要原因。通过整形修剪，可调整树体形态，提高空间和光能利用率，调节山茱萸生长与结果、衰老与更新及树体各部分之间的平衡，以达到早结果、多结果、稳产优质、增加经济效益的目的。

6. 疏花

山茱萸开花量大，营养物质消耗多，从而使坐果率降低，并出现大小年现象，为此在结果大年时，除冬季重截枝、控制花量外，3 月开花时可进行疏花。具体方法是根据树冠大小、树势的强弱、花量多少确定疏除量，一般逐枝疏除 30%的花序，即在果树上按 7~10cm 距离留 1~2 个花序，可达到连年丰产结果的目的。在小年则采取保果措施，即在 3 月盛花期喷 0. 4%硼砂和 0. 4%的尿素溶液。

7. 灌溉

山茱萸在定植后和成树开花、幼果期，或夏、秋两季遇天气干旱时，要及时浇水保持土壤湿润，保证幼苗成活和防旱落花落果，造成减产。

四、病虫害防治

（一）病害

1. 角斑病

为害叶片和果实。叶片发病，初期叶正面出现暗紫红色小斑，从 5 月发病，一直为害到 10 月末，7 月份为发病高峰期。

防治方法　加强苗期管理，套种豆科植物，可壮株减害；清除病叶，通风透光，减少侵染病源；增施磷钾肥和农家肥，提高植株抗病能力；5 月份树冠喷洒 1：2：200 波尔多液保护剂，每隔 10~15 天喷 1 次，连续喷 3 次，或者喷 50%退菌特可湿性粉剂 800~1 000 倍液。

2. 炭疽病

又名黑斑病、黑果病、黑疤痢，主要为害果实。一般 7—8 月多雨高温为发病盛期。

防治方法　选择土层深厚、排水良好的沙质壤土栽培，不可过密；加强管理，病期少施氮肥，多施磷钾肥，促株健壮，提高植株抗病能力，减轻为害。清除落叶、病僵果深埋或烧毁，减少侵染病源。发病初期用 1：2：200 波尔多液喷洒。

3. 白粉病

主要为害叶片，叶片患病后，自尖端向内逐渐失去绿色，正面变成灰褐色或淡黄色褐斑，背面生有白粉状病斑，以后散生褐色至黑色小黑粒，最后干枯死亡。

防治方法　合理密植，使林间通风透光，促使植株健壮；在发病初期，喷50%的托布津1 000倍液。

4. 灰色膏药病

该病主要为害枝干。在皮层上形成圆圈、椭圆形或不规则厚膜，形似膏药。所以，称它为灰色膏药病。在成年植株上发生，通常活枝和死枝都能受害。受害后，树势减弱，甚至枯死。

防治方法　加强养护管理，调整林木密度，密度过大的要进行去弱留壮，去小留大，以调节光照条件，提高植株抗病能力；对病老株合理修剪，去掉病老枝，更新植株，保留内膛发出的生长枝，逐步替换病重枝干，减少病菌来源；用刀刮去菌丝膜，在病部涂5波美度石硫合剂或石灰乳，在伴生病菌的介壳虫发生期树冠喷洒敌敌畏乳油1 000倍液防治；发病初期喷1∶1∶100的波尔多液保护剂，每隔10~14天喷1次，连续喷多次。

（二）虫害

1. 大蓑蛾

又名大袋蛾、皮虫、避债蛾、袋袋虫、布袋虫。幼虫以取食叶片为主，也可食害嫩枝和幼果。

防治方法　人工摘除虫囊；幼虫盛期喷90%晶体敌百虫800~1 000倍液；注意保护幼虫期和蛹期的各种寄生性及捕食性天敌鸟类、寄生蜂、寄生蝇等。

2. 木尺蠖

木尺蠖又名量尺虫、造桥虫、吊丝虫等。幼虫以叶为食，成虫喜在晚间活动，幼虫为害期长达3个月左右。

防治方法　开春后，在树干周围1m范围内挖土灭蛹；在幼虫发生初期喷90%晶体敌百虫800倍液；成虫期用2.5%溴氰菊酯2 500~5 000倍液喷施。

3. 叶蝉

成虫刺吸嫩枝和叶片，严重的使枝条干枯、落叶，影响树木生长。

防治方法　用50%的磷胺乳剂2 000倍液、40%的乐果乳油600倍液或菊酯类药5 000~8 000倍液喷雾；选育抗虫品种。

4. 刺蛾类

低龄幼虫啮食叶肉，高龄幼虫多沿叶缘蚕食，影响树势，造成落花落果，降低产量。

防治方法　灯光诱杀，在羽化期于19∶00—21∶00设置黑光灯诱杀成虫；消灭越冬茧，利用刺蛾越冬期历时长，结茧越冬的习性，分别用敲、掘翻、挖等方法消灭越冬茧；化学防治，在幼虫期，喷洒溴氰菊酯5 000~8 000倍液、90%的晶体敌百虫800倍液或喷洒80%的敌敌畏乳油1 000倍液、50%的马拉硫磷1 500倍液。

5. 木囊蛾

幼虫群集蛀入木质部内形成不规则的坑道，使树木生长衰弱，并易感染真菌病害，引起死亡。

防治方法 灯光诱杀5—6月成虫羽化期用黑灯光诱杀；化学防治，在初孵幼虫期，用50%的硫磷乳剂400倍液喷洒树干毒杀幼虫，当幼虫蛀入木质部后，用40%的乐果50倍液或80%的敌敌畏50倍液注入虫孔后用黏土密封，即可杀死幼虫。

6. 介壳虫类

以草履蚧、牡蛎蚧为多，若虫孵化出土后，爬至枝条嫩梢吸食汁液，轻者使枝条生长不良，重者引起落叶，致使枝条枯死，易招致霉菌寄生，严重影响树木生长。

防治方法 在保护区设立检查站，禁止有蚧虫的种苗传播蔓延，一旦发生，要引进天敌抑制害虫的暴发；发生面积不大时，可用长柄棕刷将固定幼虫刷去；若虫期，可喷洒50%的一六零五乳油1 500倍液或40%的氧化乐果乳油1 000倍液，每隔7~10天喷1次，共喷3次，也可在树基部打孔灌注40%的氧化乐果乳油。

7. 绿腿腹露蝗

咬食叶片，甚至吃光叶片，仅剩下叶脉，影响植株的生长。6、7月份为害最严重。

防治方法 春秋除草沤肥，杀灭卵块；1~2龄若虫集中为害时，进行人工捕杀；在早晨趁有露水时，喷5%的敌百虫粉剂。

五、采收加工

（一）采收

山茱萸栽种后8~10年便开花结果。每年9—10月当果皮呈鲜红色时采收。采收时要小心，不要折断树枝，以免影响第2年产量。

（二）加工

山茱萸产地加工主要是去核和干燥，方法有3种。

1. 水煮

将果实放入沸水锅内，煮5~10分钟，并不断翻动，待锅有泡，果实膨胀柔软，用手挤压果核很快滑出为度，即捞出放入冷水冷却，趁势挤出果核，取果肉在太阳下晒干或用文火烘干。

2. 蒸法

把果实放入蒸笼内，烧火蒸至冒气5分钟时，便取出果实挤出种子，把果肉晒干或烘干。但是时间不宜太长，否则影响产量和质量。

3. 火烘法

把果实摊于竹席上，用文火烘至果皮膨胀变软时，立即取出摊晾，挤出果核，再将果肉晒干或烘干即成。

知识链接： 山茱萸这个名称最早出现在《神农本草经》中。在民间，关于山茱萸的名称由来还有一段传说。相传战国时期赵王有颈椎病，颈痛难忍，一位姓朱的御医用一种干果煎汤给赵王内服，很快使赵王解除病痛。而后赵王问朱御医用了什么灵丹妙药，朱御医回答是山萸果，如若坚持服用，不但可治愈颈椎疼痛，还可安神健脑、清热明目。赵王听后大喜，令人大种山萸。为了表彰朱御医的功绩，就将山萸更名为山朱萸，后来人们将山朱萸写成现在的山茱萸，并逐渐流传了下来。

第三节　木　瓜

一、植物特征及品种

木瓜（蔷薇科木瓜属），别名文冠果、文冠花、文光果、文冠木、文官果（图2-5、图2-6）。常绿藤本，灌木或小乔木，高达5~10m，树皮成片状脱落。果实长椭圆形，长10~15cm，暗黄色，木质，味芳香，果梗短。花期4月，果期9—10月。

常见的种类一般有三种：广西青木瓜（番木瓜）、海南夏威夷水果木瓜、皱皮木瓜（药用宣木瓜）。

图2-5　木瓜果实

图2-6　木瓜植株

二、生物学特性

木瓜喜光，耐旱，耐寒，可适应任何土壤栽培。对土质要求不严，但在土层深厚、疏松肥沃、排水良好的沙质土壤中生长较好，低洼积水处不宜种植。喜半干半湿，在花期前后略干。土壤过湿，则花期短。见果后喜湿。假如土干，则果实呈干瘪状，就很容易落果。果接近成熟期，土略干。果熟期土壤过湿则落果。不耐阴，栽植地可选择避风向阳处。喜温暖环境，在江淮流域可露地越冬。

三、栽培技术

（一）选地与整地

选阳光充足、土质肥沃、湿润且排水良好的地方种植，也可利用田边地角、山坡地、房前屋后种植，成片栽培时，按株行距1m×2m开穴，每穴施入5～10kg的农家肥与泥土混合作基肥。育苗地宜选疏松肥沃的沙壤土，每亩施农家肥3 000kg作基肥，深翻25cm，耕细整平，作成1.3m宽的畦。

（二）繁殖方法

主要用分株繁殖，也可用扦插和种子繁殖。

1. 分株繁殖

木瓜根入土浅，分蘖能力强，每年从根部可长出许多幼株。于3月前将老株周围萌生的幼株带根刨出。较小的可先栽入育苗地，经1～2年培育，再出圃定植；大者可直接定植。此法开花结果早，方法简单，成活率也高。

2. 扦插繁殖

2—3月未发芽前，剪取健壮且又较嫩的枝条，截成15～20cm长的小段，按株行距10cm×15cm斜插在苗床内，适当遮阴，经常保持湿润，待长出新根后，移栽到育苗地里继续培养1～2年后定植。

3. 种子繁殖

秋播或春播，秋播于10月下旬，木瓜种子成熟时，摘下果实，取出种子，于11月按株行距15cm×20cm开穴，穴深6cm，每穴播种2～3粒，盖细土3cm。春播于3月上旬至下旬，先将种子置于水中浸泡2天后捞出，放在盆内，用湿布盖上，在温暖处放24小时，按上法播种。秋播者第二年春出苗，春播者4月下旬至5月上旬出苗，当苗长至1m左右时即可出圃定植。每穴呈三角形栽苗2～3株，覆土压实、浇水。栽树时间以春季为好。

（三）田间管理

1. 中耕除草

定植成活后，每年春秋二季结合施肥中耕除草2次，锄松土壤，除净杂草。冬季松土时要培土，以利防冻。

2. 追肥

春季开花前追肥 1 次。先在树四周开环沟，每株施入焦泥灰和土杂肥各 5kg 左右，或人粪尿 10kg 左右，以促进生长和利于开花结果。

3. 整枝

对木瓜开花结果影响很大，宜在 12 月至翌年 3 月间进行。成年树每年整枝 1 次，剪去病枝、枯枝、衰老枝及过密的幼枝，使树形保持内空外圆，以利多开花、多结果。对于树龄已达 10 年以上、树势已开始衰弱的老株应进行更新。可在封冻前，将地上部全部砍去让老根长出幼苗，培育成新株。

四、病虫害防治

（一）病害

叶枯病

7—9 月为害严重，为害叶片。

防治方法　冬季清洁田园；发病初期用 1∶1∶100 的波尔多液喷雾。

（二）虫害

1. 桃蠹螟

以幼虫蛀食果实。

防治方法　冬季清洁田园；幼虫初孵期用 2.5%敌杀死乳油 3 000 倍液喷雾。

2. 星天牛

幼虫蛀食枝干。

防治方法　人工捕杀；用棉花蘸 80%敌敌畏乳油塞入虫洞；释放天牛肿腿蜂。

五、采收加工

（一）采收

定植 3~4 年后开花结果。当果皮呈青黄色时采收。采摘过早，味淡，折干率（中药材的折干率就是生采回来的药材经晒干后的比重）低；过迟，果肉松泡，品质较差。

（二）加工

将果实纵剖为 2 或 4 块，肉面向上，薄摊在竹帘上晒 2~3 日，翻过再晒，反复翻晒，晒至外皮起皱，若遇阴雨天，可用文火烘干。也可将果实置沸水中煮 5~10 分钟捞出，晒至外皮起皱时，纵剖为 2 或 4 块，再晒干，称皱皮木瓜。

温馨小提示： 选购木瓜诀窍，木瓜有公母之分，公瓜椭圆形，身重，核少肉结实，味甜香；母瓜身稍长，核多肉松，味稍差。生木瓜或半生的比较适合煲汤；作为生果食用的应选购比较熟的瓜。木瓜成熟时，瓜皮呈黄色，味特别清甜。皮呈黑点的，已开始变质，甜度、香味及营养都已被破坏了。

第四节　枳　壳

一、植物特征及品种

枳壳（芸香科柑橘属），别名川枳壳，江枳壳，湘枳壳（图 2-7、图 2-8）。原植物为酸橙，常绿小乔木或灌木，枝条有针刺。花期 4—5 月，果熟期 11 月。

枳壳分为绿衣枳壳、酸橙枳壳、香圆枳壳、玳玳花枳壳。

图 2-7　枳壳果实

图 2-8　枳壳药材

二、生物学特性

（一）生态习性

酸橙生长快，管理要求不高，萌芽力强，耐修剪。宜生长在气候温暖，阳光充足，雨量充沛，排水良好的沙质或砾质壤土。多栽于林旁路边、房前屋后或山坡。

（二）生长发育特性

酸橙喜温暖湿润、雨量充沛、阳光充足的气候条件，一般在年平均温度 15℃以上生长良好。酸橙对土壤的适应性较广，以中性沙壤土为最理想，过于黏重的土壤不宜栽培。种子室温袋藏 1 年后发芽率为零，生产上宜沙藏，发芽时的有效温度为 10℃以上，生长适温为 20~25℃，但可暂时忍受-9℃左右低温。水分充足条件下，最高可忍耐40℃高温而不落叶。酸橙结果年龄，因种苗来源而异，一般空中压条或嫁接苗在栽植后4~5年，种子繁殖在栽后8~10年才开始开花结果，树龄结果期可达50年以上。

三、栽培技术

（一）选地与整地

苗床应选水源方便、土层深厚、质地疏松肥沃、排水良好的壤土或沙壤土，以未培育过柑橘类苗木的土地为佳。整地前施足基肥，每亩用腐熟有机肥4 000 kg，深翻25~30cm。播前耙平，作成1m宽的畦。定植场地以定植前1年垦荒翻耕为好。

（二）繁殖方法

1. 育苗移栽

选壮年树上结的成熟果实采籽，阴干，埋于沙坑中备用，苗床选沙质壤土做畦，惊蛰前后按行距8cm条播，覆土约0.5cm，轻压使种子与土接合，并盖麦秆浇水。出苗后，可揭去盖草并锄草，施稀粪水肥。秋天按株距7~8cm间苗或补苗。待苗生长3~4年后，选无病虫害的壮苗，在夏季按株行距15cm移栽定植。

2. 芽接（枝接成活较差）

在寒露节前后选2~3年生无病虫害的良种壮枝，摘叶留柄，再把枝芽和一小块木质部一齐削成盾形的接穗，然后在砧木（带根的苗木）的树干横向割断树皮（不割进木质部），再在其中央向下割一刀，使成丁字形。把接穗的木质部去掉以后，立即嵌到砧木的割口里，捆扎固定。接活后把接部以上的砧木割去，只让接穗生长。在接后第2~3年，按株行距45cm定植，先挖坑，将苗木放上，理好根后填土，随后轻轻往上提苗木，使须根舒展，再填土踏实。

3. 高枝压条法

在12月前后，选壮树上2~3年生的枝，环切一条宽约1cm的缝，剥去树皮，并浇湿泥，外用稻草包好，每天或隔天浇水一次，半个多月可生根。壮树每树可接6~10枝，约2个月后切断，栽于地里，5—6月再定植。

（三）田间管理

1. 中耕除草

每年3~4次，过干灌水，过湿则排水。

2. 施肥

采用环状施肥法，在树冠下挖一条宽7~8cm，深约3cm的圆沟，于开花前，果如指大（生理落果已定后）和采果后各施肥一次，可用人粪尿、塘泥、草木灰、骨粉、厩肥等，每株每次2.5~3.5kg。

3. 修枝

成树多在冬季进行，可剪去下垂枝（衰老）、刺、残留果柄、枯枝及分布不匀的密生侧枝、重叠枝、交叉枝和病虫害枝等。

四、病虫害防治

（一）病害

1. 溃疡病

为害枝叶果实，叶首先见黄色针状小斑，渐隆起破裂，海绵状带灰白色，常落叶，畸形。

防治方法　应及时修剪病枝烧毁，春芽前喷200倍波尔多液。

2. 疮痂病

为害叶、枝梢、果实，初起病斑棕红色，后扩大变暗，成疣状突起，

防治方法　应及时修剪病枝烧毁，春芽前喷200倍波尔多液。

（二）虫害

1. 煤病

又称煤污病，是由于蚜虫、介壳虫在吴茱萸上为害，诱发不规则的黑褐色煤状斑。后期叶片和枝干上覆盖厚厚的煤层，病树开花结果少。

防治方法　蚜虫和介壳虫发生期喷洒40%乐果乳油剂2 000~3 000倍稀释液，或25%亚胺硫磷800~1 000倍液，每隔7天喷1次，连喷2~3次。发病期喷1：0.5：150波尔多液，10~14天喷1次，连喷2~3次。

2. 天牛

植株受害后，逐渐衰老枯萎乃至死亡。

防治方法　成虫出土时，用80%敌百虫1 000倍液灌注花墩。在产卵盛期，7~10天喷1次90%敌百虫晶体800~1 000倍液；发现虫枝，剪下烧毁；如有虫孔，塞入80%敌敌乳油畏原液浸过的药棉，用泥土封住，毒杀幼虫。

3. 红蜘蛛

为害叶。6—8月天气干旱、高温低湿时发生最盛。

防治方法　收获时收集田间落叶，集中烧掉；早春清除田埂、沟边和路旁杂草；发生期及早用40%乐果乳油2 000倍液喷杀。但要求在收获前半个月停止喷药，以保证药材上不留残毒。

4. 介壳虫

以草履蚧、牡蛎蚧为多，若虫孵化出土后，爬至枝条嫩梢吸食汁液，轻者使枝条生长不良，重者引起落叶，致使枝条枯死，易招致霉菌寄生，严重影响树木生长。

防治方法　在保护区设立检查站，禁止有蚧虫的种苗传播蔓延，一旦发生，要引进天敌抑制害虫的暴发；发生面积不大时，可用长柄棕刷将固定幼虫刷去；若在虫期，可喷洒50%的一六零五乳油1 500倍液或40%的氧化乐果乳油1 000倍液，每隔7~10天喷1次，共喷3次，也可在树基部打孔灌注40%的氧化乐果乳油。

5. 潜叶蛾

5月间在叶子上产卵，幼虫孵化后即钻到叶肉里蛀食，导致全叶枯黄干死。1年繁殖三四代，到10月间仍有发生。

防治方法　可于早期摘除被害叶片，4—5月间用氧化乐果等内吸式杀虫剂喷洒防治。

五、采收加工

（一）采收

宜在大暑前后采摘，过早则果小，过迟则果瓤过大，肉薄，影响质量。

（二）加工

选采绿色尚未成熟的果，在晴天横切对开，一片一片铺开（一般可在草席上），晒时瓤肉（切口）向上，切勿沾灰、沾水，晒至半干后，再反转晒皮至全干。若阴雨天，可用火炕，切口向下，使炕火力稍微大点，半干后，再用小火烘至全干。

知识链接：枳壳是枳树上结的果实。枳壳是味中药，皮瓤味辛、酸、无毒。主治下气，除心头痰水。煮酒饮可治痰气咳嗽；煎汤，治心下气痛。用枳壳煮茶，酸涩清香，饮之健脾暖胃。因能破气，大损真气，故体虚人及孕妇当慎用。

第五节　瓜　蒌

一、植物特征及品种

瓜蒌（葫芦科栝楼属），别名苦瓜（乐清）、吊瓜（温州文成）、老鸦瓜（温州）（图2-9、图2-10）。攀援藤本，长达10m；块根圆柱状，粗大肥厚，富含淀粉，淡黄褐色。茎较粗，多分枝，具有纵棱及槽，被白色伸展柔毛。花期5—8月，果期8—10月。

品种有仁瓜蒌和糖瓜蒌。

图 2-9　瓜蒌果实

图 2-10　瓜蒌药材

二、生物学特性

(一) 生态习性

瓜蒌适应温暖潮湿气候，较耐寒，不耐干旱。选择向阳、土层深厚、疏松肥沃的沙质壤土地块栽培为好。不宜在低洼地及盐碱地栽培。瓜蒌常生长于海拔 200~1 800m 的山坡林下、灌丛中、草地和村旁田边，在自然分布区广为栽培。

(二) 生长发育特性

种子容易萌发，发芽适宜温度为 25~30℃，发芽率 60%~80%，种子寿命为 2 年。

瓜蒌种植寿命较长。在野生条件下，第二年初果（多数 1~5 只），第三年至第八年左右为盛果期，多数寿命 10 年左右。极个别植株的寿命可达 26 年之久。在自然生长与人工栽培条件下，粗放管理的瓜蒌 70%左右均在 5~8 年衰败死亡。在人为补充养分、防治虫害的情况下，一般其旺盛的生产期可达 10 年左右。

一年的生长发育可分为四个时期，即生长前期、生长中期、生长后期和休眠期。地温 13℃时，地下芽开始萌动，地温 17℃左右出苗，一般于 4 月上、中旬出苗，至 6 月初为生长前期。这个时期，茎叶生长缓慢。6—8 月底为生长中期，地上部生长加速，6 月后陆续开花结果。8 月底至 11 月茎叶枯萎为生长后期，茎叶生长趋缓至停止，养分向果实或地下部运转，10 月上旬果熟。从茎叶枯死至次年春天发芽为休眠期，年生育期为 170~200 天。

三、栽培技术

(一) 选地与整地

选择土层深厚、疏松肥沃、排水良好的沙质壤土地块，秋后每亩施腐熟农家肥

5 000 kg 均匀撒于地表，深翻 25cm，耙细整平，做成 120cm 宽平畦。选择 2～3 年生粗细均匀、断面白色新鲜、无病虫害的雌株块根；将块根切成 5～7cm 小段，在切口上蘸取草木灰稍微晾干后栽种。3—4 月中旬播种。按行株距 120cm×100cm 挖穴栽种；穴深 10～12cm，每穴平放一段块根，覆土 3～5cm 压实。栽后浇水，并及时喷洒封草剂。

（二）繁殖方法

用种子、分根及压条繁殖，生产上以分根繁殖为主。

1. 种子直播

9—10 月选橙黄色短柄的成熟果实。翌春于 3—4 月间，将种子用 40～50℃ 温水浸泡 1 昼夜，取出晾干，并经用湿沙催芽，按穴距 2m 下种，上覆土 3～4cm。播后 15～20 天出苗。

2. 分根繁殖

北方在 3—4 月，南方在 10—12 月，将块根和芦头全部挖出，选择无病虫、新鲜的作种用，分成 7～10cm 的小段。注意雌、雄株的根要适当搭配，以利授粉。按行株距 2m×0. 3m 挖穴播种，1 个月左右即可出苗。

3. 压条繁殖

在夏、秋季，将健壮茎蔓拉于地面，在叶的基部压土，待根长出，剪断茎部，长出新茎，成为新株。次年可移栽。

（三）田间管理

1. 中耕除草

每年春、冬季各进行一次中耕除草。生长期间视杂草滋生情况，及时除草。

2. 追肥、灌水

结合中耕除草进行，以追施人畜粪水为主，冬季应增施过磷酸钙。旱时及时浇水。

3. 搭架

当茎蔓长至 30cm 以上时，可用竹竿等作支柱搭架，棚架高 1. 5m 左右。也可引向附近树木、沟坡或间作高秆作物，以利攀援。

4. 修枝打杈

在搭架引蔓的同时，去掉多余的茎蔓，每株只留壮蔓 2～3 个。当主蔓长到 4～5m 时，摘去顶芽，促其多生侧枝。上架的茎蔓，应及时整理，使其分布均匀。

5. 人工授粉

瓜蒌自然结实率较低，采用人工授粉，方法简便，能大幅度提高产量。方法是用毛笔将雄花的花粉集于培养皿内，然后用毛笔蘸上花粉，逐朵抹到雌花的柱头上即成。

四、病虫害防治

（一）病害

根腐病

防治方法　①与禾本科作物实行3~5年轮作；合理施肥，适量使用氮肥，增施磷钾肥，提高植株抗病力；及时拔除病株烧毁，用石灰消毒穴位；清洁田园，减少菌源。②发病初期用50%的多菌灵或甲基硫菌灵（70%甲基托布津可湿粉剂）1 000倍液，或用50%琥胶肥酸铜（一种杀菌剂）可湿粉剂350倍液灌根，或用12.5%敌萎灵800倍液，或3%广枯灵（恶霉灵+甲霜灵）600~800倍液喷淋穴或浇灌病株根部，7天灌一次，浇灌3次以上。

（二）虫害

1. 蚜虫

6—7月发生，为害嫩心叶及顶部嫩叶。

防治方法　用40%乐果800~1 500倍液喷杀。

2. 根结线虫

为害根部，先由须根变褐腐烂，后期主根局部或全部腐烂，病株矮小，生长发育缓慢，叶片退绿发黄，最后全株枯死。拔起病株，根部有许多大小不等的瘤状物，用针挑开可见白色雌线虫。

防治方法　早春深翻土地，暴晒土壤，杀灭病源；块根栽种前，用4%甲基异硫磷乳油800倍液浸渍15分钟，晾干后下种。

3. 黄守瓜

以成虫咬食叶片，以幼虫咬食根部，甚至蛀入根内为害，使植株枯萎而死。

防治方法　在清晨进行人工捕捉；用90%敌百虫1 000倍液毒杀成虫，2 000倍液灌根毒杀幼虫。

五、采收加工

（一）采收

一般秋分前后，在果实呈绿色但种子已成熟时，即可采摘（采摘过早，果实不熟，糖分少；过晚水分大，难干燥）。栽植3年后，于霜降前后采挖雄株天花粉，而雌株则待瓜蒌采收后采挖。

（二）加工

连果柄剪下，阴干；加工过程中轻拿轻放，勿伤果皮。采摘及时的瓜蒌需2~3月干燥，为仁瓜蒌；较晚采摘者需3~4月干燥，为糖瓜蒌。将刨出的块根去泥沙及芦头、粗皮，切成10cm左右的短节或纵剖2~3瓣，晒干，即成天花粉。

知识链接：瓜蒌有润肺、化痰、散结、滑肠的功效。用于治疗痰热咳嗽，胸痹，结胸，肺痿咳血，消渴，黄疸，便秘，痈肿初起。

第六节　佛　手

一、植物特征及品种

佛手（芸香科柑橘属），别名枸橼、佛手柑、密罗柑、五指柑、手柑（图 2-11、图 2-12）。佛手是香橼的变种之一，不规则分枝的常绿灌木或小乔木，高 3~4m。花期 4—5 月，果期 10—11 月。

佛手的香气比香橼浓，久置更香。药用佛手因产区不同而名称有别。产浙江的称兰佛手（主产地在兰溪县），产福建的称闽佛手，产广东和广西的称广佛手，产四川和云南的，分别称川佛手与云佛手或统称川佛手。云南还有一些栽培品种，它的果肉有酸的也有甜的，果皮近于平滑至甚粗糙，果萼薄或增厚呈肉质，种子平滑或略具有钝棱。手指肉条挺直或斜展的称开佛手，闭合如拳的称闭佛手，或称合拳（广东新语），或拳佛手或假佛手。也有在同一个果上其外轮肉条为扩展性，内轮肉条为拳形卷状。

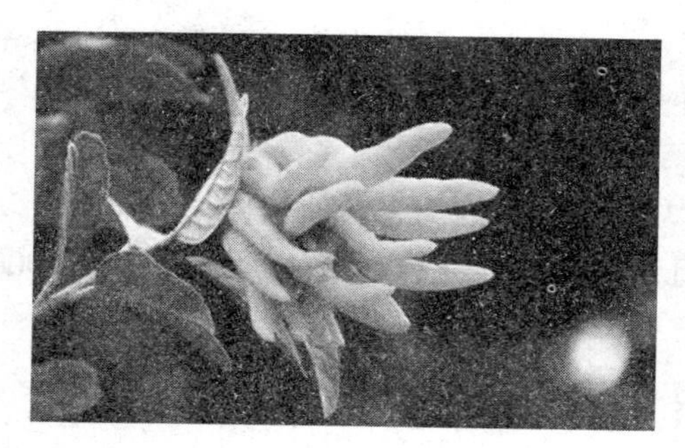

图 2-11　佛手植株

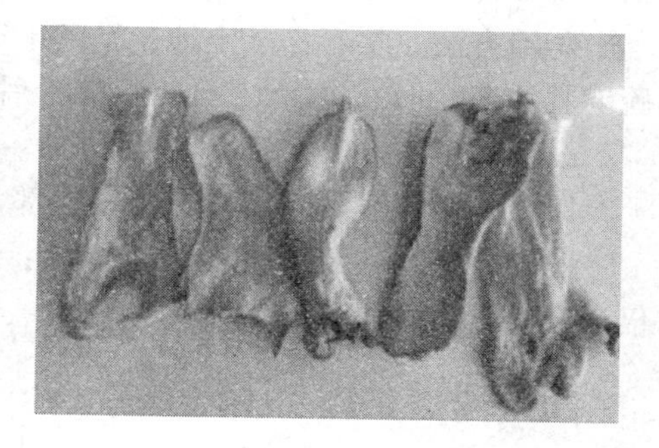

图 2-12　佛手药材

二、生物学特性

（一）生态习性

佛手为热带、亚热带植物，喜温暖湿润、阳光充足的环境，不耐严寒、怕冰霜及干旱，耐阴，耐瘠，耐涝。

（二）生长发育特性

佛手以雨量充足，冬季无冰冻的地区栽培为宜。最适生长温度 22~24℃，越冬温度5℃以上，年降水量以1 000~1 200mm最适宜，年日照时数1 200~1 800小时为宜。适合在土层深厚、疏松肥沃、富含腐殖质、排水良好的酸性壤土、沙壤土或黏壤土中生长。苗木新梢转绿后四季均可种植，最佳种植期为1—5月和8—9月。

知识链接：佛手又名九爪木、五指橘、佛手柑。为芸香科常绿小乔木。主产于闽粤、川、江浙等省的佛手，其中浙江金华佛手最为著名，被称为“果中之仙品，世上之奇卉”，雅称“金佛手”。佛手的叶色泽苍翠，四季常青。佛手的果实色泽金黄，香气浓郁，形状奇特似手，千姿百态，让人感到妙趣横生。佛手不仅有较高的观赏价值，而且具有珍贵的药用价值、经济价值。

三、栽培技术

（一）选地与整地

育苗地宜选择排灌方便，疏松肥沃的地块，经深翻、整平后做畦；畦高15~20cm，宽100~120cm；大田直播东南向，阳光充足、排灌方便的山坑坡地或水田，于上年冬季深翻30~40cm，让其晒白。春季定植前碎土，做畦，畦高25cm，宽1m。再按株距2~2.5m，在畦面上挖深40cm，宽50cm的种植穴，穴内放土杂肥，与土拌匀，待播。

（二）繁殖方法

1. 扦插繁植

（1）插条准备　扦插前应选7~8年生健壮的母树，剪取生长旺盛、无病虫害的老健枝条，剪除其叶片及顶端嫩梢，截成长17~20cm的插条，扦插的成活率在90%以上，苗子生长也很健壮。凡幼树枝条或徒长枝不可用。因这类枝条栽后常常不易结果。

（2）整地扦插　苗床最好选择土壤较厚的沙土，以便将来取苗。地选好后，深耕耙细，施人畜粪水，作成宽1.3m的高畦，畦沟宽约30cm，深约20cm。

春季2—3月及秋季8—9月均可扦插，以秋季扦插最好。秋季扦插当年就可长根，第二年春季发芽后生长迅速；插时在畦上开横沟，沟距23~27cm；按株距15~17cm将插条插入沟中，切不可插倒。通常每亩需插条12 000~15 000根。插后覆土压实，使先端一个芽苞露出土面，土干要淋水。

（3）苗期管理　插后要随时浇水灌溉；并要搭棚遮阴，雨水多时要做好排水工作。苗高7~10cm时，将丛生的弱苗除去，每株只留壮苗一根。及时除草，追施清水稀释的人畜粪水或硫酸铵3~4次，培育一年即可移栽。

2. 嫁接繁殖

在春秋两季进行。用香橼或柠檬作砧木较好。砧木一般用扦插或播种繁殖。嫁接方法有如下几种。

（1）切腹接法　在3月上、中旬将砧木在地面以上5～7cm处剪平，用嫁接刀削光，选光滑部分稍带木质处作斜切面，深1～1.5cm。接穗要留2～3个芽，并将下端削成1～1.5cm长的楔形，然后将砧木切口一边与接穗切皮对直，紧密地插入砧木之切口内，用塑料薄膜捆扎，一般半月后就愈合并抽芽生长。这时须松土除草。45～60天后，开始抽梢，此时须将包扎物除去，否则新梢易弯曲。

（2）靠接法　8—9月上旬进行，砧木选茎部直径2～3cm、根系发达、生长健壮的4～5年生植株，在茎基部分枝的下面切去分枝，仅留一个分枝，再在切去分枝部位的一边向下削去一些皮层，然后选上一年春季或秋季发生的枝条作接穗，粗细和砧木相似，长5～7cm。在接穗下部的一边亦削去下面的部分皮层，再将砧木的切面靠在接穗的切面上，使两面密合，中部用塑料薄膜缚紧，约一周后即能愈合。愈合后剪去接口以上的砧木部分。

（三）田间管理

1. 苗期管理

育苗期要经常淋水，保持苗床湿润，适当追施数次腐熟的人粪尿或其他有机肥。夏季天气炎热时要适当遮阳。当苗高达50cm左右时可起苗移栽。通常每亩需插条1 200～1 500条。

2. 除草松土

种植后每年要除草、松土1～2次。佛手根多横向生长，入土较浅，因此，除草松土不宜过深，以免损伤根系，每年冬季要培土保温。

3. 打顶、弯枝、摘侧芽

种植后1～2年当苗株长至高80cm左右时，应将顶芽摘掉，促进多分枝，打顶10～15天后，顶端叶片转为青绿色时，进行弯枝，把向上生长的枝条，慢慢往下弯，弯至离地18cm左右时，将枝条顶端固定在插入土中的竹竿上。弯枝宜在霜降至冬至期间，选晴天进行。每年收果后修剪枝条，长出的侧芽留较健壮的1～3条，其余要摘去，以便培育出良好的树形。但在6月抽出的芽往往发育为第2年的结果枝，不能摘除。

4. 施肥

多以腐熟的人畜粪尿、饼肥等有机肥为主，切忌施化肥。一般在结果后施肥4次。第1次在春分至芒种现蕾之前进行，施以腐熟的人粪尿为主，促进春梢萌发生长，争取多开花结果。第2次在芒种至大暑间进行，这时是佛手的盛花期，需肥量较大，施入饼肥及人粪尿为好。第3次大暑至秋分，施1次保果肥；第4次于收果后，经修剪枝条、弯枝整理树冠后，重施1次农家肥，以促进植株恢复长势，保证来年多花多果。

四、病虫害防治

（一）病害

1. 煤烟病

植株受病后，叶面初现煤灰小斑点，后渐扩展变为黑色，遮盖全叶，妨碍光合作用。

防治方法　注意排水修剪，使通风透光。

2. 溃疡病

由黄极毛杆菌属柑橘溃疡菌侵染引起，主要为害叶、枝梢和果实。在高温、高湿的环境中最易于发病。

防治方法　选用无病苗木；冬季清理园地，剪除有病枝叶、徒长枝、弱枝并集中烧毁，以减少侵染源，每亩喷 0.8 波美度石硫合剂 150kg；春梢萌发后喷洒 1：1：200波尔多液，每隔 7 天喷 1 次，连续喷 2~3 次，也可用 50%退菌特可湿性粉剂 500~800 倍液喷治。

3. 佛手炭疽病

由半知菌毛盘孢属柑橘类炭疽病菌侵染引起。为害叶片，在主产区发生较普遍。此病 6—8 月盛发，10 月后较少发生为害。树势衰弱，或偏施过量氮肥，植株生长过于幼嫩及在高温高湿条件下容易引起发病。

防治方法　加强田间管理，促使植株健壮生长，增强抗病力；结合冬季修枝整形，清除枯枝病叶集中烧毁，清园后喷 1 次 0.8~1 波美度的石硫合剂，以减少越冬病原菌。在抽发新梢期喷 1：1：150 的波尔多液或 0.3 波美度的石硫合剂（加入 0.1%的洗衣粉）；或 50%退菌特可湿性粉剂 500~700 倍液，保护新梢；发病初期及时喷 50%代森铵 800 倍液，每隔 7 天喷 1 次，连续喷 2~3 次。

（二）虫害

1. 柑橘凤蝶

以幼虫为害幼梢、嫩叶，1 年发生 3~4 代。以蛹附在长条枝越冬。翌年 3 月开始为害，5—7 月为害严重。

防治方法　人工捕捉幼虫，摘蛹。据报道，在柑橘凤蝶的蛹上曾发现大腿小蜂和另一种寄生蜂寄生，因此，在人工捕捉幼虫和摘蛹时，应将蛹放入纱笼内，使寄生蜂羽化后能飞出纱笼，继续寄生，抑制柑橘凤蝶的发生；在幼虫低龄期，喷 90%敌百虫结晶 1 000 倍液，每隔 5~7 天喷 1 次，连续喷 2~3 次；在幼虫 3 龄以后喷洒青虫菌 300 倍液，每隔 10~15 天喷 1 次，连续喷 2~3 次。

2. 吹绵介壳虫

以若虫和雌成虫刺吸枝叶汁液，被害处形成黄斑，植株生长不良，并常引起煤烟病发生，造成枯枝落叶。

防治方法　冬季在树干上束草，保护吹绵介的天敌澳洲瓢虫、大红瓢虫等安全越冬；于冬季喷施10倍的松碱合剂，可兼治梨园介和黄糠片介；于2—3月孵化前剪除虫枝或人工捕杀雌成虫；卵孵化后可喷施50%马拉松1 000~1 500倍液，每隔7天喷1次，连续2~3次。

3. 金龟子

为害佛手的金龟子种类较多，以华齿金龟子为害最严重，以成虫咬食幼嫩枝叶，造成缺刻或秃秆。

防治方法　4—5月成虫盛发期，晚上摇树人工捕捉震落的成虫，连续捕捉几天；在闷热无风的晴天晚上6—9时，点灯诱杀成虫。

五、采收加工

（一）采收

佛手栽后4~5年开始开花结果，采花在开花盛期，每天早上采摘，平时有花，也可陆续采摘。采时将不孕的花采下，如见已孕花内的小柑呈尖条形，极干瘦，将来难成长的，亦可采下，并拣拾落地的花。此外在较冷地区，冬季开花后幼果多被冻死，也可采摘。花采回来晒干或用无烟煤烘干。

果实从8月起陆续成熟，当果皮由绿开始渐变黄绿色时，选晴天采收，到冬季采完为止。果实用刀顺切成4~7mm的薄片，及时晒干或烘干即成。成年壮树，管理良好者，每株年产鲜果20~25kg。

（二）加工

切片后逐片摊在烈日下暴晒，当天须晒至七八成干，次日复晒1次至足干，其商品色泽雪白鲜明。如遇阴天，也可低温烘干。晒干或烘干后，要密闭储存，以防香气散失。这类药材宜用双层无毒塑膜袋包装。袋中放少量生石灰或明矾、干燥的锯木屑、谷壳等物。扎紧后贮藏于干燥、通风、避光处。

知识链接：佛手根、茎、叶、花、果均可入药，辛、苦、甘、温、无毒；入肝、脾、胃三经，有理气化痰、止呕消胀、舒肝健脾、和胃等多种药用功能。对老年人的气管炎、哮喘病有明显的缓解作用；对一般人的消化不良、胸腹胀闷有更为显著的疗效。佛手可制成多种中药材，久服有保健益寿的作用。

第七节　山　楂

一、植物特征及品种

山楂（蔷薇科山楂属），别名鼠查、棠球子、赤爪实、山里红果（图 2-13、图 2-14）。落叶乔木，高达 6m，树皮粗糙，暗灰色或灰褐色。花期 5—6 月，果期 9—10 月。品种有甜口山楂和酸口山楂。

图 2-13　山楂果实

图 2-14　山楂药材

知识典故：相传山东境内有座驼山，山脚下有位姑娘叫石榴。她美丽多情，早就爱上了一位名叫白荆的小伙，两人同住一山下，共饮一溪水，情深意厚。不幸的是，石榴的美貌惊动了皇帝，官府来人抢走了她并欲迫其为妃。石榴宁死不从，骗皇帝要为母守孝一百天。皇帝无奈，只好找一幽静院落让其独居。石榴被抢走以后，白荆追至南山，日夜伫立山巅守望，日久竟化为一棵小树。石榴逃离皇宫寻找到白荆的化身，悲恸欲绝，扑上去泪下如雨。悲伤的石榴也幻化为树，并结出鲜亮的小红果，人们叫它“石榴”。皇帝闻讯命人砍树，并下令不准叫“石榴”，叫“山渣”——山中渣滓，但人们喜爱刚强的石榴，即称她为“山楂”。

二、生物学特性

（一）生态习性

山楂适应性强，喜凉爽、湿润的环境，既耐寒又耐高温，在 36～43℃ 均能生长。此外，山楂喜光、耐旱、对土壤要求不严。

（二）生长发育特性

山楂喜光也能耐阴，一般分布于荒山秃岭、阳坡、半阳坡、山谷，坡度以

15°~25°为好。耐旱，水分过多时，枝叶容易徒长。对土壤要求不严格，但在土层深厚、质地肥沃、疏松、排水良好的微酸性沙壤土生长良好。

山楂为浅根性树种，主根不发达，但生长能力强，在贫瘠山地也能生长。

三、栽培技术

（一）选地与整地

选土层深厚肥沃的平地、丘陵和山地缓坡地段，以东南坡向最宜，次为北坡、东北坡。要注意蓄水、排灌与防旱。结合整地，施足基肥，每亩施土杂肥 3 000kg、尿素 20kg、磷钾肥 50kg。并做成 1. 3m 宽的高畦，等待种植。

（二）繁殖方法

1. 种子繁殖

成熟的种子须经沙藏处理，挖 50~100cm 深沟，将种子以 3~5 倍湿沙混匀放入沟内至离沟沿 10cm 为止，再覆沙至地面，结冻前再盖土至地面上 30~50cm，第二年 6—7 月将种子翻倒，秋季取出播种，也可第三年春播。条播行距 20cm，开沟 4cm 深，宽 3~5cm，每 1m 播种 200~300 粒，播后覆薄土，土上再覆 1cm 厚沙，以防止土壤板结及水分蒸发，播种量 25~30kg/hm^2。

2. 分株繁殖

挖出根蘖，栽于苗圃进行嫁接。

3. 扦插繁殖

春季将粗 0. 5~1cm 根切成 12~14cm 根段，扎成捆，以湿沙培放 6~7 日，斜插于苗圃，灌小水使根和土壤密接，15 天左右可以萌芽。当年苗高达 50~60cm 时，可在 8 月份初进行芽接。

4. 嫁接繁殖

春、夏、秋均可进行，用种子繁殖的实生苗或分株苗均可作砧木，采用芽接或枝接，以芽接为主。播种苗高至 10cm 时间苗，移栽行株距为 60cm×15cm。结合秋季耕翻施入有机肥，从开花至果实旺盛期可喷叶面肥。定期整形剪枝、耕翻除草、刨去根蘖、培土等。

（三）田间管理

1. 深翻熟化，改良土壤

耕翻园地或深刨树盘内的土壤，是保蓄水分、消灭杂草、疏松土壤、提高土壤通透性，改善土壤肥力状况，促使根系生长的有效措施。

2. 施肥

条施，即在行间横开沟施肥；全园撒施，即当山楂根系已密布全园时，可将肥料撒在地表，然后翻入土中 20cm 深；穴施，即施液体肥料（如液体人畜粪尿）时，在树冠下按不同方位，均匀挖 6~12 个，30~40cm 深的穴倒入肥料，然后埋土。

3. 整形修剪

山楂树的整形修枝同其他果树一样，宜在冬季和夏季进行。以保证内外枝条分布均匀、通风透光、多结果为原则，要求大枝稀留，小枝密留，无重叠、交错，立体结果。整形以主干分层形为主，定干高度 40cm，第一层留三个主枝，如果扩张度较小，可以用绳子拉成与主干成 60°角；第二层留三个主枝，两层之间相隔 1m，每主枝留四个侧枝，可采用"撑、拉、扭、曲"等方法使枝条空间分布均匀。山楂宜轻剪，减去过密枝条。徒长枝可以在夏季摘心，中长发育枝冬季不剪以分散养分。枝条过稀的主侧枝可以在上方"刻芽"，促使下部芽萌发抽枝。

4. 浇水

一般 1 年浇 4 次水，春季有灌水条件的在追肥后浇 1 次水，以促进肥料的吸收利用。花后结合追肥浇水，以提高坐果率。在麦收后浇 1 次水，以促进花芽分化及果实的快速生长。浇封冻水，冬季及时浇封冻水，以利树体安全越冬。

四、病虫害防治

（一）病害

1. 轮纹病

防治方法　在谢花后 1 周喷 80%多菌灵 800 倍液，以后在 6 月中旬、7 月下旬、8 月上中旬各喷 1 次杀菌剂。

2. 白粉病

防治方法　在发病较重的山楂园在发芽前喷 1 次石硫合剂，花蕾期、6 月份各喷 1 次 50%可湿性多菌灵或 50%可湿性托布津的 600 倍液。

（二）虫害

1. 红蜘蛛和桃蛀螟

防治方法　在 5 月上旬至 6 月上旬，喷布稀释 2 500 倍的灭扫利溶液。

2. 桃小食心虫

防治方法　在 6 月中旬喷稀释 100~150 倍的对硫磷乳油。

3. 越冬代食心虫幼虫

防治方法　在 7 月初和 8 月上中旬，树上喷布稀释1 500倍的对硫磷乳油，消灭食心虫的卵及初入果的幼虫。

五、采收加工

（一）采收

9 月下旬至 10 月下旬果实相继成熟采收。采收方法为剪摘法、摇晃、敲打三种。剪摘，就是用剪子剪断果柄或用手摘下果实，这种方法能保证果品质量，有利贮藏，但费时费工。往往采用地下铺塑料薄膜，用手摇晃树或用竹竿敲打，将果实击落的采收方法。

（二）加工

采收后将山楂切片，放在干净的锡箔上，在强日下暴晒。初起要摊薄些，晒至半干后，可稍摊厚些。另外，暴晒时要经常翻动，要日晒夜收。晒到用手紧握，松开立即散开为度。制成品可用干净麻袋包装，置于干燥凉爽处保存。

温馨小提示：山楂味酸，加热后会变得更酸，食用后应立即刷牙，否则不利于牙齿健康。牙齿怕酸的人可以吃山楂制品。孕妇忌食山楂以免诱发流产，脾胃虚弱者。血糖过低者以及儿童勿食山楂。山楂不能空腹吃，山楂含有大量的有机酸、果酸、山楂酸、枸橼酸等，空腹食用，会使胃酸猛增，对胃黏膜造成不良刺激，使胃发胀满、泛酸，若在空腹时食用会增强饥饿感并加重原有的胃痛。生山楂中所含的鞣酸与胃酸结合容易形成胃石，很难消化掉。如果胃石长时间消化不掉就会引起胃溃疡、胃出血甚至胃穿孔。因此，应尽量少吃生的山楂，尤其是胃肠功能弱的人更应该谨慎。因此，最好将山楂煮熟后再吃。

第八节　无花果

一、植物特征及品种

无花果（桑科榕属）（图 2-15、图 2-16），落叶灌木，高 3~10m，多分枝；树皮灰褐色，皮孔明显；小枝直立，粗壮。花果期 5—7 月。品种有蓬莱柿、青皮、布兰瑞克。

图 2-15　无花果果实

图 2-16　无花果药材

二、生物学特性

（一）生态习性

无花果原产于地中海沿岸及中亚一带温暖地区。喜阳光、温暖和比较干燥的气候环境，不耐寒，不耐阴，怕积水。喜肥沃湿润的沙质土壤。对土壤适应性强，可在重灰质土、酸性红壤及冲积黏土里生长良好。

（二）生长发育特性

无花果为亚热带落叶灌木或小乔木，在适宜条件下也可长成大树。无花果根系发达，抗旱耐盐，好氧忌渍。枝条生长快，分枝少，每年仅枝端数芽向上、向外延伸。新梢上除基部数节外，每个叶腋间多数能形成2~3个芽，其中一个较饱满者为花芽。进入结果期后，除徒长枝外，几乎树冠中所有的新梢都能成为结果枝。故栽植后当年即可开始结果，3~4年可进入盛果期。花芽进一步分化发育，就成为特有的花序托果实。花序托果实肉质囊状，顶端有一小孔，为周围鳞片所掩闭。花序托内壁上排列有数以千计的小花，成一隐头花序，外观只见果而不见花，故名“无花果”，小花不需授粉能单性结实。食用部分实际上是由花序托和由花序托所裹生的多数小果共同肥大而成的聚花果。果实发育期70~80天。新梢中、下部的果实在黄河流域于当年秋季成熟，称为秋果。新梢上部分发育较迟的果实，多不及成熟，遇寒即皱缩脱落。新梢先端数节上的花芽在秋末分化，外覆鳞片，在冬暖地区能安全越冬，次年春天回暖后继续分化发育即成为夏果。正常成熟的夏果，品质好，果实大，但与秋果相比，一般只占总产量的10%左右。品种间依夏果、秋果形成的能力而属于不同的类型。

三、栽培技术

（一）选地与整地

选地势平坦、背风向阳、水源方便、土层深厚、肥沃疏松的地块作苗床，于立春前后深翻地，除尽杂草，混入腐熟的有机肥，开沟做畦，畦宽1~1.2m，长度视需要而定。

（二）繁殖方法

用扦插、分株、压条繁殖；尤以扦插繁殖为主。

1. 扦插繁殖

3月中、下旬从优良母株上选1~3年生、未曾发芽的，而且节间短，枝粗在1~1.5cm的健壮枝条，剪成长30~50cm的插条，按行距50cm开沟，斜插入土2/3，其余部分露出土外，填土压实，浇水保持土壤湿润。夏季扦插，可取半木质化的绿枝进行扦插。扦插后1个月左右生根。培育1年即可移栽。亦可将插条用湿沙贮藏1个月，形成愈伤组织后再进行扦插。

2. 分株繁殖

于2—3月进行分株栽种，定植按行株距3m×4m开穴栽种。栽种前要修剪，除去密枝或枯枝，在树液未流动前或展叶前栽种为好。

（三）田间管理

1. 深翻改土

深翻土壤可改良土壤性质，促进地下根系和地上部生长，对增产稳产有长期效果。深翻可在夏季结合翻压杂草和绿肥、秋施基肥进行，也可在入冬上冻前进行。幼树根量少，可一次性深翻40~50cm；大树根量大，可隔行和隔株进行深翻。深翻时要尽量少伤断根系（断根应控制在20%以内）。

2. 中耕

中耕可减少土壤蒸发、防止盐碱上升、减少养分消耗，一般在施肥、除草、浇水后进行1次。

3. 行间管理

盐碱地无花果园应采用行间生草或间作物与覆草相结合的土壤管理制度，以抑制返盐和培肥地力；山丘地无花果园应采用覆草和种草相结合的土壤管理制度，以改善墒情、保持水分以及在雨季防止水土流失；密植果园应实行精耕栽培。

4. 施肥管理

施肥分为基肥和追肥两种形式。在各时间施肥中，基肥占全年施肥量的50%~70%，夏季追肥占30%~40%，秋季追肥占10%~20%。其中，氮肥中基肥占总氮量的60%，夏季追肥占30%，秋季追肥占10%；磷肥中基肥占总磷量的70%，其余部分在追施复合肥中搭配使用；钾肥以追肥为主，基肥占总钾量的40%，追肥占60%。基肥以行间或株间沟施为好，沟宽30cm、沟深20~40cm，施肥后要回填土壤。追肥施用方法大致相同，只是施肥略浅一些（以20cm左右为宜），追肥后要浇水。在土壤施肥的基础上，可结合根外喷施肥料。

5. 水分管理

视干旱情况适当灌水防旱，保持土壤湿润，一般可采用传统的沟灌、穴灌或喷灌、滴灌。在果实成熟期，如降雨过多会降低果实的含糖量，造成裂果。因此，在多雨季节或低洼地带，应注意及时排出积水或做高垄，以便降渍。

温馨小提示：无花果幼苗期对水肥需求较少，进入成苗至结果期对水肥的需量不断增大，特别是盛果期，更要满足对肥水的供应，保证其正常生长发育。

四、病虫害防治

无花果较少发生病虫害。在果实生长期中，向周围散发特殊气味易招致桑天牛为害；果实成熟时易受鸟害。除人工捕捉桑天牛，驱赶鸟类之外，可人工或药物灭虫卵。亦可用稻草人缚塑料彩条插入田间驱赶鸟类。

五、采收加工

(一) 采收

无花果果实于7、11月陆续成熟。当果皮由绿色变为黄绿色、果实不再膨大、尚未成熟透时，分期分批采摘。食用的鲜无花果，在完全成熟后采摘。用于外销的鲜果，常于完全成熟前1、2天采摘。最好早晨采摘，当日运出，或傍晚采摘，第2天运出。采收时，要以手捏住近于果梗基部，轻轻向上一抬摘下，装入浅木箱或竹篓里，其内铺软物，以免擦伤果皮，引起腐烂。

(二) 加工

供药用的果实，将果实放入沸水中略微烫一下，捞出晒干或烘干，即可药用。叶、根于夏或秋季采收后晒干或鲜用。供食用的，采回后鲜食或反复晒干，贮藏食用。无花果以青黑色或暗棕色、质坚硬、横切面黄白色、无霉和无虫蛀的为最佳。本品易霉蛀，须贮藏在干燥处或石灰缸内。

知识链接：无花果具有健胃清肠，消肿解毒的功效。用于治疗肠炎、痢疾、便秘、痔疮、喉痛、痈疮疥癣，利咽喉，开胃驱虫。用于食欲不振、脘腹胀痛、痔疮便秘、消化不良、痔疮、脱肛、腹泻、乳汁不足、咽喉肿痛、热痢、咳嗽多痰等症。

第九节　乌　梅

一、植物特征及品种

乌梅（蔷薇科杏属），别名酸梅、梅子、青梅、白梅、梅实、台汉梅、黄仔等（图2-17、图2-18）。小乔木，少数为灌木，高4～10m；树皮浅灰色或带绿色，平滑；小枝绿色，光滑无毛。花期冬春季，果期5—6月（在华北果期延至7—8月）。

乌梅商品按性状有乌梅及红梅之分：乌梅外表乌黑或棕黑色，皱缩不平，果肉棕黑色，可剥离，有酸味及烟熏味，味极酸；红梅则个稍微小，外表红棕或棕黑色，果肉薄而坚硬，酸味较淡。

乌梅商品尚有按产地划分的：产于四川的称川梅；产于福建的称建梅；产于浙江长兴合溪的优质乌梅习惯称合溪梅（又名吉梅或玉梅）；产于广东则称广东梅。

乌梅中优质品因其肉厚、表面皱缩明显，其形似耳，故有称优质乌梅为“耳梅”者。

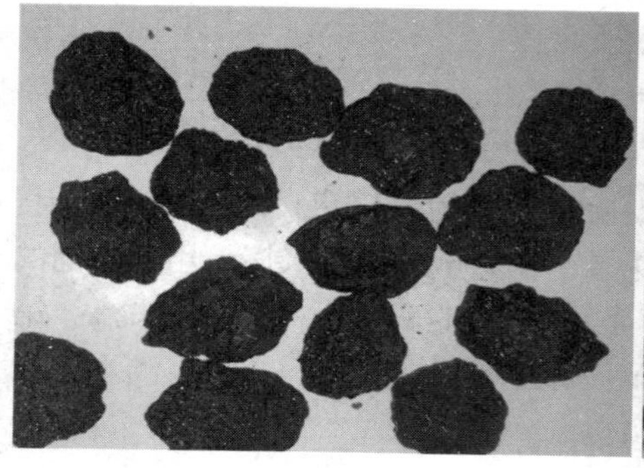

图 2-17 乌梅药材

图 2-18 乌梅植株

历史典故：《三国演义》中有一段描述，曹军行至途中，炎热似火，人人口渴，找不到水源。曹操生一计，大声叫道“前面有一大片梅林，梅子很多，甜酸可口，可以解渴。”士兵们听了，口水流出。大家加快了步伐，不久大军遇到了水源。

二、生物学特性

（一）生态习性

梅的适应性较强，耐寒，怕涝，耐干旱。喜欢温暖湿润气候，阳光充足的气候。花期温度对产量影响极大，低于-5℃或高于 20℃对坐果率有明显影响，年平均气温 16~23℃，年平均降水量在1 000mm 以上的地区最适宜栽培。对土壤要求不严，以疏松肥沃、土层深厚、排水良好的沙质壤土为好；低畦多湿之地不宜栽植。

（二）生长发育特性

梅具有强大的根系和发达的主根，地温在 4~5℃时新根开始生长，而且随着地温的上升，根系加快生长。每年春末夏初新根生长最快，侧根大量长出。植株顶端优势明显，自一个生长枝，先端常抽出少数长株，其中，下部多数的侧芽抽生成短枝。这些短枝得到适宜的营养时，能形成许多花芽，而成中果枝和短果枝。长枝基部与顶端的粗度相差不大，容易弯曲下垂。长主枝如任其开张，仰角降到 30°以下，则抽生出大量徒长枝，扰乱树形和造成荫蔽，树冠下部枝条衰弱枯死，导致树冠外围结果，增加无效空间。适当短截长枝，可以促进中、短果枝的生长。

植株在每年 2—3 月开花，花谢后，果实逐渐发育。果实发育过程可分为三个时期，即3—5月为硬核前期，是幼果生长迅速时间；5月中、下旬进入硬核期，果实的核开始进入硬化和完全硬化；6月上旬以后进入硬核后期，果实迅速增大，直至近采收期，增长才减缓。在幼果期，白天若遇到太阳暴晒，夜间降雨，或温度过高，会引起严重落果。在果实发育过程中，生理落果现象较为严重，一般出现三个高峰期，即早期落果在盛花期后10天左右，随着花的凋谢而脱落；第二次落果在开花后30天左右，是由于受精和营养不良引起；第三次落果在硬核期至完全成熟，是结果过多和施氮肥而引起。

三、栽培技术

（一）选地与整地

育苗地块宜选择疏松、肥沃、排水良好的沙壤土，深翻土壤，耙细整平，施足基肥，做成宽1.3m的高畦，四周开好排水沟。栽植地，可选择丘陵或向阳、干燥的缓坡地，将土壤充分整细后栽种。

（二）繁殖方法

以种子繁殖为主，亦可嫁接和扦插繁殖。

1. 种子繁殖

先育苗，后移栽。

（1）采种及种子处理　选择生长健壮、连年结果、果大核小、果肉肥厚、味极酸、无病虫害的优良单株作为采种母株。于6月采集充分成熟的果实，堆积沤烂，经10天左右取出置流水中搓洗，漂净果肉，晾干果核，贮藏备用。种子于播前半个月取出置人尿中浸泡15天。然后捞出冲洗去尿液，晾干后下种。

（2）播种　宜冬播，或翌年早春2月播种。播时，在整好的苗床上，按行距20~25cm横向开沟，深7~9cm。然后，每隔6~7cm点播入种子1粒（每沟共播20粒），播后覆盖拌有人畜粪水的细肥土或土杂肥，再盖土与畦面齐平。保持床土湿润，4月中旬即可出苗。每亩用种量50kg左右，出苗率可达90%以上。出苗后，勤松土除草。幼苗期追施稀薄人畜粪水2~3次；当苗高30cm时，每亩用250g尿素对水50kg，进行根外追肥，每7~10天追肥1次，连续追肥2~3次，促进幼苗生长健壮。11月下旬再施1次腊肥，以有机肥为主，促使苗木生长粗壮。培育1年，当苗高80~100cm时，即可出圃定植。

2. 嫁接繁殖

砧木采用1~2年生的山杏、杏或梅的实生苗。接穗采用已经开花结果、品种优良的乌梅当年生营养枝。

嫁接时期和方法　芽接于7—8月进行，采用丁字形接法；枝接于早春2—3月进行，采用切接法。芽接成活后要及时松绑和剪砧。

乌梅嫁接苗可提早开花结果，1~2 年始花，以后逐年增加产量，是乌梅提早丰产良种化、集约栽培的重要途径。

3. 扦插繁殖

扦插繁殖成活率很低，若要得到较高的成活率，必须选用容易生根的品种。插条选择幼龄母树当年生健壮枝条，长 10~15cm，于早春花后或秋季落叶后进行扦插。基质选用沙壤土。扦插深度以插条的 1/3~1/2 为宜，株行距 10cm×20cm。插后先浇一次透水，以后浇水不必过多，床土过湿易招致插条腐烂，适当喷雾增湿有利插条生根成活。春插者越夏期间须搭荫棚，一般成活率 30%~80%，宫粉、绿萼、骨里红等易生根品种常用扦插繁殖。

4. 压条繁殖

梅的繁殖量不大时可使用压条法。早春 2—3 月选生长茁壮的 1~3 年生长枝，在母树旁挖一条沟，在枝条弯曲处下方将枝条刻伤或环剥（宽 0. 5~1cm，深达木质部），压入沟中，然后覆土，待生根后逐渐剪离母树。亦可用高压法繁殖大苗，在梅雨季节，从母树上选取适当枝条刻伤或环剥，然后用塑料袋包混合土，两头绑紧，保持湿度，过一个月后检查是否生根，生根后可从切口下剪离移栽培养。

（三）田间管理

1. 中耕除草与间作

梅苗移栽初期，株行间空隙较大，可间作豆类、蔬菜、瓜类等短期作物，或其他 1~2 年生中药材。对间作物的管理同时进行中耕除草。秋、冬季中耕后给梅苗进行培土，防止冻害和植株倒伏。梅林郁闭后，可不必中耕除草。

2. 追肥

乌梅耐瘠薄，追肥不宜过多，以防枝叶生长过于茂盛，不开花结果。一般每年追肥 2 次，第 1 次在 5—6 月采果后，施用腐熟人畜粪水或硫酸铵；第 2 次于 11 月上旬修剪后，重施越冬肥，肥料以厩肥、堆肥、火土灰等有机肥为主。施肥方法于株旁开沟施入，施后覆土盖肥。施肥量视植株生长情况酌定。

3. 深挖扩穴

为了促进幼树生长，必须挖深扩穴，重施压青肥，吸引根向纵深发展。扩穴在种植后 5~7 年内进行，每年进行 1 次，逐年转换位置，具体做法是秋、冬季或收绿肥时，在定植穴的边缘向外挖深、宽、长 50cm×40cm×100cm 的沟，压放杂草和绿肥 30~40kg、磷肥 1kg、土杂肥 50kg、猪牛粪 10kg，施后培土。

4. 整形修剪

乌梅的萌发力极强，任其自然生长，枝条杂乱无章，通风透光不良，只能在树冠外围少量结果，且树冠内膛的小枝容易枯死。因此，必须从幼树开始整形修剪。当幼树长高至 1m 以上时，于第 1 年冬季，在植株离地面 60~80cm 处剪去顶梢，作为定干高度。并在其上保留 3~4 个主枝，主枝之间保持一定间距，向不同方向延伸，并与主干成50°~60°角张开。第2年冬季再在主枝上选留3~4个壮枝，培育为副主枝。以后在副主枝上再选留3~4个侧枝。通过2~3年的整形修剪，使其成为树冠开展、外圆内空、通风透光、骨架牢固、矮冠丰产的自然开心形树型。每年冬季还要剪去枯枝、密生枝、纤弱枝、徒长枝、病虫枝以及扰乱树型的交叉枝。

乌梅以1~2年生枝条上的短果枝结果为主。在每年采果后要进行1次重剪，以促使形成众多发育充实的新果枝，为翌年多开花结果打下基础。对1年生强健枝条，可保留下部5~6个芽，剪去上部（即适当地进行轻剪），促使下部枝条形成短果枝结果。

四、病虫害防治

（一）病害

1. 卷叶病

卷叶病是一种生理性病害。地栽或盆栽梅花，在水分胁迫状态下，叶片两侧向正中折合内卷，整个梅株呈疲倦萎蔫状态，严重时导致叶片大量脱落。

防治方法　加强根部浇水、叶面喷水和环境洒水，通过增湿降温为其创造一个相对凉爽的环境；可搭棚遮阳，遮光度控制在30%~40%，保护其卷叶不至于因脱水过重而掉落即可。

2. 黄化病

黄化病是一种在碱性土壤条件下，出现的缺铁性生理病害，叶片褪绿发黄。

防治方法　① pH值调整至6.5以下；用自来水浇花，要先放置3~5天，并在其中加入少量的硫酸亚铁颗粒；生长季节每月浇施一次矾肥水，可预防黄化病的发生。② 叶片出现较严重的黄化后，可用0.3%硫酸亚铁溶液浇施根部，用0.2%药液喷洒叶面，半月一次，浇喷兼施、双管齐下，可促成其嫩叶褪黄变绿。

3. 炭疽病

受害叶片最初产生褐色小斑点，后扩大成1cm以下的圆形、椭圆形病斑，5月中下旬至6月初发病严重。

防治方法　清除枯枝落叶烧毁；用50%的代森锌可湿性粉剂500倍液，或50%的退菌特、多菌灵可湿性粉剂500倍液，或70%的炭疽福美、甲基托布津可湿性粉剂800~1 000倍液，交替喷洒，连续喷洒3~4次。

4. 流胶病

为枝、干主要病害。患病枝、干变褐腐烂，并伴有流胶，树势逐渐衰弱，导致抽枝少而细，花芽分化不良，严重时枝条干枯，甚至整株死亡。3—11月均可发生，以6—9月最为严重。

防治方法　① 加强水肥管理，及时排除积水；防止蛀干性害虫侵入，避免日灼和冻害。② 刮除病部胶状物，涂抹3~5波美度的石硫合剂或0.1%的升汞水消毒；或用70%甲基托布津、50%的多菌灵可湿性粉剂50倍液涂抹创口。

5. 膏药病

在枝干树皮上形成圆形、椭圆形灰褐色大病斑，状似平贴之膏药。此病影响植株的正常生长，削弱树势，严重时树体逐渐衰弱死亡。全年均可发生，以夏季最为集中。

防治方法　通风透光，开沟排水；消灭介壳虫，减少传媒；秋末落叶后至春季发叶前刮除病部烧毁，涂抹3~5波美度石硫合剂；少量盆栽，有叶期可于刮去病斑后，涂抹达克宁霜软膏。

6. 煤污病

叶片、树干、枝条上被有一层乌黑的煤污层，严重影响到梅株叶片的正常光合作用，从而导致植株生长不良，不能正常孕蕾开花。

防治方法　春季出现蚜虫为害，及时用10%的吡虫啉可湿性粉剂2 000倍液喷杀；出现介壳虫为害，可用25%的扑虱灵可湿性粉剂2 000倍液喷杀；每15天1次用70%的甲基托布津可湿性粉剂800倍液喷洒植株。

（二）虫害

1. 根癌病

受害部位长出球形、扁球形肿瘤。梅株感病后根系发育不好，地上部分生长迟缓，树势衰弱，影响到花芽分化。严重时叶片发黄脱落，甚至全株死亡。

防治方法　梅苗栽种前要先行消毒，可用72%农用硫酸链霉素2 000倍稀释液浸泡30分钟；或用“抗根癌菌剂”Ⅰ号或Ⅲ号，加水1~2倍调匀，定植前蘸根20分钟，预防效果较好；对大植株不忍舍弃，可用利刀切除癌肿部分，再用石灰乳或甲冰碘液（甲醇50份、冰醋酸25份、碘片5份）涂抹伤口，并单独养护。

2. 桃粉大蚜

“腻虫”之一种，主要在嫩梢和幼叶上刺吸汁液。该虫以卵在梅花株枝、芽上越冬，来年3—4月梅花株抽梢展叶时，孵化出的无翅若蚜为害最甚，雨水多的年份发生严重，并能诱发煤污病。

防治方法　用10%的吡虫啉可湿性粉剂2 500倍液喷杀；家庭少量梅株出现蚜虫，可用苦楝叶揉汁稀释喷杀，也可用草木灰洒在有蚜虫的枝叶上，过1~2小时后用清水冲洗枝叶即可。

3. 黄褐天幕毛虫

以幼虫啃食嫩芽、新叶及叶片，并在枝杈处吐丝结成天幕状网，群居于白色天幕上，老熟幼虫离开天幕分散暴食，严重时可将整株叶片吃光。

防治方法　发现幼虫群集在天幕上时，可清除网幕、烧死幼虫；用10%的吡虫啉可湿性粉剂2 500倍液或2.5%的功夫乳油3 000倍液喷杀。

4. 桃红颈天牛

桃红颈天牛是为害梅树主干的主要害虫。遭其为害的梅树基部地面上，常堆存有红褐色的虫粪。

防治方法　① 5—6 月在雨后晴天的中午，寻找在枝干上歇息的成虫，将其杀死。② 用 2. 5%的功夫乳油 3 000 倍液喷杀；在树干上发现排粪虫孔后，用毒签插入虫孔熏杀，或用药棉蘸敌敌畏堵塞虫孔。③ 秋末冬初，进行树干涂白。

5. 介壳虫

主要以若虫和雌成虫密集在枝干上吸取汁液，严重时使树势减弱，造成枝条枯死或全株死亡。

防治方法　5 月上中旬卵孵化盛期，用 50%的杀螟松 1 000 倍液，或 50%的马拉硫磷 500 倍液，或 40%的乙酰甲胺磷 500 倍液+除虫菊酯 2 000 倍液，进行喷洒，对若虫杀灭效果都很好；用 75%的扑虱灵可湿性粉剂 2 000 倍液喷洒，对朝鲜球坚蚧防治也有一定的效果。

6. 红蜘蛛

即叶螨，梅树普遍受其为害，且比较严重。5—7 月干旱时最为严重。

防治方法　用 25%的倍乐霸可湿性粉剂 2 000 倍液喷杀；或用 20%的灭扫利乳油 2 500 倍液喷杀，或用 5%的尼索朗乳剂 1 500 倍液喷杀。

7. 袋蛾

即“吊死鬼”，幼虫藏匿于囊内，取食迁移时负囊而行，初时取食叶肉，剩下上表皮，使叶片呈透明斑点，长大后食叶成孔洞或缺刻，甚至啃食茎干表皮、嚼食果肉；高温干旱持续时间长时，为害特别严重。

防治方法　① 秋冬季结合修剪，人工摘除袋囊，消灭越冬老熟幼虫。② 利用黑光灯诱杀成虫；用 25%的灭幼脲 3 号 1 500 倍液喷杀幼虫。③在低龄幼虫盛期，用 50%的马拉硫磷 1 000 倍液喷杀幼虫；于产卵高峰期，用 20 亿个/g 的棉铃虫核多角体病毒悬浮剂 1 000 倍液喷洒。

8. 刺蛾

即“洋辣子”，夏季以幼虫取食叶片，严重时可将叶片啃光，仅剩下粗叶脉和叶柄，影响梅株的正常生长和孕蕾开花

防治方法　① 秋冬季人工剥去枝干上的越冬虫茧。② 成虫羽化期利用其具有较强的趋光性特点进行灯光诱杀。③ 盆栽用 0. 3%的印楝素 500 倍液，或 25%的灭幼脲 3 号 2 000 倍液，或 5%的抑太保乳剂 1 500 倍液喷杀。

五、采收加工

（一）采收

乌梅实生苗 6~7 年结果；嫁接苗 2~3 年结果，10 年后进入盛果期。于 5—6 月果皮变为青黄色时即可采摘。乌梅必须成熟采收，才风味最佳，不同品种不同产地成熟期不同，当果实转变到紫红色时或紫黑色时，果实甜酸适口，风味最佳，此

为采收适期，要选晴天的清晨或傍晚采果。雨天和雨后初晴不宜采收，否则果实水分多，容易腐烂变质。另外，乌梅果实成熟时，肉质较软、易损伤。

（二）加工

将采集的鲜果放入竹箩内摇动，去其绒毛，取出用清水洗净，晒干或烘干，去其核，即成乌梅肉。10~15年生乌梅树，每株可产果50~100kg。夏季果实近成熟时采收，低温烘干后闷至色变黑。

1. 乌梅肉

取净乌梅，水润使软或蒸软，去核。

2. 乌梅炭

取净乌梅，照炒炭法（不加辅料的炒法称为清炒法，包括炒黄、炒焦和炒炭三种操作工艺）炒至皮肉鼓起。本品形如乌梅，皮肉鼓起，表面焦黑色。味酸略有苦味。

温馨提示：1. 采果前双手不要接触有毒有害物质，剪平指甲。2. 采果用筐不宜太大，以装3~4kg浅筐为宜，采果筐内侧要求光滑，并加有柔软衬垫。3. 采果时要轻采轻放。

第十节 龙 眼

一、植物特征及品种

龙眼（无患子科龙眼属），别名桂圆、桂圆肉（图2-19、图2-20）。常绿乔木，高通常10余米，有的高达40m、直径达1m、具有板根的大乔木；小枝粗壮，被微柔毛，散生苍白色皮孔。花期春夏间（3—4月），果期夏季（7—9月）。

主要品种有石硖龙眼、草铺种龙眼、储良龙眼、古山二号龙眼。

图2-19 龙眼植株

图2-20 龙眼药材

二、生物学特性

（一）生态习性

龙眼对生产环境比较挑剔，世界上能种植龙眼的地方有限，一般在亚热带、气候偏温和、无严重霜冻的地区栽培龙眼为合适。龙眼喜欢温暖，忌寒冷。在年平均温度为20~22℃的地区，栽培龙眼较为适宜。最适应的年降水总量为1 000~1 600mm；龙眼树为喜光树种，阳光充足有利于枝梢生长壮旺；对土壤适应性强，能在干旱、瘦瘠土壤上扎根生长；萌芽力强，酸碱度在5.5~6.5的酸性土壤，都适合龙眼树的生长；土壤含水量要求在13%以上。

（二）生长发育特性

龙眼树吸收根的生长发育在一年之中有3个活动期：第一个活动期在3月下旬至4月下旬，此活动期根系的生长量较少；第二个活动期在5月中旬至6月中旬，也是一年中根系的生长高峰；第三个活动期在9月中旬至10月中旬，根系的生长次于第二个活动期。

龙眼树与其他亚热带常绿果树一样，周年均有新梢生长，一般全年抽梢3~5次，其中1次春梢，1~3次夏梢和1次秋梢，抽冬梢的情况较少。新梢通常从充实的枝梢顶芽抽出，也可人工短截后枝条的腋芽或不定芽抽出。夏梢的腋芽萌芽率和成枝力均强，也有的当年抽生2次新梢。一般新梢从抽出展叶至老熟需1个月左右的时间。抽梢时间的早晚、次数及数量，随树体的营养水平、树龄、结果量、品种、管理水平及环境条件的不同而有所不同。

龙眼属于当年花芽分化，当年开花结果的类型。龙眼的花芽分化一般在2月上旬开始，4月上旬花芽基本形成。龙眼有3种花，雄花较早分化，雌花迟些，两性花与雌花相近。整个花芽分化过程需2个月左右。

三、栽培技术

（一）选地与整地

应选避风防霜、排水良好、土层深厚、质地疏松肥沃而又有灌水条件的坡地为好。瘠薄的黏土地或排水差的低洼地不宜做苗圃。当选地有困难时，可进行人工改土，深耕深翻，掺沙改黏，增施有机肥，增掺优质客土，深挖排水沟，并起高畦作苗床，以防水涝。苗圃地应先施足底肥，可结合深翻每亩分层施草皮土或火烧土5 000kg，结合耙地每亩施厩肥2 000~3 000kg。苗床畦高一般为20cm左右，宽1m，要求畦地平整、耙细。各畦间的距离为30~40cm，以利操作管理。为便于出齐苗，起畦后要灌足底水，并结合进行土壤消毒，每亩可施用“呋喃丹”4~5kg，以防治蛴螬等地下害虫。

（二）繁殖方法

1. 实生苗

选避风防霜、排灌水良好、土层深厚、质地疏松肥沃的山坡地做育苗地。耕翻20~33cm深，施草皮土5 000kg，再犁耙施厩肥2 000~ 2 500kg，然后筑畦，畦高20~25cm，宽1m，畦沟深33~40cm。龙眼苗圃与移植圃的比例宜1：6或1：7。龙眼种子须随采随播种。取出的种子，马上以1：（2~3）的比例混入沙中堆积发芽，发芽温度以25℃最宜，细沙含水量约5%。当胚芽伸长0.5~1cm时，即可在苗床播种。可以撒播，粒距8cm×10cm，每亩播种量115~250kg，播种后盖2 500~3 000kg烧土或沙，上面盖稻草，再引水灌溉，湿后即排。出苗后须加强管理，如淋水、去稻草、施肥，保证幼苗健壮生长。在春季梅雨时移植。移植时整好地，施好肥，株距20cm，行距30~33cm，每亩种7 000~8 000株。移后及时管理。

2. 嫁接繁殖

用定植后5~6年的实生苗做砧木，用嵌接法进行嫁接。接穗选2年生强壮枝条，粗1cm，长4~12cm者也可用靠接法，时间以3—4月最佳，也可用舌接法和芽片贴接法进行嫁接繁殖。

3. 高压繁殖

方法是在15年生以上的健壮植株上，选择3~4年生，径粗3cm，有2~3个分枝的枝条。在离分枝10~20cm处进行环剥，宽40~50cm，刮除皮层，待10~20天出现瘤状物时就可包束草泥，挂钵填土或以塑料薄膜包扎填充物做发根基质。

4. 扦插

取当年生的龙眼嫩枝，剪成15~17cm的枝段，插入27~29℃的温床，平时遮光淋水。扦插之前，选中的枝条底部先进行环剥，经1~2天后，涂以稻草灰100份、红泥10份、食盐0.18份的混合涂料300g，再行包扎。待2个半月后，再切离母枝扦插。

（三）田间管理

1. 施肥

每年施基肥一次，追肥3~4次。第一次追肥在2—3月，施大粪和硫酸铵等。第二次追肥在花谢后的幼果期，4—5月施氮肥为主，适当施磷、钾肥。第三次追肥在6月下旬至7月上旬，以磷、钾肥为主，氮肥次之。第四次追肥在果实接近成熟时，仍以氮肥为主。施肥方法是在离树干30cm处开沟施入。施肥时可结合进行中耕、除草、培土和排灌。排灌水，在果实发育期雨水过多，要注意及时排出积水，遇旱更需要及时灌水保湿，确保果实正常发育。

2. 定植

定植要在春、秋两季进行，以春植为好。春植在春芽未萌发前或春梢生长老熟以后，一般在2—5月进行，以4月为宜。秋植在秋芽未萌发以前或秋梢老熟以后，一般以8—10月间进行。

在定植时，应考虑成活后植株根茎部位要与地面平齐，不宜过深或过浅。在定植时可要求根颈部高出地面5~6cm。栽前坑内也预先充分灌水，等水渗进后把根部完整或带土的苗子放入。按上述要求小心填土，填土不可一次填满，应分层次填入，并用手从外围逐渐向内压紧，使土与根密切接触，切勿用脚踩踏，这样易踏碎土坨导致幼根断裂。定植后，在苗四周作一小水盘，以利灌水。为减少叶片蒸发，利于成活，可剪去部分小枝和叶片。栽后要充分灌水，待水全部灌入后，再撒上一层细土，以防土壤龟裂，拉断幼根。如遇天旱，须3~5天淋水1次。

3. 整形修剪

采用自然平圆形整形，栽植后第2~3年于离地面1.2~1.3m处定干，在3~4年内培育成5~7主枝，最后除心。每年剪枝3次，第一次花穗期修剪，主要剪去病穗、荫枝及档枝。第二次在采果时修剪，主要剪去短结果枝、徒长枝、病枝、枯枝和荫枝。第三次在冬季，主要剪去荫枝、枯枝和病枝。

四、病虫害防治

（一）病害

1. 龙眼“鬼帚病”

又称秃枝病、丛枝病、扫帚病等，病株幼梢受害后幼枝变狭、弯曲、叶缘卷曲，不能展开，叶色淡绿。

防治方法　此病由病毒引起，可通过嫁接或虫害传染。目前还没有十分有效的防治方法，可以采用严格检疫，严禁从有病母株上取接穗，选用抗病母株，培育无病苗木，加强栽培管理，及时防治虫害等管理措施，以控制病势扩展。

2. 霜霉病

为害龙眼、荔枝花穗和果实，此病在高温高湿条件下蔓延迅速。花穗被害后整个花穗枯萎变褐色，但花朵一般不脱落；幼果及成熟果均可受害，但以成熟或近成熟果实受害为甚，造成大量落果或烂果。

防治方法　①结合秋冬季修剪，把被害的干花穗、病烂果、病枝落叶全部清除，集中烧毁，并喷洒0.3~0.5波美度的石硫合剂消毒清园。②在花蕾期、幼果期喷托布津或多菌灵1 000倍液，或用波尔多液喷洒，或用58%瑞毒霉锰锌500~800倍液或乙膦铝锰锌800~1 000倍液喷洒。

（二）虫害

1. 荔枝蝽象

俗称臭屁虫。若虫和成虫为害嫩芽、枝梢、花穗和幼果，导致落花落果，大批发生时严重影响产量。5—7月若虫发生数量最多，以吸器吸食树汁。被害叶片上呈褐红色的细条或斑点，被害果实上呈褐色斑点。受害后使树梢干枯、小花和花穗脱落。

防治方法　可用药剂防治。用敌百虫800~1 000倍液，在3月间向在新梢上进行交尾活动的越冬成虫喷洒，或在4—5月低龄若虫发生盛期时喷药。一般每株喷药7~10kg，严重时可喷2次，间隔5~7天，也可人工捕杀成虫。在冬季低温时，振动树枝，越冬成虫坠地后，集中烧毁，也可利用平腹小蜂、荔蝽卵跳小蜂等天敌进行生物防治，很有效果。

2. 卷叶蛾

卷叶蛾以幼虫咬食荔枝、龙眼的花穗、嫩梢、嫩叶，也蛀食幼果，使幼果大量脱落，造成减产。

防治方法　① 清除越冬虫源，剪除被为害的晚秋梢，铲除果园杂草。在成虫产卵盛期采集卵块集中烧毁。② 荔枝、龙眼谢花后用800倍敌百虫液或1 000倍液敌敌畏喷杀。每隔7~10天喷一次，共喷2~3次。③ 花期和幼果期用灯光诱杀成虫。④ 释放赤眼蜂进行生物防治。

五、采收加工

（一）采收

龙眼的果实以充分成熟采收为宜，一般采收期因地区、用途、品种及气候而异，大约在8月中旬至9月底可陆续采收。采收时当果实的主色从青绿色转为褐色，果壳由厚而粗糙转为薄而平滑，果肉由坚硬变为柔软而富有弹性，果核变为主色黑，果肉生青味消失，出现浓甜即已成熟，应及时采收以免过熟落果。制罐头的宜在八成熟采收，制干、制酱的可十成熟采收，台风季节应及时抢收，远途运输宜八九成熟采收。

采摘时用竹制梯子及采果篓，在果穗基部3~6cm处折断，不要折太长，以免把隐芽折掉，折断处的伤口要保持整齐，防止枝条撕裂而影响抽芽。采果应在早晨或在傍晚为宜，采下的果穗应小心轻放于篓器中，不可放于日光暴晒，雨天一般不采果。鲜果包装前先经挑选，剔除坏果、并摘掉果穗上的叶子及过长的穗梗，使果穗整齐。包装容器多用竹篓，篓底垫叶片，以免机械伤。装篓时果穗的先端朝外，穗梗向内，篓的中间留有空隙，以便使空气流通，避免果实发热变质。

温馨提示：适时采收龙眼。适时采收有两个含义：一是要在合适的时间采收，采果宜在阴天或晴天早晨露水干后或傍晚时进行，避免中午高温暴晒时采果，雨天最好不要采果，特别是需长途运输的果实，雨天采收的果实耐贮性降低。二是要在果实成熟时及时采收，适当早采收有利于秋梢萌发生长，培养强壮树势；采收过迟，果实挂在树上太久，消耗树体养分多，树势弱，秋梢生长难。

（二）加工

1. 原料选择

多采用果小肉厚、种子小、含糖量高的品种。

2. 剪粒、洗果

采果后，用小剪刀把果粒剪下，盛于竹篮内，放到清水中洗去果皮灰尘和杂物。

3. 烘焙或晒干

晴天时，把龙眼置于阳光下暴晒，五成干后再用焙灶焙干。若遇雨天，则用培灶法烘至七八成干。

4. 剥壳取肉

把七八成干的龙眼用于剥去果壳，取下果肉。果肉加工方法可分为叠片和蕊片两种。将每 5~6 片果肉相叠，用于压成一小块，称为叠片；每剥 1 粒龙眼，用指捏一下果肉，成花蕊状，称为蕊片。一般多制成叠片。剥果肉时，要拌上花生油，每 50kg 果肉需加 100~150g 花生油，以减少黏性，避免黏成团。

5. 烘干或晒干

把剥下的果肉继续日晒或烘焙。若置于烤房，用 60℃ 烘干，不能放在焙灶上烤干，否则会容易造成果肉变焦黄，带有烟焦味。制成的龙眼肉，用手抓果肉放开后果内松散不粘手，肉质爽脆，味浓甜，色泽黄亮，含水量为 13%~19%。最后按实际需要量进行分级包装。

知识链接：相传古时有一条恶龙兴风作浪，摧田毁屋，为害一方。有英武少年名叫桂圆，决心为民除害。他只身与恶龙搏斗，用钢刀先刺出恶龙的左眼，在恶龙反扑时，又挖出其右眼，恶龙因流血过多而死，桂圆也因伤势过重去世。乡亲们将龙眼和桂圆埋在一起，第二年便长出两棵大树，树上结果，果核圆亮，极似龙眼。于是，称树为“龙眼树”，称果为“龙眼”，又名“桂圆”。

第十一节 沙 棘

一、植物特征及品种

沙棘（胡颓子科沙棘属），别名酸刺、醋柳（图2-21、图2-22）。落叶灌木或乔木，高1.5m，生长在高山沟谷中可达18m，棘刺较多，粗壮，顶生或侧生。花期4—5月，果期9—10月。

图2-21 沙棘植株

图2-22 沙棘药材

亚种有江孜沙棘、中国沙棘、中亚沙棘、蒙古沙棘、云南沙棘。

知识链接：沙棘被日本称为“长寿果”，俄罗斯称为“第二人参”，美国称为“生命能源”，印度称为“神果”，中国称为“圣果”“维C之王”。

二、生物学特性

（一）生态习性

沙棘是阳性树种，喜光照，在疏林下可以生长，但对郁闭度大的林区不能适应。沙棘对于土壤的要求不很严格，在栗钙土、灰钙土、棕钙土、草甸土上都有分布，在砾石、轻度盐碱土、沙土，甚至在砒砂岩和半石半土地区也可以生长但不喜欢过于黏重的土壤。沙棘对降水有一定的要求，一般应在年降水量400mm以上，如果降水量不足400mm，但属河漫滩地、丘陵沟谷等地亦可生长，但不喜积水。沙棘对温度要求不很严格，极端最低温度可达-50℃，极端最高温度可达50℃，年日照时数1 500~3 300小时。

（二）生长发育特性

沙棘的生长分四个阶段：幼苗期、挂果期、旺果期、衰退期。定植后二年内以地下生长为主，地上部分生长缓慢。3～4 年生长旺盛，开始开花结果。成年沙棘树高2～2.5m，冠幅在 1.5～2m。第五年进入旺果期。由于土壤条件和管理的不同，进入衰退期的时间也不一样，一般树龄 15 年后进入衰退期。

三、栽培技术

（一）选地与整地

沙棘种植园要选择较肥沃的平地或缓坡地，最好有灌溉条件，土壤以沙壤土或壤土为好。建园前要平整土地，缓坡地最好修成梯田，整地要在栽植前一年进行，深度 30～40cm。

（二）繁殖方法

1. 种子繁殖

春播前将种子浸胀，行距 10～15cm 条播，深度 3cm。1 周后出苗，当出现第 1 对真叶后，开始间苗，出现第 4 对真叶时，第 2 次间苗，株距保持 5cm。秋播宜在晚秋进行，播后畦面覆盖，冬季浇水封冻，次年出苗。

2. 扦插繁殖

插条选择中等成熟的生长枝，插期以 6 月中旬至 8 月末为好，插时行株距为 12cm×8cm。第 2 年春移植，行株距为 45cm ×16cm。用 1～2 年无性繁殖苗造林，种植密度以密植为好，行株距 4m×2m。对果实成熟期不同的类型或品种，可分片栽植，便于管理。栽植时，注意雌雄合理的配比，一般 8 株雌株配植 1 株雄株。

（三）田间管理

1. 苗期管理

当年间苗 1～2 次。第 1 次在幼苗长出真叶后拔去并株，第 2 次在第 1 次间苗后 15～20 天进行定苗。1 年生幼苗灌水 4～5 次，及时松土除草，每年秋施基肥，春、夏追施速效肥。

2. 种后管理

作为防风固沙用的沙棘，只做一些简单的修剪即可，但作为沙棘果园栽培时，可适当进行灌水、整地、除草和施肥等工作。灌水主要在春季萌芽期、快速生长期、枝条成熟期、果实成熟时各进行一次。因沙棘为浅根性树种，松土、除草时要浅，一般 5～7cm。前期追肥以氮、钾肥为主，枝条停止生长后以磷、钾肥为主，一般每亩 7.5～10kg 即可。沙棘果园最重要的管理便是整形修剪，一般对 4～5 年生植株，以整形为主。疏去平行枝，截短细枝和长枝，使主枝空间配置合理，树冠紧密面低矮。5～6 年时，沙棘进入盛果期，以疏枝为主，使树冠透光。7～10 年时，将老枝剪除，促进其重新萌发并形成灌丛。

四、病虫害防治

（一）病害

1. 沙棘干枯病

沙棘干枯病沙棘干枯病是一种苗圃和沙棘林均可发生的病害。幼苗发病其症状首先是叶片发黄，苗茎干枯，最后导致整株死亡。沙棘林或种植园内沙棘植株发病，症状表现是树干或枝条树皮上出现许多细小的枯色突起物和纵向黑色凹痕，叶片脱落，枝干枯死。

防治方法　主要是加强抚育管理，增施磷、钾肥料，抑制病原菌的活性。在苗期发生时，可用60%~75%可湿性代森锌500~1 000倍液，在雨季前每隔10~15天喷洒一次，连续喷洒2~4次。还可用50%可湿性多菌灵粉剂的300~400倍液，每隔10~15天喷洒1次，连续喷洒2~3次。种植园栽培的沙棘，在行间间种禾本科牧草，也可减少干枯病的发生。

2. 沙棘叶斑病

沙棘叶斑病是一种苗期病害，发病初期，叶片上有3~4个圆形病斑，随后病斑逐渐扩大，叶片干枯并脱落。

防治方法　一般用50%可湿性退菌特粉剂800~1 000倍液，每隔10~15天喷1次，连续2~3次效果显著。

3. 沙棘锈病

沙棘锈病是一种苗期病害，为害1~3年生沙棘苗。发生时间多在6—8月。被害苗木症状是大量叶片发黄、干枯、植株矮化，叶片上的病斑呈圆形或近圆形，多数汇合。发病初期病斑处轻微退绿，后变为褐色、锈色或暗褐色。

防治方法　沙棘锈病主要是预防，在苗期6月份每隔15~20天喷一次波尔多液，连续喷2~3次，可以减少沙棘锈病的发生。

（二）虫害

常见的害虫有春尺蠖、苹小卷叶蛾、沙棘蚜虫和蛀干害虫柳蝙蛾等。

防治方法　在春尺蠖、苹小卷叶蛾害虫发生期用25%灭杀毙2 500倍液或20%速灭杀丁3 000倍液喷洒；防治沙棘蚜虫可喷洒10%吡虫啉2 500~3 000倍液。

五、采收加工

（一）采收

沙棘的单株产果量随各地区条件不同变幅很大，在盛果期间株产2~5kg。采收方法一般有两种。

（1）冻打采集　冬季沙棘果实冻结以后，选择冷天早晨，先将树冠下进行清理，然后铺放布单或塑料薄膜等，用竹竿或较轻的木棍敲打果枝，因果柄受冻后很易脱落，将果实震落收集。或先用250~2500mg/L的乙烯利喷洒结果枝，能使果实的附着力减弱30%~70%。

（2）剪枝采集　用镰刀或剪枝剪剪取附有果实的小枝，不剪大枝，以免沙棘资源遭到破坏，也可结合整枝、砍柴、平茬时采集。将果枝剪下收集起来，放在场院里，用木棍敲打果实，使果实脱落后收集起来即可。

（二）加工

将采收的果实干燥或蒸后干燥即可。

温馨小提示：沙棘种植时要及时清理剪除病枝、死枝，刮除病皮，并在其刀剪伤口处及时涂抹愈伤防腐膜，促进伤口愈合，防止病菌侵袭感染。要分别在花蕾期、幼果期和果实膨大期，喷施壮果蒂灵，增粗果蒂，加大营养输送量，防落花、提高授粉能力，提高坐果率，加快膨大速度，确保果品优质高产。

第三章　干果类中药材

第一节　吴茱萸

一、植物特征及品种

吴茱萸（芸香科吴茱萸属），别名吴萸、茶辣、漆辣子、臭辣子树、左力纯幽子、米辣子等（图 3-1、图 3-2）。落叶灌木或小乔木，高 3~10m。花期 4—6 月，果期 8—11 月。

图 3-1　吴茱萸植株

图 3-2　吴茱萸药材

知识链接：春秋战国时代，吴茱萸原生长在吴国，称为吴萸。有一年，吴国将吴萸作为贡品进献给楚国，楚王见了大为不悦，不听吴臣解释，将其赶了出去。幸亏楚国有位精通医道的朱大夫追去留下了吴萸，并种在自家的院子里。一日，楚王受寒而旧病复发，胃疼难忍，诸药无效。此时，朱大夫将吴萸煎汤治好了楚王的病。当楚王得知此事后，立即派人前往吴国道歉，并号召楚国广为种植吴萸。为了让人们永远记住朱大夫的功劳，楚王把吴萸更名为吴茱萸。

二、生物学特性

（一）生态习性

吴茱萸常生于温暖地带的低山丘陵地区的林缘或疏林中；多栽培于村旁、路边及林缘空旷地。喜阳光充足、温暖、湿润的气候条件，适宜在低海拔、质地疏松肥沃、排水良好的酸性土壤中生长。

（二）生长发育特性

吴茱萸定植后的2~3年便可开花结果。4年以后进入盛产期。30年后结果量逐年递减，到时需砍伐更新。

三、栽培技术

（一）选地与整地

吴茱萸对土壤要求不严，一般山坡地、平原、房前屋后、路旁均可种植，每亩施农家肥2 000~3 000kg作基肥，深翻暴晒几日，碎土耙平，作成1~1.3m宽的高畦。

（二）繁殖方法

1. 根插繁殖

选4~6年生、根系发达、生长旺盛且粗壮优良的单株作母株。于2月上旬，挖出母株根际周围的泥土，截取筷子粗的侧根，切成15cm长的小段，在备好的畦面上，按行距15cm开沟，按株距10cm，将根斜插入土中，上端稍露出土面，覆土稍加压实，浇稀粪水后盖草。2个月左右即长出新芽，此时去除盖草，并浇清粪水1次。苗高5cm左右时，及时松土除草，并浇稀粪水1次。次年春天或冬季即可出圃定植。移栽方法是按株行距2m×3m，挖穴深60cm左右，穴径为50cm，施入腐熟有机肥10kg。每穴栽1株，填土压实浇水。

2. 枝插繁殖

选择1~2年生发育健壮、无病虫害的枝条，取中段，于2月间，剪成20cm长的插穗，插穗须保留3个芽眼，上端截平，下端近节处切成斜面。将插穗下端插入1ml/L的吲哚丁酸溶液中，浸半小时取出，按株行距10cm×20cm斜插入苗床中，入土深度以穗长的2/3为宜。切忌倒插。覆土压实，浇水遮阳。一般经1~2个月即可生根，地上芽抽生新枝，第二年就可移栽。

3. 分蘖繁殖

吴茱萸易分蘖（指被砍去或倒下的树木再生的枝芽），可于每年冬季距母株50cm处，刨出侧根，每隔10cm割伤皮层，盖土施肥覆草。次年春季，便会抽出许多的根蘖幼苗，除去盖草，待苗高30cm左右时分离移栽。

（三）田间管理

1. 锄草松土

一般成片栽培，与其他作物套种的可结合作物锄草松土同时进行。零星栽培的，在夏季开花前和冬季落叶后各锄草松土一次，松土宜浅，以不伤及根系为准。

2. 施肥

结合套种作物追肥，适当给吴茱萸植株多施一些肥。未套种或零星栽培的可结合冬夏锄草松土及时施肥，每次每株施人畜粪尿 5kg，火烧土 2. 5kg，然后覆土即可。冬季另外再追施一次，在树冠外围开环状沟施腐熟堆肥每株 15~20kg，并覆土盖好。有条件的在开花后每株施过磷酸钙 1~1. 5kg，撒施草木灰 2kg 左右。可减少落果，促进果实饱满。

3. 整形修剪

吴茱萸的植株自然树形生长较均衡，在冬季落叶后应适当修剪，保持良好树形，剪去病虫枝和枯弱枝，可增加产量，并获得部分插条。

（1）幼树修剪　在幼树离地面 1m 处打顶，促使侧枝均匀生长，并选留 3~4 个健壮枝条培育成主枝，翌年夏季在主枝叶腋间选留 3~4 个副主枝，培养良好树形。

（2）成年树修剪　修剪重叠枝、病弱枝、下垂枝，保留枝梢肥壮、芽苞椭圆的枝条，形成内疏外密树形，确保丰产。

（3）老树更新　老树生长衰退、产量低下、利用价值低，但其根部往往多有幼苗生长。此时，可以砍掉老树主干，适当对根部新生幼苗修剪管理取代老树，这比重新造林更合算。

4. 间作套种

吴茱萸需肥量多，不能荒芜不管，成片造林应与其他农作物或药用作物间作套种，以耕代抚，以短养长，增加效益。但不宜套种高秆作物或收获根茎类的作物，以免影响吴茱萸的生长发育。一般套种豆类、芝麻、蔬菜、菊花、益母草等。

四、病虫害防治

（一）病害

1. 锈病

为害叶片，5 月中旬发生，6—7 月为害严重。发病初期叶片上出现黄绿色近圆形、边缘不明显的小病斑；后期叶背形成橙色微突起的疮斑（夏孢子堆），孢斑破裂后散出橙黄色夏孢子。叶片上病斑逐渐增多，引起叶枯死亡。

防治方法　及时清除病枝残叶并集中烧毁；适当增施 P、K 肥，促进植株生长健壮；发病期间喷洒 25%粉锈宁 1 000 倍液或 97%敌锈钠 600 倍液各一次，间隔

10~15 天。

2. 煤污病

4 月上中旬开始发生，5—6 月为害严重。在生长郁闭的情况下，由于蚜虫、介壳虫在枝干上为害，产生含糖分泌物，诱发不规则的黑褐色煤状斑，后期叶片和枝干上覆盖一层较厚的煤污层，影响光合作用和呼吸作用，使树势生长衰退，开花结果减少，严重影响产量。

防治方法　清除杂草，消灭害虫越冬场所；整枝修剪，做到通风透光，减轻发病；介壳虫发生期，喷洒 40%乐果乳剂 1 500~2 000倍液或 80%敌敌畏 800~1 000 倍液，每隔 7~10 天喷 1 次；煤污病发生期喷洒波尔多液（2：1：300），50%多菌灵 800~1 000 倍液或石硫合剂，每隔 10~14 天喷洒一次，连喷 2~3 次。

（二）虫害

1. 老木虫

幼虫在树干内蛀食，茎干中空死亡，7—10 月在离地面 30cm 以下主干上出现末状胶质分泌物、木屑和虫粪。

防治方法　用小刀刮去卵块及初孵虫，幼虫蛀入木质内部，可在蛀孔外灌入可湿性六六六粉 50 倍液，或用药棉浸 80%敌敌畏原液塞入蛀孔，封住洞口杀幼虫。

2. 柑橘凤蝶

柑橘凤蝶以取食幼芽嫩叶为生。

防治方法　当虫害发生时，可用苏云金杆菌粉 500~800 倍液喷雾防治，效果良好。

五、采收加工

（一）采收

8—11 月采收，一般在果实由绿转为油菜花色时为最佳采收期。采收过早则质嫩，过迟则果实开裂，都影响质量。采收时间宜选择晴天，趁早上有露水时采摘，可以减少果实跌落。操作时将果穗成串剪下（不能把果枝剪下，以免影响第二年开花结果）。

（二）加工

果穗采回以后，摊开晒干或晾干（宜勤翻动，使之干燥均匀）。干燥后除去枝梗，簸去杂质，贮于干燥通风处。

知识链接：吴茱萸具有温中、止痛、理气、燥湿的功效。用于厥阴头痛、脏寒吐泻、脘腹胀痛、经行腹痛、五更泄泻、高血压症、脚气、疝气、口疮溃疡、齿痛、湿疹、黄水疮等证。

第二节　牛蒡子

一、植物特征及品种

牛蒡子（菊科牛蒡属），别名大力子、鼠粘子、恶实等（图 3-3、图 3-4）。二年生草本，具有粗大的肉质直根，长达 15cm，直径可达 2cm，有分枝支根。茎直立，高达 2m，粗壮，基部直径达 2cm，通常带紫红或淡紫红色，有多数高起的条棱。花果期 6—9 月。

图 3-3　牛蒡子植株

图 3-4　牛蒡子药材

二、生物学特性

（一）生态习性

牛蒡子喜欢温暖湿润气候，耐寒、耐旱，忌涝渍，耐热性颇强。生于山坡、山谷、林缘、林中、灌木丛中、河边潮湿地、村庄路旁或荒地，海拔 750～3 500m 的地方。

（二）生长发育特性

种子发芽适温 20～25℃，高于 30℃或低于 15℃，发芽差；低于 10℃，不发芽。种子有明显休眠期，吸水后的种子具有好光性，在光照条件下发芽快，发芽率高。植株生长期也喜强光，平均气温 20～25℃条件下植株生长最快。地上部分耐热性强，可忍受炎夏高温，35～38℃仍能正常生长；气温低于 3℃时茎叶很快枯干，但直根不受寒害，次年春天即能重新萌发新叶。幼苗有一定大小（直根粗 3mm 以上）时，经过较长时间的低温，并在长日照条件下可开花结籽。牛蒡宜选择冲积沙壤土或沙质壤土种植，土壤宜近中性，pH 值以 6.5~7.5 为宜。地下水位高的低洼地或涝渍 2 天以上极易产生烂根、歧根。土壤含钾、钙多的为宜。

三、栽培技术

（一）选地与整地

牛蒡子对土壤环境要求不严，但以阳光充足、土层疏松、土壤肥沃、排水良好的地块种植为好。对选好的地块进行深翻，然后耙细，整平，结合整地每亩施入腐熟厩肥 2 500kg 作底肥，再作成 1~1.5m 宽的高畦，四周开好排水沟。

（二）繁殖方法

繁殖方法用种子繁殖。春、夏、秋均可播种。春播在“清明”前后，夏播在“夏至”前后，秋播在“立秋”前后，为缩短占地时间，以夏、秋播为宜。播种分为直播和育苗移栽两种。

1. 直播

将种子用温水浸泡 24 小时后，放温暖处，用温水每天冲洗 1 次，待种子露白时播种。在整好的土地上，按行株距 70cm×40cm 挖 3~4cm 深的穴，每穴撒饱满种子3~4 粒，覆土盖平，使种子与土壤密结。夏、秋播的 6~7 天出苗。出苗后每穴留 2 株健苗，缺苗处及时补上。每亩播种量 0.3kg。

2. 育苗移栽

在整地前，每亩施土杂肥2 000~3 000kg，捣细撒匀，深耕 20~25cm，耙细整平，做 lm 宽的平畦，若天旱应向畦内浇水。播种时，每畦按 4~5 行开 2~3cm 深的沟，将处理好的种子撒于沟内，覆土盖平，稍加镇压。每亩播种量 2kg。幼苗长出两片真叶时，按株距 3cm 进行间苗。育苗后，春、夏播的可在秋季移栽，秋播的在立春末展叶前移栽。移植时，从苗畦内挖出幼苗，略带田土，按行株距 70cm×70cm 挖穴，深度与畦内原深度相同，填土踩实，浇足定根水以保成活。

（三）田间管理

1. 间苗

一般播后 7 天即可出苗，子叶展开后进行第一次间苗，1~2 片真叶时第二次间苗，4~5 片真叶时最后一次定苗。要拔除生育不良、过于旺盛、畸形、根系伸出地面和叶面下垂的植株。

2. 施肥

在施足基肥的基础上，每亩施折纯的化肥，相当于纯氮 16~20kg、五氧化二磷 8~12kg、氧化钾 12~16kg。于 6 月下旬分 2 次划沟施入。

3. 中耕培土

结合追肥进行 2~3 次中耕培土，以利透气、除草和保护根。培土时注意生长点不能埋入土壤。

4. 灌排水

牛蒡不耐涝，一般保持土壤见干见湿即可。见干见湿就是一次将水浇透，然后等土干了再浇第二次。旱时 10 天浇一次透水，雨季及时排出积水。

四、病虫害防治

（一）病害

1. 灰斑病

主要为害叶片，病斑近圆形 1~5mm，褐色至暗褐色，后期中心部分转为灰白色，潮湿时两面生淡黑色霉状物，即病原物的子实体。

防治方法　① 秋季清洁田园，彻底清除病株残体。② 合理密植，及时中耕除草，控施氮肥。③ 在发病初期喷 1：1：150 的波尔多液或 75%百菌清可湿性粉剂 500 倍液。

2. 轮纹病

叶片上病斑近圆形 2~12mm，暗褐色，以后中心变为灰白色，边缘不整齐，稍微有轮纹，上生小黑点多菌，即病原菌的分生孢子器。

防治方法　① 选种抗病品种，几个品种交替使用，延长品种的使用年限。② 用40%多菌灵胶悬剂，每亩 100g，稀释成 1 000 倍喷雾。③ 用 50%可湿性粉或 70%甲基托布津，每亩 100~150g 对水稀释成 1 000 倍液。④ 用 2. 5%溴氰菊酯乳油，每亩 40mL 与 50%多菌灵可湿粉每亩 100g 混合，可兼防食心虫。

3. 白粉病

叶两面生白色粉状斑，后期粉状斑上长出黑点，即病菌的闭囊壳。

防治方法　彻底清除病株残体，减少越冬菌源。发病初期喷 50%甲基托布津可湿性粉剂 1 000 倍液。

（二）虫害

1. 红花指管蚜和菊小长管蚜

为害茎叶、果实，严重时可造成绝产。

防治方法　可喷 40%氧化乐果乳油 1 000 倍液，或 10%杀灭菊酯乳油 3 000 倍液，或 50%灭蚜松乳油 1 000~1 500 倍液进行防治。

2. 连纹夜蛾

以幼虫咀食叶片，造成缺刻孔洞。

防治方法　可喷 90%敌百虫晶体 800~ 1 000 倍液防治。

3. 棉铃虫

以幼虫为害叶片，使叶片造成缺刻，严重时花和幼果全部被害，造成大幅度减产。

防治方法　①采取冬耕冬灌，消灭越冬蛹，减少来年虫源。②利用 20W 黑光灯诱杀成虫。③幼虫 3 龄以前用 90%敌百虫晶体 1 000 倍液，或 25%亚胺硫磷300~400 倍液进行防治。

4. 地老虎

俗称地蚕或夜盗虫，是菊花苗期地下害虫。常在日落后至黎明前出来咬食菊苗，以致菊株枯萎。

防治方法　春季清除周边杂草，消灭中间寄主，晚间或黎明前人工捕捉幼虫，用 800~1 000 倍液敌百虫杀灭。

5. 蚂蚁

啃食主根，严重时植株成片死亡。

防治方法　可用 80%敌敌畏乳油 2 000 倍液浇灌根围。

五、采收加工

（一）采收

直播或移栽的第二年秋季可采收。牛蒡子的开花期不一致，应成熟一批采收一批，过于成熟种子自然脱落。收获时要防止果实刺毛扎手，要带眼镜和穿厚的衣服。

（二）加工

采收后将果序摊开暴晒，充分干燥后用木板打出果实种子，除净杂质晒至全干后即成商品。根挖出后洗净，刮去黑皮即可菜用，或晒干药用，也可生用或炒用，用时捣碎。

效益分析：牛蒡子为菊科植物，主要以干燥成熟的果实入药，具有疏风散热、宣肺透疹、散结解毒等功能，为常用中药材，肉质直根既可药用，也可食用。牛蒡子不仅是常用感冒药的重要配方原料，近年来相关制药企业又开发出以其为主要原料而制成的 VC 银翘片等中成药，因而加大了对其商品的投料，国内市场需求量不断增加。牛蒡子具有治疗和保健作用，是我国出口药材品种之一，目前牛蒡子作为保健食品出口韩国、日本及美国等地的数量比往年同期成倍增长。

第三节　川楝子

一、植物特征及品种

川楝子（楝科楝属），别名金铃子、川楝实、楝实（图3-5、图3-6）。落叶乔木，高达10m。树皮灰褐色，小枝灰黄色。花期4—5月，果期10—12月。

图3-5　川楝子植株

图3-6　川楝子药材

知识链接：川楝子为楝科落叶乔木川楝干燥成熟果实，是中药疏肝理气的代表性药物，临床上常用于治疗胃脘胀满、胁肋疼痛等不适症状。但是该药的安全性并非完全可靠，川楝子已成为中药引发肝损伤常见的药物之一。我国《药典》及中药学著作等均有记录，称川楝"有小毒"。川楝子杀虫功效不错，曾被用来治疗蛔虫等肠道寄生虫病，后发现有毒，尤其是肝脏毒性作用较大，现在已经很少用于驱虫治疗。而作为疏肝理气的主打药物依然广泛用于心腹疼痛等病症。

二、生物学特性

（一）生态习性

川楝子主产于四川、云南、贵州、湖南、湖北、河南、甘肃等地。性喜向阳温暖，能耐潮风而不能耐荫蔽。各种土壤均适宜栽种，且能耐碱土，不论平地、丘陵、荒山，凡土层深较厚的向阳之处，均能生长，如土壤肥沃，生长更为茂盛。

（二）生长发育特性

川楝子常在3月上旬萌芽，4—5月开花，结果后经久不落。10月份开始落叶，11—12月果实成熟。川楝子的主根深，侧根发达，支根、须根较少。

三、栽培技术

（一）选地与整地

以选阳光充足、土层深厚、疏松肥沃的沙质壤上栽培为宜。穴状整地，按株、行距2~3m开穴，穴的规格为60cm×60cm×50cm。穴内施土杂肥，与土混合，以备大田定植。

（二）繁殖方法

繁殖方法主要有育苗移栽、直播造林、萌芽更新三种。

1. 育苗移栽

（1）采种　川楝子果实一般在11—12月成熟，当果皮呈黄色时，即可采收。选择生长强壮20~30年生母树采种为好。一般1kg重约850粒。

（2）储藏　种子采回后，储藏方法有三种。一是将果实浸泡水中沤5~6天取出，除去果皮果肉，晒干后用瓦罐或箩筐储藏。二是将果实连皮晒干储藏，至翌年播种前，再除去果皮果肉播种，但因冬季太阳较少，不易晒干。三是将果实去掉果皮、果肉后略为晾干，用河沙埋藏，一层河沙一层果实，至翌年取出播种。此法可以提早种子发芽时间，且产苗率也高，故而采用此法育苗较好。

（3）播种育苗　川楝子播种一般为春季2月下旬至3月下旬，以早播为好。4月份播种则生长不良。播种前先将土地深翻34cm左右，耙细整平，然后开成100~1 300cm的畦，畦高12~15cm，畦沟走道约27cm。畦上横开播种沟，深约3cm，然后将浸种2~3天的川楝子果实按行距30cm、株距7cm播种，每处一粒，盖以堆肥和细土，厚3~5cm，然后再施清粪水，每亩1 000~1 500kg。

（4）移栽　育苗繁殖的，一般在苗床生长1年，株高120~220cm，根际直径1.2~1.5cm，即可移栽定植。屋侧、路旁、田地、地角均可栽种。一般株行距250~330cm，每穴1株。移栽期以春季萌芽前最为适宜。

2. 直播造林

于春季2—3月，在荒山或熟地按行距270~330cm挖穴，直径70~100cm，深50~65cm，然后每穴直播果实2~3粒（深16~20cm）。发芽后间苗1~2次，最后每穴留苗1株，生长期中，除草施肥2~3次。

3. 萌芽更新

川楝子萌芽力强，且萌芽的生长亦极快，1年生者可高达170~200cm，2年生者则可高达300~340cm。因此，砍去树干剥皮后，留下根桩，还可萌发新枝。采伐时期以秋分至春分之间为好。若萌芽丛生时，每株只留1~2根，并在根部培壅泥土。

（三）田间管理

1. 匀苗

播后需2个月左右才能发芽，待幼苗长至7~10cm时，即可匀苗，每穴留苗3~4株。至苗高17~20cm时定苗，每穴留苗1株。

2. 中耕除草

一般中耕除草3~4次，播种后发芽前除草1~2次，出苗后至苗高35cm许，在枝叶封林前，中耕除草1~2次。

3. 灌水

播种后至发芽前，应根据天气情况，适当浇水，保持土壤湿润，以利早日发芽。发芽后至苗高17cm时，若久晴不雨，也应灌水。

4. 施追肥

幼苗生长7~10cm高时，于匀苗后每亩可施清水稀释的粪水1 500~2 000kg，定苗时每亩再施入腐熟畜粪肥2 500~3 000kg，以促进幼苗生长。

5. 防虫

幼苗刚出时，有土蚕为害，可用6%可湿性六六六喷射防治。定植后1~2年，经常中耕除草，每年追肥2~3次。进入结果期后，每年于萌芽时及采果后各追肥1次。冬季要注意培土或覆盖杂草于基部防寒。每年早春或采果后修剪1次，使枝条分布均匀。成片栽种的应搭棚供其攀缘。

四、病虫害防治

（一）病害

川楝子病害较少。

（二）虫害

1. 小地老虎

在幼苗出土期间为害。

防治方法　喷90%晶体敌百虫1 000倍液防治。

2. 楝天牛

幼虫蛀入主干和树枝为害。

防治方法　用铁丝清掏蛀孔后，塞入蘸有80%敌敌畏的棉花团，再用泥封闭蛀孔。

五、采收加工

冬季11—12月果皮呈黄色时采收，晒干或烘干即可。

温馨小提示：川楝子是一种比较常用的中药材之一，系楝科植物川楝的果实。其应用历史悠久，具有除湿热、清肝火、止痛、杀虫的功效，是中药疏肝理气的代表性药物，临床上常用于治疗胃脘胀满、胁肋疼痛等不适症状。川楝子种植适应性强，对土壤要求不严，我国南方各地均宜栽培，以四川产的川楝子最为上乘。

第四节 栀 子

一、植物特征及品种

栀子（茜草科栀子属），别名黄栀子、山栀、白蟾（图 3-7、图 3-8）。常绿灌木或小乔木，高 1~2m；嫩枝常被短毛，枝圆柱形，灰色。花期 3—7 月，果期 5 月至次年 2 月。

品种有大花栀子、卵叶栀子、狭叶栀子、斑叶栀子。

其变异主要可分为两个类型：一类通常称为“山栀子”，果卵形或近球形，较小；另一类通常称为“水栀子”，果椭圆形或长圆形，较大。

图 3-7 栀子花

图 3-8 栀子药材

二、生物学特性

栀子一般散生在低山丘陵，常与落叶灌木林、山冈矮林、灌木草丛、山地草垫灌木丛等植被混交生长。要求光照充足、温暖湿润、土层深厚肥沃的生长条件。具有喜光、怕严寒的生长特性。

三、栽培技术

（一）选地与整地

栀子适宜生长在疏松、肥沃、排水良好、轻黏性酸性土壤中。若种植在育苗地中，先深耕33cm左右，除去石砾及草根，再行造畦，畦高17cm，宽1.3m。打碎土块，耙平，每亩施基肥2 000kg。然后按行距27cm，挖宽7cm、深3cm的横沟，以待播种。

（二）繁殖方法

1. 种子繁殖

播种期分春播和秋播，以春播为好。在2月上旬至2月下旬（立春至雨水）。选取饱满、色深红的果实，挖出种子，于水中搓散，捞取下沉的种子，晾去水分；随即与细土或草木灰拌匀，条播于畦沟内，盖以细土，再覆盖稻草；发芽后除去稻草，经常除草，如苗过密，应陆续匀苗，保持株距10~13cm。幼苗培育1~2年，高30cm，即可定植。

2. 扦插繁殖

扦插期秋季在9月下旬至10月下旬，春季2月中下旬。剪取生长2~3年的枝条，去除节间后剪成长17~20cm的插穗。插时稍微倾斜，上端留一节露出地面。约一年后即可移植。

扦插可分为春插和秋插。春插于2月中下旬进行；秋插于9月下旬至10月下旬进行。插穗选择2~3年的枝条，截成10~12cm的小段，留顶上两片叶子，各剪去一半，然后斜插入插床中，土面上只留一节，注意遮阴和保持一定湿度，一般1个月可生根，1年后移植。

3. 水插法

虽然繁殖栀子的方法有多种，但最简便快捷的是漂浮的水插法，首先找泡沫板一块，并往上打孔，将栀子当年半熟枝剪下，插入泡沫板的孔中，然后将泡沫板放入装满水的桶中，将桶放在既能让漂板穗条遮阴，又能让阳光照射水桶的环境。将水温控制在18~25℃，栀子一星期即能长出3cm以上的根。此方法扦插栀子，成活率几乎为100%。

（三）田间管理

1. 苗期管理

幼苗出土后，揭去覆盖物，经常保持苗床湿润。如阳光过于强烈，应每天早晚浇1次水，以免影响幼苗生长。并及时除去杂草；追施清水稀释的人畜粪水或0.5%~1%尿素2~3次。若幼苗过密，应分期分批进行匀苗，最后保持株距在7~10cm。必要时还应适当进行培土。

2. 大田管理

（1）中耕除草　栀子定植后，每年春、夏、秋 3 季以除草为主，进行浅中耕。冬季结合清园、施肥等工作全面冬耕培土 1 次。冬耕要较深，以加深活土层，增加土内温度，有利安全越冬，还可冻死虫蛹。

（2）追肥　定植后，在栀子营养生长期，应以施氮肥为主、磷钾肥为辅，并配施饼肥之类的有机肥，以促进树冠生长。当栀子进入结果期，则应以施磷钾肥为主，其他肥料视其生长情况而定，以提高结果率和坐果率，达到高产的目的。每年施肥次数以 3~4 次为佳。第 1 次即春肥，主要促进树冠恢复，以利开花结果，时间在 3—4 月树腋萌动时施用，每亩施用 25kg 的尿素和适量的油枯饼之类有机肥；第 2 次即壮果肥，主要是加速果实的生长和提高坐果率，时间约在 6 月下旬，待花朵受精完毕后施用。肥料用 0. 2%磷酸二氢钾液和 1%的尿素液或 3%的过磷酸钾液，选择晴天叶面施肥，均匀地喷洒到花、叶和果实上。每亩施 75~100kg，也可每亩施约 5kg 的尿素和施 100kg 人粪尿等；第 3 次即秋梢肥，主要是促进栀子的秋梢花芽分化，时间在立秋前后，以施菜枯饼拌火土肥、菜枯饼拌尿素为好，或每亩用 5kg 的尿素和适量的人粪尿混合施用；第 4 次即冬培肥，冬培肥主要是补充栀子结果后所消耗大量养分，以利花芽分化，解决由此而造成的隔年结果现象，另外增强植株的抗寒能力，使其安全越冬。施肥时间在采收果实之后，结合冬耕和清园工作进行，每亩以 2 000 kg 家肥和 25kg 磷肥混合施用，或用 1%尿素稀释液进行叶片施肥，使叶面返青，亦可用 30kg 的磷肥与油枯饼、火土灰等有机肥混合腐熟后施用。施肥过程中应注意栀子的特殊性，从花芽的分化至果实的成熟的时间为 1 年以上，秋季为“抱子怀胎”期，因此后两次施肥应占全年总肥量的 2/3。

（3）修剪整形　适当修剪整形能提高栀子产量，栀子植株生长 50cm 高时，就应整形修剪。将匍匐枝、重叠枝、纤弱枝、下垂枝、逆行枝和有病虫的枯枝等离 25~35cm 的主干萌芽全部剪掉，仅选留一个粗壮的主干和 3~4 个不同方向伸展的副主枝，以后依次修补长顶梢，使栀子树冠形成一个向四周伸展的伞形开阔状，层次分明、透气、透光。

（4）花期处理　防止落花落果，提高单产，采取如下措施：一是施肥重点为秋季“抱子怀胎”期肥和冬肥，两次施肥占全年总肥 2/3；二是开花期应保护有益传粉昆虫，尽量少施或不施化学农药；三是喷施叶面肥和植物生长激素，如赤霉素、尿素、硼等保花保果的激素和肥料，一般在花期 3/4 时施用为宜。

四、病虫害防治

（一）病害

主要为褐斑纹病。严重时能使植株由绿变黄，导致花叶和落花落果。其次是叶斑病和轮斑病。

防治方法　选用抗病力强品种，加强田间管理。在发病前（5—8 月）喷雾 50%托布津 1 000 倍液或 1∶1∶100 倍波尔多液，50%代森铵 800 倍液和井冈霉素及多菌灵等药剂，每隔 15 天喷 1 次，连喷 3 次。

（二）虫害

1. 大透翅天蛾

主要在夏季和秋季以幼虫取食嫩叶和嫩枝。4~5 龄幼虫为暴食期，为害最大，能将整株栀子叶片和嫩枝食尽，造成毁灭性虫灾。

2. 栀子卷叶螟

以幼虫取食叶芽和枝梢嫩叶，3 龄虫不仅食害，并将 2~3 片嫩叶卷合成苞潜伏为害，影响芽的分化和树势生长。

3. 龟腊蚧

以老虫、雌成虫单个或群体聚集于树干和枝梢吸食新梢叶片上的汁液，造成叶片枯黄至植株枯死。其分泌物能引起煤烟病，加速植株的死亡。此虫也能造成毁灭性的灾害。龟腊蚧以雌成虫在树干梢上越冬，翌年 5 月产卵。

防治方法　上述 3 种虫害，于 7 月上旬防治龟腊蚧虫。可用 1∶16 松脂合剂和 1∶15 机油乳剂喷雾。于 8 月上旬防治栀子卷叶螟，可用 90%的敌百虫 1 000 倍液喷雾，或用 1∶（250~350）倍杀虫菌进行微生物防治。于 5—8 月防治大透翅天蛾，对 2 龄虫喷 90%敌百虫 1 000 倍液，对 3 龄虫喷 100~350 倍杀螟杆菌。

五、采收加工

（一）采收

每年 9—11 月，当大部分果实由青转红黄色时采收，选择晴天采摘。

（二）加工

采收回来的鲜果可直接晒干或烘干，也可以将采下的栀子放入沸水中烫一下（水中加明矾）或放入蒸笼内约蒸 30 分钟，取出后滤去水分，暴晒几天。放在通风阴凉处晾 1~2 天，使内部水分完全蒸发掉后，再充分晒干。

知识链接：提到栀子大家首先想起的是青春情怀。但在中国传统文化里，栀子最早走进人们的视野，是因为它的果实可用作染料，故而有“栀黄”一说；后因洁白馥郁被爱花之人慧眼所识，逐成观赏植物。古时候栀子又名同心花，一说花朵形状规律，一说结子同心，正是“与我同心栀子，报君百结丁香。”

第五节　马兜铃

一、植物特征及品种

马兜铃［*Aristolochia debilis* Sieb. et Zucc.］（马兜铃科马兜铃属），别名水马香果、蛇参果、三角草、秋木香罐（图3-9、图3-10）。草质藤本；根圆柱形。花期7—8月，果期9—10月。

图3-9　马兜铃植株

图3-10　马兜铃药材

二、生物学特性

马兜铃生于海拔200～1 500m的山谷、沟边、路旁阴湿处及山坡灌丛中。喜光，稍微耐阴，喜沙质黄壤，耐寒，适应性强，分布于中国黄河以南至长江流域以北各省区以及山东（蒙山）、河南（伏牛山）等，广东、广西常有栽培，日本亦有分布。幼苗怕强烈阳光，适宜生长温度在15～25℃，以肥沃富含腐殖质的沙质壤土为优，高燥干旱地生长不良，较耐旱，怕涝。种子的发芽率很低，其生命力只能维持一年左右。

三、栽培技术

（一）选地与整地

育苗地，宜选择土壤肥沃、疏松、排水良好的沙壤土并有水源的地方。苗床耕翻后，每亩施入腐熟厩肥或堆肥5 000kg作基肥，然后整平细耙，做1.2m宽的畦面。栽植地，宜选富含腐殖质的壤土，于前作收获后耕翻1次，深30cm左右，结合整地，每亩施入土杂肥或堆肥3 000kg作基肥。并于栽前耕翻1遍，整平耙细，做宽1.2m的畦面，四周整好排水沟待栽。

（二）繁殖方法

马兜铃用种子繁殖和分根繁殖。播种期分秋播和春播，但以秋播为好。

1. 种子繁殖

分育苗和移栽两步进行。

（1）育苗　将种子按行距20cm均匀地播入整好的畦面上，浇水保墒，以利出苗。每亩播种量2kg。齐苗后加强管理，培育一年后即可移栽。

（2）移栽　将马兜铃苗按行株距35cm×25cm定植在整好的畦面上。

（3）直播　将马兜铃种子按行株距35cm×25cm穴播于整好的畦面上，每穴放种子5粒。浇水保墒，以利出苗。每亩播种量1kg。

2. 分根繁殖

选生长健壮、无病虫害，茎粗0.5cm的根条作种根，截取5~10cm长的小段作为种栽，按行株距30cm×25cm定植在整好的畦面上。浇水保墒，以利成活。

（三）田间管理

1. 松土除草

苗期要勤松土除草。一般在苗高5cm时，中耕除草1次，宜浅，避免伤根。以后结合追肥再中耕除草3~4次，防止草荒。

2. 间苗、定苗

当苗高5cm时，结合松土除草进行间苗，去弱留强。当苗高10cm时，按株距3~5cm定苗。苗高15~20cm，即可出圃定植。

3. 追肥

冬季或早春控制施用氮肥量，避免茎叶生长过旺，遭受病虫为害，花前以施腐熟厩肥为主，并适量加施磷肥。生长后期，于8月中旬，每亩追施过磷酸钙50kg，钾肥10kg，既可提高坐果率，又有利于根系生长，是增产的重要环节。

4. 施肥

幼苗期需适当灌水，施氮肥1次，定植后至开花期，追施氮肥2次，8月中、下旬开花时增施磷、钾肥。及时中耕除草，株高30cm后应搭架，以利其茎蔓攀援生长。

5. 搭架

马兜铃为蔓生草本，移栽后苗高30cm时，要及时搭架。在行间用竹竿设立支柱，中间拉绳子，高1.8~2m，牵引茎蔓攀援生长。

6. 修剪、培土

5—6月植株进入旺盛生长时，把生长过旺而又无花芽的茎蔓剪除，以减少养分的消耗。10月采收果实后，将茎蔓全部割除，并除净田间杂草，进行冬前培土、追肥，以利保温越冬，为次年丰产打下基础。

7. 浇水

马兜铃耐旱怕涝，一般不需浇水，但生长期过于干旱时要适当浇水，雨季要及时排水，以免烂根。

四、病虫害防治

（一）病害

1. 根腐病

多发病于7、8月，根部腐烂后，植株死亡。

防治方法　拔除病株烧毁；用退菌特50%可湿性粉剂1 000倍液喷穴。

2. 叶斑病

多发生在雨季，叶片上易发生斑点。

防治方法　注意清理排水沟，积水及时排出，用1∶1∶150倍波尔多液喷洒。

（二）虫害

马兜铃凤蝶

幼虫蛀食叶片，形成缺刻，多发生在7—8月。

防治方法　打扫田间卫生，冬季清园，处理残株。幼龄期喷50%磷胺1 500倍液或青虫菌（100亿孢子/g）500倍液。

五、采收加工

（一）采收

马兜铃一般于栽后第二年开始结果。“白露”至“寒露”之间，马兜铃果实由绿变微灰黄或茶褐色时，连同果柄摘下。随熟随收，分期分批采摘。采摘时间过早则商品皱缩，过晚则开裂。

（二）加工

将采挖出的地下根条，去净泥土，晒干或烘干即可出售。

知识链接：近年来发现马兜铃含有的马兜铃酸有较强肾毒性，所以在使用本药时需要谨慎，不可以长期或大量连续服用，应在医师指导下进行安全使用。从中医药角度而言，马兜铃科草药多味辛、苦，苦能下气、燥湿，辛能发散、行气、活血。马兜铃科草药主要功能为祛风胜湿、活络止痛、行气活血等。但现代研究表明，马兜铃属植物存在毒性，其可导致使用者患上肾衰竭及尿道肿瘤等恶性疾病，因而各国也纷纷颁布法令，禁止将马兜铃属植物当做药物来使用。

第六节　罗汉果

一、植物特征及品种

罗汉果［*Siraitia grosvenorii*（Swingle）C. Jeffrey ex A. M. Lu et Z. Y. Zhang］（葫芦科罗汉果属），别名拉汗果、假苦瓜、光果木鳖、金不换、罗汉表、裸龟巴（图3-11、图3-12）。攀援草本；根多年生，肥大，纺锤形或近球形；茎、枝稍微粗壮，有棱沟。花期5—7月，果期7—9月。

品种有青皮果、拉江果、长滩果、红毛果、冬瓜果。

图3-11　罗汉果果实

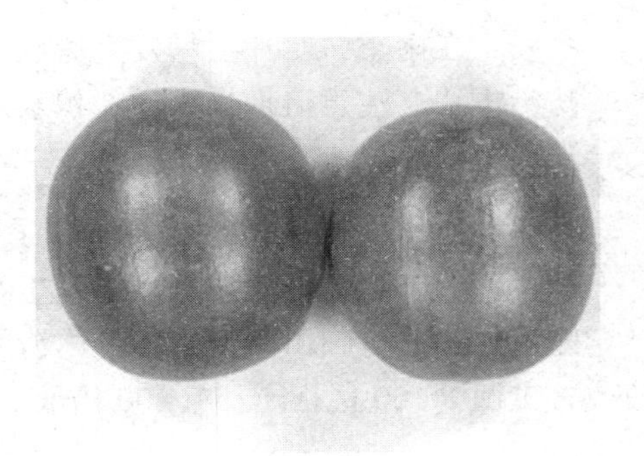

图3-12　罗汉果药材

二、生物学特性

（一）生态习性

罗汉果分布在我国南方的广西、广东、湖南等省区，分布在海拔300～1 400m的亚热带山坡林下、河边湿润地段或灌木丛林中，在长期的个体发育中，对环境条件有一定的要求。喜温暖湿润，昼夜温差大的环境，不耐高温，怯霜凉；喜光而不耐强光，每天有7～8小时的光照就能满足其发育的需要；罗汉果的枝叶茂盛，植株营养面积大，花期和挂果的时间长，需要从土壤中吸收大量的水分；对土壤的要求不很严格，除沙土、黏土以外，黄壤、黑壤均宜，特别是含腐殖质深厚的土壤为好。

（二）生长发育特性

罗汉果喜阴凉、昼夜温差大，无霜期长。不耐高温，气温22～28℃藤蔓迅速生长，高于34℃植物生长不良，15℃以下植株停止生长。

罗汉果藤蔓上棚后视管理程度不同，一般在2～4级侧蔓开花，4级侧蔓开花，气温在22.5～28.5℃，7—8月雌、雄花在早上6时半至7时开花，6月、9月气温略低，开花时间推迟至上午7—9点。阴雨天推迟到上午9—10时。

罗汉果授粉后，第三天子房显著膨大，第8～20天幼果迅速生长，30天后体积停止膨大，呈圆形或椭圆形，成熟期从谢花到果实成熟65～75天。

罗汉果属短日照作物，每日只需7～8小时光照，喜湿润多雾，要求空气相对湿度75%～85%，雨量充沛、均匀，年降水量1 900mm左右，忌积水受涝。

三、栽培技术

（一）选地与整地

按其生长特性选择好园地，在8—9月砍去杂木，四周开好防火道，用火烧山炼地，让土壤暴晒，加速土壤熟化，秋季进行全垦，深挖30cm以上，清除树根、杂草、石头，以大坯过冬。次年2—3月再深耕一次，将土块打碎整理，然后按等高线开1.7～2.0m宽的等高畦，长度随地形而定，如在平地种植罗汉果，要几经深翻暴晒并整成东西向的深沟高畦，四周开好排水沟，沟宽25～30cm，以便排灌及操作。

（二）繁殖方法

1. 压蔓繁殖

（1）压蔓时间　根据当地气候条件而定。一般以旬平均温度25～28℃，即在白露至秋分为适宜。

压蔓材料的选择与培育　选择棚架上下垂的徒长蔓，且生长势旺盛、粗壮、节间长、叶片小、梢端圆形、淡绿色的枝蔓，这种压蔓材料才具有成活率高、块根增长快、须根多等优点。压蔓材料还可以采取定向培育的方法。即在早茎基部萌生的侧蔓，选留粗壮的一条，让其爬地生长到80～100cm时，进行摘心，促进抽出3～4条侧蔓培育作为压蔓材料。优良植株结果多而没有徒长蔓，当年不能进行压蔓繁殖，至次年早春，将藤蔓下放一部分攀爬地面，促使藤蔓徒长增粗，形成良好的压蔓材料。为了加速繁殖，当年种的块茎可以不让藤蔓上棚，留其地上攀爬，及时摘心，促其生长侧蔓，培育压蔓材料。

（2）压蔓方法　①就地压蔓：在压蔓材料就近的地方挖坑进行压蔓。按照压蔓材料的多少，确定挖坑的宽窄，一般以1条或3～4条蔓，在畦上挖长25cm、宽10～20cm、深10cm的坑，将藤蔓引入坑内，蔓的顶端放到坑的2/3的地方；每条蔓相距3～4cm，然后轻轻地盖上细土，高出畦面3～4cm，并覆盖稻草、淋水，保持土壤湿润，促进新根长出和块茎膨大。在白露至秋分压的蔓，经过50～60天便可以采收块茎，靠近地面将藤蔓剪断，拨开泥土便可以取出块茎。剔出病苗外，按照大、中、小分级，放入木箱中沙藏或选择干燥的地方沙藏（沙含水量在5%～

6%，以保持适当湿度），防止霜冻待用。② 空中压蔓，又称离土压蔓，是以青苔作为培养基。取长 20cm、宽 25cm 的一张塑料薄膜，上面铺青苔 3cm 厚，将选好的压蔓材料的先端放到青苔 2/3 的地方，然后将藤蔓卷包成筒状，两端用绳索包扎，放到棚架上阴凉处，避免太阳直射。经 50~60 天，待到立冬前后，从块茎基部剪下，将卷包的块茎收回室内保藏越冬待用。

2. 嫁接繁殖

（1）时间　为了使嫁接苗在当年开花结果，并在越冬前能形成粗壮的主蔓，以利安全过冬，以上半年嫁接为好。经试验证明，罗汉果以生长最旺盛的 6 月上旬的嫁接成活率最高。应选择无风、温暖晴天、阴天进行为宜，高温、干燥、多雨或炎热的中午不宜进行。

（2）方法　罗汉果的嫁接方法较多，常用的有镶枝接和嵌合枝接的方法，它具有成活率高、剖砧、镶芽容易、砧穗的接触面大、接口愈合好的优点，但砧木须及时抹芽。

（3）镶枝嫁接　采用单芽镶接，以腋芽为中心，用刀片削去皮层，上下各留 1.5cm，两端削成楔形。在砧木基部 10~15cm 处，选择藤蔓与接穗弯曲度相似的节间，以节间为中心，从上而下纵削一刀，切口长 3cm。切口的横截面应与接穗的宽度相等，切口平滑、两端浅中间略深，接穗镶接时，使砧穗的皮层能对准为宜。在削穗和剖砧完后，应及时进行镶接，对准砧穗皮层，芽不能侧置，以提高成活率。

（4）嵌合接法　采用单芽接穗，削穗时以芽为中心，在芽的对面纵切一刀，长 3cm，在芽的正面上各留 1.5cm，两端削成 45°斜面。在砧木的基部 10~15cm 处，选择较直的节间，用刀片向上下各切一刀，刀口长 3.5cm，在削口的中部削去皮层 0.8cm，让其接穗的芽眼露出。将接穗的削口对准砧木的切口嵌入，并注意砧穗两边的皮层要对准，如接穗小于砧木的，要靠一边对准。

（5）腹接法　采用单芽接，在芽的下方各斜切一刀，切口 2cm，成楔形。在砧木节间的上方，靠近芽的一边从上而下纵切一刀，长度 2cm，然后将接穗插入砧木切口，使皮层紧密接合，并进行包扎。

（6）劈接法　采用单芽接法，将接穗从芽的下方两面各削一刀，切口 2cm，使接穗形成楔形。在砧木离地面 10~15cm 处剪断，从纵切口断面中央用刀片纵切一刀破开，切口长 2cm，将接穗插入切口，使砧穗皮层对准。如接穗小于砧木，应将接穗靠近砧木一边，使皮层对准，并包扎紧。

（7）包扎、解绑、抹芽　接穗插入砧木接口以后，应用宽 0.5cm 的化纤绑带从下而上一圈压一圈地往上绕，直至上方刀口。等接穗芽梢长 30cm 左右时，将绑带解松。为了集中营养供给接穗新梢，应随时注意抹掉砧木上的新芽。

（8）防霜防冻，保蔓过冬　为保护罗汉果嫁接主蔓安全过冬，有霜冻的地区，在罗汉果采收后，嫩蔓逐渐枯死，在立冬以前应在主蔓离地面 1.5m 处剪断，剪口涂上蜡，防止回干。采用稻草将主茎包扎捆好或用尼龙薄膜套袋保温，也可将主蔓压弯埋入土保温。但泥土一定要细碎，湿度不宜太大，防止沤烂。

3. 种子繁殖

种子的采集与贮藏　①采收。在罗汉果成熟季节，应在优良品种中选择植株健壮、丰产性好、无病虫的植株作为采种母株，选果实丰满，具有本品种特征的果实作种，等果柄枯黄，果表皮转黄时采收。② 果藏。作种的罗汉果，应带果柄，并保持果皮不受损坏，采回后首先放入稀释 500 倍的托布津溶液中浸泡 10 分钟，消除果面的病菌，然后挂到通风处晾干。这种方法，有利于种子的后熟作用，且种子发芽率可高达 70%~80%。③ 袋藏。将采收的果实，先去掉果皮，放入麻布袋中，在清水中搓洗干净，选出种子，放在室内晾干，后用袋装保存待用。此法保持的种子较果藏的发芽率低。④ 催芽播种。在早春旬平均温度稳定在 15℃以上进行催芽。罗汉果种子的种壳坚硬，在催芽前不将种壳去掉，很难吸水，发芽十分缓慢，且不整齐。为此，催芽时应用单面刀片在种子的侧面缝合处轻切一刀，撬开种壳取出种仁，选择饱满的种仁进行催芽。催芽前应进行种仁的消毒，采用托布津 500 倍稀释液浸泡 8~10 分钟，然后用冷开水或蒸馏水洗净准备催芽。芽床的准备，用竹木器装细沙深 8~10cm，在沙面上以 2cm×3cm 的规格摆好种仁，再覆盖细沙 0.5cm，保持催芽床的湿润，并用塑料薄膜覆盖，保持催芽床在 25~28℃，5~6 天时间就可以萌发幼芽。⑤ 苗床的准备及其移栽。罗汉果的种子发芽很不整齐，为了培育壮苗应将先萌发的种苗先移栽到苗床中去加强管理。苗床可用腐熟的肥泥（经过消毒）掺 1/3 的细沙，在耕地做成 1.2m 宽的畦，平整畦面。将子叶张开或半张开的幼苗移栽到苗床中去，以 10cm×12cm 的规格进行栽培，移栽后应淋定根水，并保持畦面土壤湿润；也可以将幼苗移栽到 1：2 的腐熟的垃圾泥和黄土做成的营养杯中，以便移栽定植。⑥ 假植。当幼苗长成 5~6 片真叶时可以假植。假植主要为鉴别雌雄植株，所以植株密度较大，规格应在 1m×1m，挖个长、宽、深分别为 40cm×30cm×30cm 的坑，回填熟泥土和下基肥，每坑种两株。加强幼苗管理，促进早开花，以利鉴别雌雄株，待开花后确认雌雄植株后，再进行定植。

（三）田间管理

1. 搭棚扶藤

罗汉果是一种藤本植物，需要有棚架攀援。植株才能生长良好。种植后便开始搭棚，一般用竹木作支架，棚高 1.7m 左右，棚顶铺放小竹子或树枝，然后在株旁插一条小竹子，以便茎蔓往上攀援生长。苗高 17~20cm 时，将藤茎上生长出的侧枝摘除，留下主蔓，以利主蔓迅速生长。苗高 30cm 时，用稻草或麻绳将主蔓松松绑在竹子上，帮助茎蔓上棚。上了棚的藤蔓如有掉下，必须及时扶上棚，以利于藤蔓生长。

2. 除草追肥

罗汉果除草追肥每年要进行多次。4—5 月苗高 30cm 时，施清水稀释的人粪水 1 次，5 月主蔓上棚后施腐熟厩肥和花生麸 1 次，6—9 月开花结果期，每 7～15 天施 1 次腐熟的厩肥、花生麸、磷肥等混合肥，以促进果实生长。施肥方法是在山坡的上方离块茎 25cm 处开半环状沟施下，切勿把肥料施在块茎上。

3. 人工授粉

人工授粉是罗汉果生产的重要技术措施，能提高植株结果率，增加产量。在 6—7 月植株开花时，每天早晨把开放的雄花摘下。用竹签刮取花粉，轻轻把花粉点放在雌花的柱头上，每朵雄花的花粉可授 10 朵左右的雌花。人工授粉要在上午结束，午后授粉效果差。收集的花粉宜在当天使用，若想留到第 2 天，必须进行干燥贮藏，否则会丧失发芽力。

4. 越冬管理

每年在立冬前，给蔸培土，厚 15cm 左右，再盖一层草，防止块茎过冬受冻。到第 2 年清明前后，除去覆盖物并把土扒开，使块茎露出，在阳光下晒 3～4 天，同时将枯藤剪除，以利新芽长出。

四、病虫害防治

（一）病害

1. 疱叶丛枝病

防治方法　① 种植无病种块茎（苗），在远离生产区建立无病种苗地，或用茎尖脱毒的组织培养和实生苗作生产用种苗。② 增施磷钾肥料，提高植株抗病能力。③ 定期用 40%乐果 2 000 倍稀释液或敌百虫 1 000 倍稀释液，消灭传毒棉蚜虫，预防昆虫传播。④ 清除病株，勤检查，发现严重病株及时拔除，集中烧毁，防止蔓延。

2. 白绢病

又叫烂茎块病。

防治方法　① 加强排水和中耕除草，防止土壤板结，尤其是雨后松土尤为重要，以利土壤通气，减少土壤表里温差。② 春季晒块茎。春天扒土晒块茎，可以促进块茎表皮老化，防止病菌侵入及延缓根部腐烂，避免死苗。③ 挖出病块茎，发现其块茎发病后，应将其挖出，削去病斑和腐烂部分，用万分之一的高锰酸钾溶液洗净，涂上桐油或用 50%退菌特可湿性粉剂 500 倍稀释液浸病茎 20～30 分钟。④ 用石灰水加少量食盐浸薯 24 小时，也可以达到杀菌目的。

3. 白粉病

防治方法　① 冬季清园。冬季清除果园内枯枝落叶，并集中烧毁，减少越冬病原菌。② 适当密植，使果园内通气透光良好，植株生长中后期增施磷钾肥，少施氮肥，增强植株抗病力。③ 药剂防治，发病初期喷洒 50%甲基托布津可湿性粉剂800~1 000 倍稀释液，每 7~10 天喷 1 次，连续喷 2~3 次。

4. 日灼病

防治方法　选择适宜种植地，在高温阳光强的地区宜选择坐西向东，日照时数短的山坡，山谷小块平地或林绿地作为果园。遮阴，幼苗期可用芒萁草或搭棚遮阴，防止强光直射。

（二）虫害

1. 根结线虫病

根结线虫病是由根结线虫引起的根和块茎病害，因受害根增生形成根结而得名，群众也叫它“起泡”“泡颈”病。

防治方法　① 选择无病植株繁殖种薯，建立抗病力强的无性子。② 调种时，实行严格检疫，发现带病种属不许调种，防止病害扩散蔓延。③ 选用新开荒地种植罗汉果，下种前必须翻土 2~3 次，让日光暴晒杀死虫卵，有条件的地方应在下种前 10 天用溴甲烷或氯化苦熏蒸土壤。④ 厩肥需经高温堆沤腐熟，施肥时注意肥料与种薯相隔 17cm 远，不让肥料粘上种薯，避免肥料带病和其他人为传播病原。⑤ 在罗汉果生长季节，每年晒块茎 2~3 次，杀死附在种茎块表面的虫卵，增强种块茎的抗病能力。⑥ 药剂防治：经常注意检查，发现病害，及时用波尔多液淋蔸。淋前先用小刀削下受害部分再淋，效果较好。每年种新种前，先用波尔多液浸泡 3 分钟，再和清水淋洗，然后种植。

2. 果实蝇、黄瓜虫

一般在 7—9 月为害果实。

防治方法　用 90%敌百虫 50g、红糖 1kg，对水 50kg 喷洒。每 5~7 天喷杀一次，连续喷 2~3 次可杀成虫。

3. 叶螨

为害叶片。

防治方法　用杀螨蚬药液喷洒，先喷叶背，然后再喷叶面。

4. 蝼蛄、蟋蟀、地老虎等地下害虫

黄昏后出地洞为害植株幼芽。

防治方法　敌百虫药液灌入害虫洞穴内，并用泥土封住洞口杀死成虫。也可用鲜菜叶包少量敌百虫药粉塞洞口杀灭。

5. 蛞蝓

为害植株，刺破表皮吸食汁液。

防治方法　可用布条沾敌敌畏药液挂在植株上，起杀虫、驱虫作用。

6. 白蚁、黄蚁

主要为害块茎，一般在 12 月至次年 3 月为害严重。

防治方法　用少许敌敌畏对水，喷在白蚁体上，或用白蚁灵药粉撒在白蚁体上，让其相互触药中毒死亡。

7. 钻心虫

主要为害藤蔓。

防治方法　用敌敌畏或乐果对水喷杀，或人工把幼虫杀死，冬季把枯藤全部烧掉，不让虫体越冬。

五、采收加工

（一）采收

罗汉果一般在10—11月成熟。应注意适时采收，采收过早，果皮脆薄，烤果时易破果（爆果）、响果（果肉与果壳分离），果带苦味，质量低劣，采收过迟，植株养分消耗大，总产量下降。一般见果柄、果皮由青转黄时，即可选晴天的下午采摘（早晨露水未干时和雨天不宜采收）。由于罗汉果开花授粉时间不一，果实成熟期也不相同，所以应分批进行采收。采果时用采收剪，注意将果柄和果蒂剪平，以免互相挤碰时刺伤果皮，造成空洞。

（二）加工

罗汉果采收后，果实含水量高，可摊放在楼板或竹垫上，任其水分蒸发和后熟（俗称糖化）。摊凉时，每1~2天翻动一次，5~6天后，见果皮有50%转黄时，即可按大小分级装箱，进行烘烤。如遇晴天，也可在白天晒果，晚上烘果。但晒果和烘果应力求温度稳定，不能时冷时热，应连续进行，一气烘干，否则会影响果品质量。罗汉果的干燥，使用烘房、烘炉均可。烘果温度一般是前期和后期温度宜低，中期温度宜高。即第1~2天控制在35~40℃，因此时果实水分多，逐步升温有利于水分慢慢蒸发，避免爆果；第3~4天温度可升到45~60℃，此时果实内水分减少，果内温度均匀，适当增温有利于加速果实干燥；第5~6天后，温度应降到50℃以下，因为这时果实接近干燥，适当降温可减少响果、爆果和焦果，保证果品质量。烘烤期间，要严格控制烘房温度，温差不能过大，以免造成破果和斑点果。每天早晚各翻果一次，注意将上、中、下、边缘和中间等部位的果实交换位置，使果实受热均匀。见果皮颜色转黄时，翻动宜勤，以免烘焦。一般烘7~8天后即可干燥。

知识链接：罗汉果为历代朝庭贡品，被誉为“东方神果”“长寿之神果”和“神仙果”。

第七节　砂　仁

一、植物特征及品种

砂仁（姜科豆蔻属），别名小豆蔻砂仁、阳春砂仁、长泰砂仁（福建）（图 3-13、图 3-14）。株高 1.5～3m，茎散生；根茎匍匐地面，节上被褐色膜质鳞片。花期 5—6 月；果期 8—9 月。

图 3-13　砂仁植株

图 3-14　砂仁药材

二、生物学特性

（一）生态习性

砂仁一般栽培或野生于山地阴湿之处。缩砂密生于林下潮湿处，海拔 600～800m。矮砂仁生于林下阴湿处，海拔 200m。不耐寒，怕干旱，忌水涝。需适当荫蔽，喜欢漫射光。砂仁喜热带南亚热带季雨林温暖湿润气候，能耐短暂低温，-3℃受冻死亡。生产区年平均气温 19～22℃；降水量在1 000mm 以上，空气相对湿度在 90%以上，宜选森林保持完整的山区沟谷林，有长流水的溪沟两旁，传粉昆虫资源丰富的环境，以上层深厚、疏松、保水保肥力强的壤土和沙壤土栽培，不宜在黏土、沙土栽种。

（二）生长发育特性

砂仁有分株生长习性。当植株生长到具 10 片叶时，从茎基部生长出伏地生长的根状茎，又称匍匐茎，然后在根状茎上再生长出直立茎，即第一次分生植株。这样不断地分生新株。每年老株枯死，新株再生，维持一个相对稳定的植株群体。砂仁园的分株快慢及植株密度，可以通过栽培技术措施，特别是水肥管理予以调节控制，使其有利于稳产高产。砂仁种植 2～3 年进入开花结果期，花序从根状茎上抽出。在广东阳春，每年 4 月下旬至 6 月开花。花序自下而上开放。一般每天开放 1~2 朵，5~7 天开完。每天 6 时开花，16 时凋萎，8—10 时为散粉盛期。由于花器构造特殊，不适风媒传粉，一般小昆虫也不易传粉。因此，在缺少优良传粉昆虫的地方，砂仁自然结果率很低，仅 5%，果实成熟期为 8—9 月。

三、栽培技术

（一）选地与整地

春砂仁应选择肥沃、疏松保水、保肥力强的沙壤土或轻黏壤土为好。湿度大、有水源的阔叶常绿林地和排灌方便的山坡、山谷、平地，均可种植。沙土和重黏土不适合选用。山区种植，种植前进行开荒，除净杂草和砍除过多荫蔽树；而荫蔽树不够的地方应注意补种。在开荒同时开挖环山排灌水沟，以防旱排涝。

在砂仁地附近多种植果树，以扩大蜜源，引诱更多的昆虫传粉。在平原地区种植，应开沟做畦，畦宽 2.6~3m，长 24~30m；沟宽 35cm，深 1.5~3.5cm。畦面造成龟背形，以防积水，还要注意营造荫蔽树。先种芭蕉、山毛豆等生长快的作物作临时荫蔽，后种高大白饭树、楹树及果树作永久荫蔽树。

（二）繁殖方法

1. 种子繁殖

播种分春秋两季。秋播时，宜在 8—9 月采收饱满的果实，立即剥皮取出种子或用竹篓盛装果实置于室内沤果 3~4 天，然后洗种、搓皮、晾干用于直接播种或用于贮藏至春季播种。秋播者发芽快而整齐，播后 20 天发芽率达 60%~70%。春播宜将种子贮藏至 3 月中下旬进行。播种苗地应选择阴坡、避风、排灌方便、土壤疏松肥沃的地方，深耕细耙后起畦，畦宽 133cm，施足腐熟农家肥。在整地的同时搭好棚架，以便出苗后盖草遮阳。播种方法多采用开行点播，行距 12~15cm，株距4.5~6cm，播种深度为 2~3cm。每亩播种量为 2.5~3kg 或用鲜果 4~5kg。

播种后立即盖草、浇水，保持土壤湿润。播种后 20 天左右出苗，幼苗出土后揭草，并立即在搭好的棚架上加草遮阳，荫蔽度以 80%~90%为宜。待苗有 7~8 片叶时，调节为 70%左右。幼苗怕低温和霜冻，应在冬前施腐熟牛粪和草木灰，以利保暖和提高幼苗抗寒力。寒潮来前，在畦的北面设防风障，田间熏烟或用塑料薄膜防寒保暖。苗高 40~50cm 便可出圃。

幼苗有 2 片真叶时开始追肥，有 5~10 片叶时，分别进行第 2、3 次追肥，有 10 片叶以后每隔 1 个月追肥 1 次。肥料以氮肥为主，注意先稀后浓。幼苗长高至 33cm 以上后，于春秋选阴雨天进行定植。

2. 分株繁殖

分株繁殖宜在苗圃地或大田里，选生长健壮的植株，剪取有 1~2 个匍匐茎、带 5~10 片小叶的植株作种苗，于春分或秋分前后雨水充足时定植。行株距为 100cm×100cm。种植时将老的匍匐茎埋入土中深 2~3cm，覆土压实，嫩的匍匐茎用松土覆盖即可。如种植时遇干旱天气，植后应浇足定根水，以保证成活率。

（三）田间管理

新种植春砂仁未达开花结果年限之前，要求有较大荫蔽度，以保持 70%~80%为宜。每年须除草 5~8 次，雨季每月 1 次。施肥除施磷钾肥外，要适当增施氮肥，每年 2—10 月施肥 3~4 次。要经常注意浇水，保持土壤湿润。

春砂进入开花结果年限后，在花芽分化期，需要较多的阳光，平均保持 50%~60%荫蔽度较适宜。但是在保水力差的沙质土壤，或缺乏水源，不能灌溉的春砂仁地，应保持 70%左右的荫蔽度。每年主要除草两次。

第一次在 2 月进行，除净春砂仁地内外杂草和枯枝落叶，割去枯、弱、病、残苗并清出园外，堆沤制肥，同时在苗密的地方适当剔去部分春苗。

第二次在 8—9 月收果后进行，除净杂草，将易腐烂的杂草铺盖匍匐茎，保湿保温，增加土壤有机质。其余杂草清出园外集中堆沤制肥。施肥以施有机肥料为主，化肥为辅。每年 2 月，主要施磷钾肥，适当施氮肥，每亩施过磷酸钙 25~40kg（拌土沤熟）和尿素 2~3kg 或硫酸钾肥、有机肥料 700~1 000kg。“立冬”前后（11 月）每亩施用有机肥1 000kg 左右。并适当培土，以不覆没匍匐茎为宜。

砂仁在不同的生长发育阶段对水分有不同的要求。秋季施肥后，为促秋苗生长，恢复生长势，要求水分多；冬春花芽分化期要求水分少一些；开花期和幼果形成期要求土壤湿润；果期和果熟期要求土壤含水量少些。

四、病虫害防治

（一）病害

1. 苗疫病

该病主要为害幼苗。

防治方法　育苗地用 2%福尔马林溶液喷洒畦面消毒；3—4 月调整郁闭度，搞好排水，增施火烧土、草木灰、石灰；发病初期及时剪除病叶并集中烧毁，然后喷洒 1∶1∶300 倍波尔多液，每 10 天喷 1 次，以控制病害发展。

2. 叶斑病

主要在叶片和叶鞘发病。

防治方法　收果后结合割枯老苗清除病株集中烧毁；保持适宜的郁闭度；冬天旱期要适时喷水，使植株生长健壮；发病初期用 50%甲基托布津 1 000 倍液喷洒，每隔 10 天喷 1 次，至控制住为止。

3. 果疫病

该病主要为害果实。

防治方法　及时把病果收获加工，减少病原菌的传播；春季注意排水，增施草木灰、石灰，增强果实抗病力。幼果期，把苗群分隔出通风道，改善通风条件；用1∶1∶150倍波尔多液喷施。每10天喷1次，连喷2~3次，收果前，停止喷药。

（二）虫害及动物为害

1. 黄潜蝇

被害的“幼笋”先端干枯，直至死亡。

防治方法　加强水肥管理，促进植株生长健壮，减少钻心虫为害；及时割除被害幼笋，集中烧毁；成虫产卵盛期可用40%乐果乳剂1 000倍液，每隔5~7天喷1次，连喷2~3次。

2. 老鼠、果子狸或其他动物

偷吃砂仁的果实。

防治方法　人工捕杀，毒饵诱杀。

五、采收加工

（一）采收

种植后1~3年开花结果。果实由鲜红色转为紫红色，种子由白色变为褐色和黑色，用嘴嚼时有浓烈辛辣味即为成熟果实。一般广东在7月底至8月初，云南于8月至10月上旬分批采收。采果时用剪刀剪断果柄，勿用手摘，以免将植株茎皮撕裂，形成伤口而引起病害发生。

（二）加工

1. 焙干法

分“杀青”“压实”和“复火”三个工序。即将鲜果摊在竹筛上，置于炉灶上以文火焙干。燃料用谷壳、生柴或木炭火，最好用樟树叶盖在火上，使其只生烟不生明火。如此熏焙出的砂仁，气味浓质量佳。当焙至果皮软时（五六成干），要趁热喷1次水，使皮壳骤然收缩，于后皮肉紧密无空隙，可以长久保存不易生霉。

2. 晒干法

分“杀青”和“晒干”两个工序。一般用木桶盛装砂仁，置于烟灶上，用湿麻袋盖密桶口，升火熏烟，至砂仁发汗（即果皮布满小水珠）时，取出摊放在竹筛或晒场上晒干。

第八节　五味子

一、植物特征及品种

五味子（八角科五味子属），别名玄及、会及、五梅子、山花椒、壮味、五味、吊榴（图 3-15、图 3-16）。落叶木质藤本，长可达 8m，小枝褐色，稍具棱。花期 5—7 月，果期 6—9 月。

图 3-15　五味子植株

图 3-16　五味子药材

二、生物学特性

（一）生态习性

五味子多生于湿润、肥沃、腐殖质层深厚的杂木林、林缘、山间灌丛处，缠绕在其他林木上生长。其耐旱性较差，具有喜光、喜湿润、喜肥、适应性强的特性，对土壤要求不甚严格。自然条件下，在肥沃、排水良好、疏松、土层较厚、湿度均衡适宜的沙质土壤上发育最好。

（二）生长发育特性

五味子种子具生理后熟特性，生产上需用低温湿润的条件催芽，种子室温袋藏 7 个月后，发芽率为零。五味子在开花结果阶段需要良好的通风透光条件，而在幼苗及营养生长阶段，则需阴湿的环境。一般栽后 2 年即可开花结果。

三、栽培技术

（一）选地与整地

育苗田可选择肥沃的腐殖土或沙质壤土，也可选用老参地。育苗以床作为好，可根据不同土壤条件做床，低洼易涝，雨水多的地块可做成高床，床高 15cm 左右。高燥干旱，雨水较少的地块可做成平床。不论哪种床都要有 15cm 以上的疏松土层，床宽 1.2m，长视地势而定。床土要耙细清除杂质，施腐熟厩肥 5~10kg/m^2，与床土充分搅拌均匀，耧平床面即可播种。

（二）繁殖方法

1. 种子繁殖

五味子种子皮坚硬，有油层，不易透水，出苗困难，应于播前进行种子处理。先将五味子果实用温水浸3~5天，搓去果肉，洗出种子，漂去秕粒，然后进行催芽。用种子的3倍量湿沙充分拌匀，以种子互不接触为度。再挖深、宽各50~60cm土坑，将种子放于坑内，上盖一层草，再盖土20cm。四周挖好排水沟，以防雨水灌入。在催芽过程中，要经常检查，防止发霉。一般沙埋处理70~90天，见胚根稍露，即可播种。

2. 播种

以春播为宜。于畦面横向开沟，行距15cm，沟深5cm左右，将种子均匀撒于沟内，覆土2~2.5cm，适当镇压，覆盖一层薄草，用绳子固定，以保土壤湿润。一般每亩播种量5kg左右。

3. 移栽

一般选2年生苗移栽，1年生壮苗也可。栽后易成活，新生根较多，植株生长旺盛，成活率达80%以上。采挖野生苗移栽，因无主根、侧根，只是根茎且不定根又是从根茎上再生，而移栽后缓苗期较长，原须根多枯死，成活率低，生长不旺，生产上采用不多。

移栽于春、夏、秋三季均可，以春、秋两季为好，成活率高。春季应在芽未萌动之前，秋季应在落叶后，夏季移栽于雨季挖苗带土坨。于畦面开穴，穴距、穴深各30cm。穴底施适量厩肥，覆一层土，然后栽苗。栽时将根舒展开，填一部分土，随之轻轻提苗，再填土踏实，然后灌足水，待水沉下再填土封穴。

（三）田间管理

1. 搭架

以搭设立架为好，有利通风透光，产量较高，因五味子为多年生植物，生产多用三角铁或水泥柱作立柱。立柱长2.6m，埋入地下30cm，最好用水泥固定。可用8号或10号铁丝，于立柱中部及上部，横拉两道。再按每株插4根竹竿，竿距12~15cm，要求排列整齐，用细铁丝将竹竿固定在铁丝上。待五味子新枝伸长35~40cm时，即引蔓上架。每株要培养4条基生枝，将每条主蔓顺时针方向缠绕竹竿上，并用绳固定。

2. 育苗期管理

（1）遮阴　播种后20~30天，即陆续出苗。应经常检查出苗情况，以防覆草压苗。当出苗达60%~70%时，去掉覆盖物，用树枝搭起简易棚遮阴，保证幼苗正常生长。

（2）灌水　幼苗对水分要求比较严格，怕干旱，当表土层干达2cm时，及时灌水，灌水后畦面出现板结时，结合除草适时松土，破除板结层，防止水分蒸发。

（3）间苗　幼苗抽出 3~4 片真叶时，及时间苗，按株距 6~10cm 定苗后可将简易棚撤去。

（4）追肥　第 1 次追肥，可在撤去简易棚后进行，每亩追施尿素 10kg；第 2 次在株高 10cm 左右进行，每亩施过磷酸钾 15~20kg。

3. 定植期管理

（1）除草松土　除草结合松土进行，每年生育期要进行多次，做到表土层疏松，田间无杂草。

（2）灌溉、施肥　五味子为浅根系植物，不耐干旱，生育期间应保持土壤水分、养分充足，促其根系发达，生长旺盛，结果率高。生长期肥、水不足，枝条细弱，越冬芽小，特别是每年的生育前期肥水不足，影响花芽分化，多形成枝芽，花芽也多出雄花；开花坐果期肥、水不足，会引起落花、落果，影响产量，应视土壤水分状况及时进行灌水，并要追肥。一般于 5 月上旬进行第 1 次追肥，每亩施尿素 20kg，促其生长发育；于 6 月末进行第 2 次追肥，每亩施过磷酸钾 40kg，促其果实生长和成熟。

（3）剪枝　剪枝是调整植株营养合理分布，决定高产、稳产的重要措施。因此，人工栽培必须及时进行剪枝。剪枝应剪去短果枝，控制茎生枝，保留中、长果枝。剪枝时期应于每年冬季或早春芽未萌动前进行。具体操作是控制基生枝，只选留3~4 个使壮条培养结果，其余基生枝全部剪掉或从根部刨除。剪去短果枝，因多年生短果枝开雄花多，结果性能差，要全部剪去；疏去过密的中、长枝条，以利通风，并促进开花结果。同时在剪枝时要注意将病虫株、徒长株、瘦弱枝、老龄枝和不结果枝条剪去，以集中养分供给结果需要，确保丰产丰收。

四、病虫害防治

（一）病害

1. 根腐病

5 月上旬至 8 月上旬发病，开始时叶片萎蔫，根部与地面交接处变黑腐烂，根皮脱落，几天后病株死亡。

防治方法　选地势高干燥排水良好的土地种植；发病期用 50%多菌灵 500~1 000倍液根际浇灌。

2. 叶枯病

5 月下旬至 7 月上旬发病，先由叶尖或边缘干枯，逐渐扩大到整个叶面，最终使叶片干枯而脱落，随之果实萎缩，造成早期落果。高温多湿、通风不良时发病严重。

防治方法　7~10 天喷施 1 次 1：1：100 倍等量式波尔多液，发病时可喷施粉锈宁或甲基托布津500倍液。

3. 果腐病

果实表面着生褐色或黑色小点，以后变黑。

防治方法　用50%代森铵500~600倍液每隔10天喷1次，连续喷3~4次。

4. 白粉病和黑斑病

五味子常见的两种病害，一般发生在6月上旬，这两种病害始发期相近，可同时防治。

防治方法　在5月下旬喷1次1∶1∶100倍等量式波尔多液进行预防，如果没有病情发生，可7~10天喷1次。白粉病用0.3~0.5波美度的石硫合剂或粉锈宁、甲基托布津可湿性粉剂800倍液喷施防治；黑斑病用代森锰锌50%可湿性粉剂600~800倍液喷施防治。如果两种病害都呈发展趋势，可将粉锈宁和代森锰锌混合配制进行一次性防治。浓度仍可采用上述各自使用的浓度。

（二）虫害

卷叶虫

幼虫7—8月发生为害。成虫暗黄褐色，翅展25~27cm，幼虫初为黄白色，后为绿色，初龄幼虫咬食叶肉，3龄后吐丝卷叶取食，影响五味子果实发育，严重时产生落果，造成减产。

防治方法　用80%敌百虫1 000~1 500倍液喷雾防治，幼虫卷叶后用40%乐果乳油1 000~1 500倍液防治。

五、采收加工

（一）采收

8月下旬至10月上旬进行采收，随熟随采。采摘时要轻拿轻放，以保障商品质量。

（二）加工

加工时可日晒或烘干，注意勤翻动。烘干时，开始温度宜控制在60℃左右，当五味子达半干时将温度降到40~50℃，达到八成干时挪到室外晒至全干。搓去果柄，挑出黑粒即可入库。以粒大、果皮紫红、肉厚、柔润者为佳。

知识链接：五味子有敛肺止咳、滋补涩精、止泻止汗之效。其叶、果实可提取芳香油。种仁含有脂肪油，榨油可作工业原料、润滑油。茎皮纤维柔韧，可制成绳索。

第九节　连　翘

一、植物特征及品种

连翘（木樨科连翘属），别名黄花条、连壳、青翘、落翘、黄奇丹（图 3-17、图 3-18）。落叶灌木，枝开展或下垂，棕色、棕褐色或淡黄褐色，小枝土黄色或灰褐色，略呈四棱形，疏生皮孔，节间中空，节部具有实心髓。花期 3—4 月，果期 7—9 月。

图 3-17　连翘植株

图 3-18　连翘药材

二、生物学特性

（一）生态习性

连翘喜光，但有一定的耐阴能力，在疏林里可正常生长，但花量不如光照充足处多；连翘耐寒，在东北各省可安全越冬；喜湿耐旱怕涝，在湿润土壤中生长最好，但不宜种植于低洼处，积水易使植株烂根而死亡；对土壤要求不严，在壤土、沙土、轻黏土中能正常生长，但以在沙壤土和沙土中生长最好；有一定的耐盐碱能力，在 pH 值 8.8，含盐量 0.2%的盐碱土中生长良好。

（二）生长发育特性

连翘在土壤湿润、温度 15℃的条件下，15 天左右出苗。苗期生长慢，生育期较长，移栽后 3~4 年开花结果。

连翘生长发育与自然条件密切相关。3 月气温回升，先叶开花，5~9 天花渐凋落，20 天左右幼果出现，叶蒂形成；5 月气温增高，展叶抽新枝，平均日照在 6.4 小时，连翘生长处于旺盛期；平均日照在 7.3 小时，连翘生长达到高峰期。9—10 月果实成熟。

三、栽培技术

（一）选地与整地

育苗地最好选择土层深厚、疏松肥沃、排水良好的夹沙土地；扦插育苗地，最好采用沙土地（通透性能良好，容易发根），而且要靠近有水源的地方，以便于灌溉。要选择土层较厚、肥沃疏松、排水良好、背风向阳的山地或者缓坡地成片栽培，以有利于异株异花授粉，提高连翘结实率，一般挖穴种植。亦可利用荒地、路旁、田边、地角、房前屋后、庭院空隙地零星种植。

地选好后于播前或定植前，深翻土地，施足基肥，每亩施基肥3 000kg，以厩肥为主，均匀地撒到地面上。深翻30cm左右，整平耙细做畦，畦宽1.2m，高15cm，畦沟宽30cm，畦面呈瓦背形。栽植穴要提前挖好，施足基肥后栽植。

（二）繁殖方法

连翘可用种子、扦插、压条、分株等方法进行繁殖，生产上以种子、扦插繁殖为主。

1. 种子繁殖

（1）采种　要选择优势母株。选择生长健壮、枝条间短而粗壮、花果着生密而饱满，无病虫害，品种纯正的优势单株作母树。注意观察开花、结实的时期，掌握适宜的采种时间。采集要及时，避免种子成熟后自行脱落。一般于9月中、下旬到10月上旬采集成熟的果实。要采发育成熟、籽粒饱满、粒大且重的连翘果，然后薄摊于通风阴凉处，阴干后脱粒。经过精选去杂，选取整齐、饱满又无病虫害的种子，贮藏留种。

（2）种子贮藏　在不同条件下贮藏连翘种子，对其发芽率影响极大。连翘种子采用干燥器贮存较好。贮存11个月出苗率仍可达85.3%，用沙贮存7个月，出苗率则降至31.3%，贮存8个月以上则完全丧失发芽力。而用潮沙贮存，在贮存期间种子已陆续发芽，故播种后期出苗率不如干燥器贮存高。

（3）种子萌发　连翘种子容易萌发，应该说种子适宜在较高的温度下萌发。依据种子贮存及萌发情况，结合实践经验，栽培时间可安排在春季或冬季，春播在4月上、中旬，冬播在封冻前进行。

（4）种子育苗　连翘种子的种皮较坚硬，不经过预处理，直播圃地，需1个多月时间才发芽出土。因此，在播前可进行催芽处理，新引种地区可采用此法。具体方法：选择成熟饱满的种子，放到30℃左右温水中浸泡4小时左右，捞出后掺湿沙3倍用木箱或小缸装好，上面封盖塑料薄膜，置于背风向阳处，每天翻动2次，经常保持湿润。10多天后，种子萌芽，即可播种。播后8~9天即可出苗，比不经过预处理种子可提前出苗20天左右。如土地干旱，先向畦内浇水，水渗下表土稍微松散时播种。春播在“清明”前后，冬播在封冻前（种子不用处理，第二年能出苗）。播时，在整好的畦面上，按行距20~25cm，开1cm深的沟，将种子掺细沙，均匀地撒入沟内，覆土搂平，稍微加镇压。10~15天幼苗可出土。亩用种量2~3kg左右。覆土不能过厚，一般为1cm左右，然后再盖草保持湿润。种子出土后，随即揭草。苗高10cm时，按株距10cm定苗，第二年4月上旬苗高30cm左右时可进行大田移栽。

（5）大田直播　按行距2m，株距1.5m开穴，施入堆肥和草木灰，与土拌匀。3月下旬至4月上旬开始播种，也可在深秋土壤封冻前播种。每穴播入种子10余粒，播后覆土，轻压。注意要在土壤墒情好时下种。

2. 压条繁殖

在春季将植株下垂枝条压埋入土中，次年春剪离母株定植。一般以扦插繁殖为主，苗木宜于向阳而排水良好的肥沃土壤上栽植，若选地不当、土壤瘠薄，则生长缓慢，产量低，每年花后应剪除枯枝、弱枝及过密、过老枝条，同时注意根际施肥。

3. 插条繁殖

秋季落叶后或春季发芽前，均可扦插，但以春季为好。选1~2年生的健壮嫩枝，剪成20~30cm长的插穗，上端剪口要离第一个节0.8cm，插条每段必须带2~3个节位。然后将其下端近节处削成平面。为提高扦插成活率，可将插穗分扎成30~50根1捆，用500~1 000mg/mL吲哚丁酸溶液，将插穗基部（1~2cm处）浸泡10秒钟，取出晾干待插。南方多于早春露地扦插，北方多在夏季扦插。插条前，将苗床耙细整平，作高畦，宽1.5m，按行株距20cm×10cm，斜插入畦中，插入土内深18~20cm，将枝条最上一节露出地面，然后埋土压实，天旱时经常浇水，保持土壤湿润，但不能太湿，否则插穗入土部分会发黑腐烂。正常管理，扦插成苗率可高达90%。加强田间管理，秋后苗高可达50cm以上，于次年春季即可挖穴定植。

4. 分株繁殖

在“霜降”后或春季发芽前，将3年以上的树旁发生的幼条，带土刨出移栽或将整棵树刨出进行分株移栽。一般一株能分栽3~5株。采用此法关键是要让每棵分出的小株上，都带一点须根，这样成活率高，见效快。

5. 定植

栽植前，先在穴内施肥，每穴施腐熟厩肥或土杂肥及适量的复合肥。栽植时要使苗木根系舒展，分层踏实，定植点覆土要高于穴面，以免雨后穴土下沉，不利成活和生长。为克服连翘同株自花不孕，提高授粉结果率，在其栽植时必须使长花柱花与短花柱花植株定植点合理配置。这两种不同类型花的植株同时生长在不同的环境下结果率差异很大。在相间栽培（行间混交）条件下，结果率为63.9%，在自然情况下结果较多的地块，结果率仅47%。因此，将相同栽培改为株间混交配置栽植，其结果率要高些，因为株间混交使长花柱花植株与短花柱花植株互相处在包围之中，授粉时比行间混交授粉受风向、坡向、上下坡的影响要小些，能明显提高授粉率。连翘株间混交，相邻两行长花柱植株与短花柱植株配置不同，两者上下左右要错开，即单行与单行、双行与双行配置的植株一致。除花期外，连翘长花柱花植株与短花柱花植株，在外形上不易辨别，特别是幼苗。为适应生产需要，可在其开花时，将其分别采用扦插、压条、分株等方法繁殖，其中主要是扦插，因为其繁殖材料来源广，利用率高，繁殖系数大，能满足造林需要。由此，便可解决两种不同类型花的植株混交栽植种苗不足的问题。

（三）田间管理

1. 中耕除草

苗期要经常松土除草，定植后于每年冬季在连翘树旁要中耕除草 1 次，植株周围的杂草可铲除或用手拔除。

2. 施肥

苗期勤施薄肥，也可在行间开沟。定植后，每年冬季结合松土除草施入腐熟厩肥、饼肥或土杂肥，用量为幼树每株 2kg，结果树每株 10kg。采用在连翘株旁挖穴或开沟施入，施后覆土，壅根培土，以促进幼树生长健壮，多开花结果。有条件的地方，春季开花前可增加施肥 1 次。在连翘树修剪后，每株施入草木灰 2kg、过磷酸钙 200g、饼肥 250g、尿素 100g。于树冠下开环状沟施入，施后盖土、培土保墒。早期连翘株行距间可间作矮秆作物。

3. 排灌

注意保持土壤湿润，旱期及时沟灌或浇水，雨季要开沟排水，以免积水烂根。

4. 整形修剪

定植后，在连翘幼树高达 1m 左右时，于冬季落叶后，在主干离地面 70～80cm 处剪去顶梢。再于夏季通过摘心，多发分枝。从中在不同的方向上，选择 3～4 个发育充实的侧枝，培育成为主枝。以后在主枝上再选留 3～4 个壮枝，培育成为副主枝，在副主枝上，放出侧枝。通过几年的整形修剪，使其形成低干矮冠，内空外圆，通风透光，小枝疏朗，提早结果的自然开心形树型。同时于每年冬季，将枯枝、包叉枝、重叠枝、交叉枝、纤弱枝以及徒长枝和病虫枝剪除。生长期还要适当进行疏删短截。对已经开花结果多年、开始衰老的结果枝群，也要进行短截或重剪（即剪去枝条的 2/3），可促使剪口以下抽生壮枝，恢复树势，提高结果率。

四、病虫害防治

（一）病害

叶斑病：由系半知菌类真菌侵染所致，病菌首先侵染叶缘，随着病情的发展逐步向叶中部发展，发病后期整个植株都会死亡。此病 5 月中下旬开始发病，7、8 两月为发病高峰期，高温高湿天气及密不通风利于病害传播。

防治方法　防治叶斑病一定要注意经常修剪枝条，除去冗杂枝和过密枝，使植株保持通风透光。在养植连翘的时候还要加强水肥管理，注意营养平衡，不可以偏施氮肥。如果发现连翘患有叶斑病，可以喷施 75%百菌清可湿性颗粒 1 200 倍液或 50%多菌灵可湿性粉剂 800 倍液进行防治，每 10 天喷 1 次，连续喷 3~4 次可有效控制住连翘的病害。

（二）虫害

连翘常见的虫害有缘纹广翅蜡蝉、透明疏广蜡蝉、桑白盾蚧、常春藤圆盾蚧、圆斑卷叶象虫、炫夜蛾、松栎毛虫、白须绒天蛾。

防治方法　如果连翘被以上的害虫侵袭，应当根据不同的虫害采取不同的办法。喷洒 10%吡虫啉可湿性颗粒 2 000 倍液或 25%除尽悬浮剂 1 000 倍液杀灭透明疏广蜡蝉和缘纹广翅蜡蝉。在若虫卵化盛期喷洒 95%蚧螨灵乳剂 400 倍液，或 20%速克灭乳油 1 000 倍液杀灭桑白盾蚧。在圆斑卷叶象虫成虫期喷洒 3%高渗苯氧威乳油 3 000 倍液进行杀灭。在炫夜蛾幼虫期喷洒 20%康福多浓可溶剂 3 000 倍液进行杀灭。在松栎毛虫幼龄幼虫期喷洒 3%高渗苯氧威乳油 3 000 倍液进行杀灭。在白须绒天蛾为害严重时可喷施 12%烟参碱 1 000 倍液进行杀灭。以上方法只是在虫害初期，如果植株遭受虫害比较严重，就要对植株进行处理，及时销毁，防止扩散。

五、采收加工

（一）采收

连翘定植 3~4 年开花结果。一般于霜降后，果实由青变为土黄色时，即将开裂时采收。

（二）加工

连翘因采收时间和加工方法不同，中药将连翘分为青翘、黄翘、连翘心三种。

1. 青翘

于 8—9 月上旬采收未成熟的青色果实，用沸水煮片刻或蒸半个小时，取出晒干即成。以身干、不开裂、色较绿者为佳。

2. 黄翘

于10月上旬采收熟透的黄色果实，晒干，除去杂质，习惯称“老翘”。以身干、瓣大、壳厚、色较黄者为佳。

3. 连翘心

将果壳内种子筛出，晒干即为连翘心。

温馨小提示：目前国内青翘加工方法多种多样，总体来说有两个节点难以把控：一是杀青，杀青容易出现不透不匀或破碎浓烂；二是烘干，烘干容易出现底焦顶湿，而且煤炭硫气难以排出等。因此，在条件许可情况下，产地应尽可能采用汽蒸加太阳烘干房晒干的加工方法。

第十节 金樱子

一、植物特征及品种

金樱子（蔷薇科蔷薇属），别名刺榆子、刺梨子、金罂子、山石榴、山鸡头子、糖罐（图3-19、图3-20）。常绿攀援灌木，高可达5m；小枝粗壮，散生扁弯皮刺，无毛，幼时被腺毛，老时逐渐脱落减少。花期4—6月，果期9—10月。

图3-19 金樱子花

图3-20 金樱子药材

二、生物学特性

（一）生态习性

金樱子喜欢阳光，亦耐半阴，较耐寒，适宜生于排水良好的肥沃润湿地。在中国北方大部分地区都能露地越冬。对土壤要求不严，耐干旱，耐瘠薄，但栽植在土质微酸、温和、中性沙地或者土层深厚、疏松、肥沃湿润而又排水通畅的土壤中则生长更好，也可在黏性强的土壤上正常生长。不耐水湿，忌积水。

（二）生长发育特性

金樱子植物为浅根性，主根不发达，侧根和须根较多，根系多分布在10～30cm的土壤中。植株于2月下旬枝芽萌动，3月上旬展叶，4月上旬现蕾，4月下旬至5月上旬开花，花期较长，10月中旬果实成熟。4年生实生苗植株进入盛果期，理论上经济寿命为15～20年。

三、栽培技术

（一）选地与整地

选地势高燥、排水良好、土层深厚的田块，精耕细作。结合整地，施足基肥，每亩施土杂肥3 000kg、尿素10kg、磷钾肥50kg。然后做畦，等待播种。

（二）繁殖方法

金樱子用种子和扦插繁殖，以扦插繁殖为主。

1. 种子繁殖

冬季用新鲜的种子播种，按30cm行距开浅沟，种子均匀撒入沟里，覆土15cm，每亩播种量2～2.5kg。第2年春季出苗，出苗2～3年后，春季移栽。

2. 扦插繁殖

在春季发芽前，选健壮的母株，剪取1～2年生枝条作为插条，长12～15cm，斜插于沙床中，压紧，浇水，保持经常湿润，盖以芦帘遮阴。约经两个月即可生根发芽。至次年2—3月或9—10月移植。按行、株距各40～60cm开穴，每穴栽种1株，覆土压实，浇水。

（三）田间管理

苗床内需浇水保持经常湿润，注意遮阴。移植后须浇水，成活后还需浇水2～3次。每年松土、除草3～4次，并结合培土。春、秋各施肥1～2次。金樱子齐苗或移栽成活后，应注意中耕除草，干旱天气注意浇水，阴雨天气及时排水。每年春季追肥一次，每亩追施尿素10kg、磷钾肥30kg，冬季追施一层土杂肥。并于冬季修剪一次，剪除过密的枯枝、弱枝、衰老枝、徒长枝。对生长健壮的长枝进行剪短（剪去1/3上稍）。

四、病虫害防治

（一）病害

1. 白粉病

叶片、叶柄、嫩梢及花蕾均可发病。成叶上生不规则白粉状霉斑，病叶从叶尖或叶缘开始逐渐变褐，以致全叶干枯脱落。嫩叶染病，绿色渐渐退去并蔓延、扩大，边缘不明显，嫩叶正背两面产生白色粉斑，后覆满全叶，叶片变为淡灰色或紫红色。新叶皱缩畸形。叶柄、新梢染病后节间缩短，茎变细，有些病梢出现干枯，病部也覆满白粉。花蕾染病，花苞、花梗上覆满白粉，花萼、花瓣、花梗畸形，重者萎缩枯死，失去观赏价值。白粉病菌在病芽上越冬。栽植过密、施氮过多、通风不良、阳光不足，易发病。

防治方法　选用抗白粉病的品种。冬季修剪时，注意剪去病枝、病芽。发病期少施氮肥，增施磷、钾肥，提高抗病力。注意通风透光，雨后及时排水，防止湿气滞留，可减少发病。发病初期，喷施20%三唑酮乳油1 000倍液或20%三唑酮硫黄悬浮剂1 000倍液、50%多菌灵可湿性粉剂800倍液。如对上述杀菌剂产生耐药性，可改喷12. 5%腈菌唑乳油或30%特富灵可湿性粉剂3 000倍液。早春萌芽前喷2~3波美度石硫合剂或45%晶体石硫合剂40~50倍液，杀死越冬病菌。

2. 黑斑病

主要侵害叶片、叶柄和嫩梢，叶片初发病时，正面出现紫褐色或褐色小点，扩大后多为圆形或不定形的黑褐色病斑。

防治方法　可喷施多菌灵、甲基托布津、达克宁等药物。

3. 炭疽病

病斑产生在叶缘，半圆形，病斑边缘深褐色，中间褐色至浅褐色，后期病斑上生黑色小粒点。病菌在病落叶上越冬。温暖、潮湿条件下，孢子萌发侵害叶片。株丛过密、湿气滞留时间长，易发病。炭疽病多零星发生，可以在防治黑斑病及叶斑病时得到兼治。

防治方法　秋末冬初及时清园，收集病落叶集中烧毁。加强养护，适当修剪，除去过密枝条，使通风透光良好。必要时喷施20%龙克菌（噻菌铜）悬浮剂500倍液或78%科博（波锰锌）可湿性粉剂600倍液、75%达科宁（百菌清）可湿性粉剂600倍液、50%施保功或施百克（咪鲜胺）可湿性粉剂1 000倍液、25%炭特灵可湿性粉剂500倍液。

4. 叶锈病

锈病是一种常见的病害。叶片和新枝条都可能发病。病情严重，会引起叶片大面积脱落，以致使花卉失去观赏价值，甚至死亡。

防治方法　可用800倍液三唑酮叶面喷雾，每周喷一次，连续喷3~4周，此疾病可基本痊愈。

（二）虫害

1. 金龟子

主要为害根、叶、花蕾等部位，严重影响花的产量和质量。

防治方法　灯光诱杀、杨柳诱杀、振荡捕杀等。为害严重时，可喷施25%溴氰菊酯2 000~3 000倍液或50%辛硫磷1 000~1 500倍液。效果都较好，但绝不能在花期喷施。

2. 蚜虫

防治方法　用50%辛硫磷乳油1 000倍液或40%乐果乳油1 000~1 500倍液等药剂喷雾防治，每7天喷1次，连续喷2~3次。

3. 红蜘蛛

防治方法　可用73%克螨特乳油2 000~3 000倍液喷雾防治。

五、采收加工

（一）采收

一般在9—11月果实成熟变红时采收，运回加工。

（二）加工

将采收的成熟果实，晒干后放入桶内，以棍棒搅动，擦去毛刺。或将去毛刺后的果实趁鲜纵切两瓣，挖去果实内的毛及核，晒干。秋、冬季采挖金樱子根，除去泥土后晒干或烘干。金樱子叶多鲜用。

知识链接：金樱子根皮含鞣质，可制栲胶；果实可熬糖及酿酒；根、叶、果均可入药。根有活血散瘀、祛风除湿、解毒收敛及杀虫等功效；叶外用治疮疖、烧烫伤；果能止腹泻并对流感病毒有抑制作用。

第十一节　蔓荆子

一、植物特征及品种

蔓荆子（马鞭草科牡荆属），别名蔓荆实、荆子、万荆子、蔓青子、蔓荆、白背木耳、小刀豆藤、白背风、白背草（图3-21、图3-22）。落叶灌木，罕为小乔木，高1.5~5m，有香味；小枝四棱形，密生细柔毛。花期7月，果期9—11月。

二、生物学特性

（一）生态习性

野生蔓荆多见于海湾、江河的沙滩荒洲上，适应性强，根系发达，对环境和土壤要求不严。喜阳光充足、耐旱、怕涝、耐薄、耐盐碱，为碱性指示植物。茎常伏地斜生，节上多生不定根，有很强的防风固沙作用，故又是一种治理改造、利用沙

图 3-21　蔓荆子花

图 3-22　蔓荆子药材

滩荒洲的理想植物。

（二）生长发育特性

种子容易发芽，发芽适温为 15~20℃，发芽率为 60%左右。种子寿命为 2~3 年。

三、栽培技术

（一）选地与整地

选沙滩荒地，不必耕翻整地，可直接挖穴移栽。除育苗地外，不用做畦。育苗选细沙地，每亩施圈肥 1 500~2 000kg，捣细撒于地内，深耕 21~24cm，耙细整平，做 90cm 宽的平畦，地旱时灌水，待水渗下表土稍干时播种。

（二）繁殖方法

1. 扦插繁殖

春、秋均可进行，但以春季扦插为好。在 3 月下旬或 9 月下旬，剪取一二年生健壮枝条，取其中段，截成长 20~30cm 带有 2~3 个节的插穗；按株行距 6cm×15cm 插入苗床；育苗期应经常浇水，保持苗床湿润，并适当追肥。秋季扦插的次年春 4 月上旬移栽；春季扦插的当年秋季定植。

2. 种子繁殖

在秋季采收成熟果实，与 2 倍湿细沙拌匀，堆放阴凉通风的室内，次年 4 月上、中旬播种，将果实搓去外壳，用 35~40℃温水浸泡种子 1 昼夜，捞出稍微晾干后，与混合粪肥的火灰拌匀，条播于苗床，每亩播种 5~7kg。苗期注意浇水，适当追肥，当年春季育苗，幼苗当年高 30~40cm，秋后定植。

3. 压条繁殖

5—6 月，选一、二年生的健壮长枝，用波状压条法，每隔 40~50cm 埋入土中，深约 15cm，压实。待长出不定根后，分段栽断，带根定植。

4. 分株繁殖

在4月上旬或7月下旬，随挖随栽。定植在秋季或春季，植株落叶后至萌芽前进行，按株行距1m×1.3m开穴，施土杂肥与土壤混匀，每穴栽2~3株，填土压实，浇透水。

（三）田间管理

1. 中耕除草

定植后1~2年，植株矮小尚未封行，应注意中耕除草。一般在春季萌芽前，6月和冬季落实叶后进行，冬季中耕结合培土进行。

2. 追肥

定植后前2年以追施人畜粪水为主，一般结合中耕除草进行。2年后，植株开始开花结果，应增施磷肥，每年2次，第一次在开花前，第2次在修剪后。在花期还可喷施1%过磷酸钙水溶液1~2次，有较明显的增产效果。

3. 排水灌溉

积水易造成严重的落花落果，并导致病害发生，故雨季应及时排出积水。

4. 整枝打顶

生长5~6年后，枝条密集丛生，应在冬眠期，将老枝、弱枝、枯枝和病枝剪掉，促其多发新枝，新枝长到1m左右时应打顶，以利开花结果。

四、病虫害防治

（一）病害

叶斑病：7—9月发生，为害叶片。

防治方法　选地势高处种植；秋季收果后，清洁田园；发病前用1∶1∶100倍的波尔多液喷雾；发病初期用65%代森锌500倍液或75%百菌清800倍液于开花前喷雾。

（二）虫害

吹绵蚧壳虫：一年发生2~3代，以若虫和雌成虫在枝条上越冬，第二年3—4月开始产卵，5—6月为害严重。以若虫分散在幼枝、嫩叶、幼果上为害。受害植株叶片呈黄色斑点，茎秆麦皮粗糙，龟裂，果实干缩，整个植株长势衰弱，甚至枯死。

防治方法　采取农业综合防治，清除地内杂草和枝叶，使田间通风透光，能减轻为害；冬季喷3~5波美度石硫合剂，杀死越冬虫；在发生期可用80%敌敌畏1 000倍液喷杀。

五、采收加工

（一）采收

蔓荆子栽后第 3 年即开始开花结果，但由于各地气候差异较大，果实成熟期相差很大。一般 9—11 月陆续成熟，应分期分批采收，当果实由绿色变成灰褐色时即可采摘。

（二）加工

采回的果实，先在室内堆放 3~4 天，然后摊开晒干，去杂后即成。蔓荆子以干燥饱满、带花萼、无杂质沙土者为佳。

第四章　种子类植物

第一节　薏苡仁

一、植物特征及品种

薏苡仁（禾本科薏苡属）（图 4-1、图 4-2）。一年生粗壮草本，株高 1～2m。须根黄白色，海绵质，直径约 3mm。茎秆直立丛生，高 1～2m，具有 10 多节，节多分枝。花果期 6—12 月。

图 4-1　薏苡仁植株

图 4-2　薏苡仁药材

二、生物学特性

（一）生态习性

薏苡多生于湿润的屋旁、池塘、河沟、山谷、溪涧或易受涝的农田等地方，能在黏土地块生长；在海拔 200～2 000m 处常见，野生或栽培。喜凉爽湿润的气候，在气温 15℃以上，薏苡种子 7～14 天出苗；气温 25℃左右利于薏苡的抽穗扬花和籽粒的灌浆成熟；充足的阳光有利于薏苡各生育期的生长，可通过调整播种密度满足薏苡对光照的要求。

（二）生长发育特性

薏苡种子属需暗种子，隔年种子发芽率极低，不宜作种。薏苡根是须根系，由初生根和次生根组成，在 8 叶前薏苡茎伸长生长缓慢，第 9 叶出现时，茎的生长速度加快，进入拔节期。薏苡第 4 片完全叶展开后开始分蘖。薏苡幼穗分化结束后进入抽穗开花阶段，抽穗开始后 15 天左右为抽穗盛期；抽穗后 19~27 天为扬花盛期，夏季晴天一般 9:00—10:00 开花，雄穗开花比雌穗早 3~4 天，籽粒充实完毕，30 天后种子颖壳变褐色，籽粒成熟。

三、栽培技术

（一）选地与整地

薏苡的适应性较强，向阳有流水的渠边、河边、溪边、田边等零星地段以及山冈坡地、水田和旱田均可种植，但排灌方便、向阳、肥沃的壤土或黏壤土有利于薏苡生长。前作收获后应及时进行耕翻，深翻土壤 30~35cm，以改良土壤理化性状，每亩用腐熟厩肥或土杂肥 2 500~3 000kg 撒于土面，翻入土内作基肥。翻耕后，整平耙细做畦或做垄，畦宽 1.5~2.0m，挖 20~30cm 深的灌水沟。

（二）繁殖方法

薏苡仁用种子繁殖，繁殖过程如下。

1. 种子处理

播前应精选种子。为了促进种子萌发和预防黑穗病的发生，在播种前要进行浸种或拌种处理，可用50%多菌灵、80%粉锈宁或50%托布津等农药进行拌种；开水烫种对预防黑穗病效果良好，先用冷水浸泡 12 小时，再转入沸水中烫 8~10 秒，立即取出摊晾散热，晾干后下种。

2. 播种

播种期因品种、地域而异，早熟种在 3 月上、中旬，中熟种在 3 月下旬至 4 月上旬，晚熟种在 4 月下旬至 5 月上旬播种。晚熟种宜早播，过迟播种，秋后果实不能成熟，会影响产量。

一般采用直播、点播和撒播，播种密度因品种不同而异。播种方法一般采用免耕直播栽培，宽行窄株穴播，行距 70cm 左右，穴距 30~35cm；采用育苗移栽，清明节前后播种，采用整畦撒播法，每亩播种量 3~4kg，落籽均匀，粒与粒相间 4~5cm。按行株距早熟种 25cm×20cm、中熟种 40cm×35cm、晚熟种55cm×45cm 挖穴，穴深 5~7cm，每穴播种子 5~6 粒，播后加细土覆盖 2~3cm，经常保持土壤湿润。

（三）田间管理

1. 间苗补苗

在苗高 4~7cm、幼苗 3 叶包心时进行间苗补苗。间苗时去弱留壮，去密留稀，缺苗断垄或苗数不足的要带土移栽补足基本苗，试验表明薏苡每亩种植 2 500 丛为宜，适当稀植有利于薏苡每株粒数和百粒重的提高。

2. 水管

薏苡根、茎、叶和叶鞘都有明显的通气组织。薏苡是一种湿生植物，试验表明淹水栽培比旱地栽培可大幅度增产。采用“两头湿、中间干”的方法在分蘖末期搁田，控制无效分蘖。苗期、抽穗期、开花期和灌浆期要有足够水分，确保薏苡植株正常生长和发育。抽穗灌浆期田间保持浅水层灌溉，每3天灌水1次，以提高结实率和千粒重。拔节期须严格控制水分，以防止植株倒伏。薏苡果实成熟前10天停止灌水或将水排干，便于收获。

3. 施肥

（1）基肥　耕种前每亩用腐熟厩肥或土杂肥2 500~3 000kg、过磷酸钙50kg撒于土面，翻入土内作基肥。

（2）苗肥　在2叶期，每亩施稀薄人粪尿750~1 000kg或三元复合肥10kg；苗高4~7cm和叶龄6叶左右时每亩施稀薄人粪尿750~1 000kg或三元复合肥10kg，可结合除草、培土进行。

（3）拔节肥和穗肥　第9叶期时，进入拔节期，茎的生长速度加快，9~10叶后，小穗开始分化，即9叶期结合大培土，施用拔节肥和穗肥，每亩施尿素20kg、过磷酸钙10kg、氯化钾或硫酸钾20kg。

（4）籽肥　开花期每亩施硫酸铵5kg，同时用0.2%磷酸二氢钾10kg根外追肥。

4. 中耕培土、摘除脚叶

中耕除草结合施拔节肥、穗肥及结合大培土。在薏苡拔节停止后，摘除第1分枝以下的脚叶和无效分蘖，有利于株间通风透光和散热，促进茎秆粗壮，防止植株倒伏，提高产量。

四、病虫害防治

（一）病害

1. 黑穗病（又名黑粉病）

防治方法　收获后彻底清理田间病株，集中烧掉，忌与禾本科作物连作。用粉锈宁拌种，效果好。加强田间管理，合理施用氮肥，适当增施有机肥料与磷钾肥。在薏苡抽穗前用稀释800~1 000倍的多菌灵可湿性粉剂溶液喷雾防治，每隔5~6天喷1次，连续喷药2~3次。

2. 叶枯病

防治方法　加强田间管理，经常疏通排水沟。发病初期用65%的代森锰锌可湿性粉剂500倍液喷雾，每隔7天喷1次，连续喷药2~3次。

3. 黑粉病

防治方法　药剂拌种用75%的五氯硝基苯0.5kg，拌种100kg，或在播种前3小时用种子重量的0.4%的粉锈宁或多菌灵拌种，可防治黑粉病。

（二）虫害

1. 玉米螟

防治方法　播前每亩用呋喃丹1~2kg药剂撒在表土上。薏苡心叶展开时，每亩用50%西维因可湿性粉剂0.5kg加细土15kg，配成毒土撒入心叶中。

2. 黏虫

防治方法　用40%乐果乳剂1 000~1 500倍液喷雾防治。

五、采收加工

（一）采收

薏苡种子成熟期不一致，一般早熟品种在7月下旬至8月初收获；中熟品种在8月下旬至9月下旬；晚熟品种在10月下旬；当种子成熟度达80%时，即可收获。选晴天收获后放置3~4天用脱粒机进行脱粒，可使未成熟种子成熟，易于脱粒。于脱粒后种子放在干净的晒场上暴晒直至干燥，然后用碾米机碾去外壳和种皮，过筛后即可得到薏苡仁。

（二）加工

加工的方法同碾米工序相同，但要将每次碾下来的壳渣和种仁一起再碾，这样反复数次，直到去净外皮和种皮，获得白净的种仁时止。然后用细筛筛后扬净，再用粗筛筛出没有去掉壳的果实，混入下批果实一起加工。

知识链接：苡仁作为一种中药，有其悠久的历史，早在《神农本草》中即有记载。薏苡是禾本科植物薏苡的种仁，其性味甘、淡、凉，入脾、肺、肾经。有健脾、补肺、清热、利湿等功用。现代医药学研究表明，薏苡含蛋白质、多种氨基酸、维生素和矿物质，其营养价值在禾本科植物中占第一位。薏苡仁用于临床治疗，可以强筋骨、益气、和中、消水肿等，此外，阑尾炎、关节炎、脚气病乃至肿瘤皆可使用，也可煮粥作为病后调养。薏苡的根、叶也可入药。薏苡的根除了具有清热、利湿、健脾的作用外，还可治黄疸、驱蛔虫以及治疗牙痛、夜盲等症。薏苡叶可代替绿茶，并有利尿作用。薏苡还有养颜和美容功效，对年轻人身上或面部的瘊子，有很好的疗效。用法为成人每天用带壳的薏苡仁50g，洗净后加入两杯半水，煮熬到水减至一半时即可服用。一般服一个月。此种薏苡仁汤还对皮肤粗糙、雀斑、疙瘩等病症有治疗作用。

第二节　车前草

一、植物特征及品种

车前草（车前科车前属），别名车辙草、车轱辘草子、牛舌菜、车前实、牛么草子、车前仁、虾蟆衣子、猪耳朵穗子、凤眼前仁（图 4-3、图 4-4）。车前科、车前属。二年生或多年生草本，须根多数，根茎短，稍粗。花期 4—8 月，果期 6—9 月。

图 4-3　车前仁植株

图 4-4　车前仁药材

二、生物学特性

（一）生态习性

车前草生于山野、路旁、花圃或菜园、河边湿地、路边、沟旁、田边潮湿处；海拔 1 800 m 以下的山坡、田埂和河边。适应性强，耐寒、耐旱，对土壤要求不严。

（二）生长发育特性

车前草在一般土地、田边角、房前屋后均可栽种，但排水良好、疏松、土层较厚、温暖、潮湿、向阳、肥沃的沙质土壤上最适宜，20～24℃范围内茎叶能正常生长，气温超过 32℃则会出现生长缓慢，逐渐枯萎直至整株死亡，土壤以微酸性的沙质冲积壤土较好。

三、栽培技术

（一）选地与整地

选湿润、比较肥沃的沙质壤土为好。车前草根系主要分布在 10～20cm 耕作层，因此整地要细致。翻地 15~20cm，打碎土块做畦，畦宽 1m，长 10~15m，每亩施有机肥作为 4 000kg 基肥。

(二) 繁殖方法

采用种子繁殖。

条播方法简单，省工省力，行距为 15~20cm，株距 6~7cm。开浅沟，深 1~1.5cm，播后盖少些土，以不见籽为宜，并镇压一次，防止土壤水分蒸发，有利种子发芽。因种子发芽慢，如土壤干旱，播后 2~3 天可喷 1 次水，水流要小，喷水后干地浅松土，避免将种子露出。播后 10~15 天出苗。每亩用种量 0.3~0.5kg。

(三) 田间管理

1. 间苗

齐苗后结合间苗及时拔除杂草。当苗高 6~7cm 时，即可结合间苗采收幼苗供食。

2. 中耕除草

车前草种子细小，出苗后生长缓慢，易被杂草抑制，因此幼苗期应及时除草，一般 1 年进行 3~4 次松土除草。

3. 追肥

车前草喜肥，施肥后叶片多，穗多穗长，产量高。一般进行 3 次追施，第一次 5 月份，每亩施清水稀释的人畜粪水 1 500kg；第二次于 7 月上旬，每亩施磷酸二铵 10kg；第三次于采种以后，每亩沟施厩肥 1 500kg。

四、病虫害防治

病害

1. 褐斑病

发病叶片病斑圆形，直径 3~6mm，褐色，中心部分灰褐色至灰色，其上生黑色小点，即病原菌的分生孢子器，分生孢子不仅侵染叶片，而且侵染花序和花轴，受害花序和花轴变成黑色，枯死折断，严重时病叶上病斑连成大片或成片枯死。

防治方法　种子消毒，播种前用 70%甲基托布津，或 50%多菌灵粉剂掺细沙拌土播种。收割后清除病残体进行堆沤腐熟，田埂杂草铲除，并用石灰消毒。用无病土育苗，苗床施足基肥（猪牛厩粪或菜枯饼）和追肥（氮、磷、钾肥适量），促进幼苗生长健壮，增强其抗病性。开沟排水，降低田间湿度。药剂防治，苗木喷药，每出三片叶喷药一次，移植前喷药一次，3 月中旬喷药一次，初穗期和有穗期各喷药一次，药剂以 50%多菌灵胶悬剂 50mL 加水 40kg 喷施。

2. 白绢病

为害车前子根部，发病初期无明显症状。车前子苗由于根部菌为害，形成

“乱麻状”，是低温多湿造成；形成“烂薯状”，是高温或高湿造成。此菌侵染源是土壤和肥料，并以菌丝蔓延或菌核随水流传播，进行再侵染，4月中旬至下旬为发病期，高温多雨易流行。

防治方法　水旱轮作；雨季及时排水，降低田间湿度；及时挖除病株及周围病土，用石灰消毒；用50%多菌灵或50%甲基托布津1：500倍液浇灌病区；病株集中烧毁。

五、采收加工

（一）采收

车前子是分期成熟，一般在端午节前后，种子呈黄黑色，边成熟边采收。选晴天采收为宜。

（二）加工

用镰刀割车前子穗茎部，放在室内堆沤1~2天，再置于阳光下暴晒，下垫竹晒垫。待干燥后用手揉搓，除去杂物，用筛子将种子筛出，再用风车吹去壳即可。

知识链接：据相传，汉名将霍去病带兵抗击匈奴，被困沙漠。天旱无雨，盛暑无露，官兵小便淋漓，而且亦患面部水肿。部下见战马无恙，细察，马食一草。霍去病知道后，让部下皆煎饮而病去，霍去病大笑，“好一个车前草，真是天助我也。”故而得名。

第三节　紫苏子

一、植物特征及品种

紫苏子（唇形科紫苏属），别名桂荏、白苏、赤苏等（图4-5、图4-6）。一年生直立草本植物。茎高0.3~2m，绿色或紫色，钝四棱形，具有四槽，密被长柔毛。花期8—11月，果期8—12月。

二、生物学特性

（一）生态习性

紫苏适应性很强，对土壤要求不严，在排水良好，沙质壤土、壤土、黏壤土，房前屋后、沟边地边，肥沃的土壤上栽培，生长良好。前茬作物以蔬菜为好。果树幼林下均能栽种。

图 4-5　紫苏子植株

图 4-6　紫苏子药材

（二）生长发育特性

种子在地温 5℃以上时即可萌发，适宜的发芽温度 18～23℃。在湿度适宜的条件下，3～4 天可发芽。紫苏性喜温暖湿润的气候。紫苏属短命种子，常温下贮藏 1～2 年后发芽率骤减，因此种子采收后宜在低温处存放。紫苏生长要求较高的温度，因此前期生长缓慢，6 月以后气温高，光照强，生长旺盛。当株高 15～20cm 时，基部第一对叶子的腋间萌发幼芽，开始了侧枝的生长。7 月底以后陆续开花。开花期适宜温度是 22～28℃，相对湿度 75%～80%。从开花到种子成熟约需 1 个月。

三、栽培技术

（一）选地与整地

育苗地，宜选土壤疏松、肥沃、排水良好的沙质壤土和灌溉方便的地方。播前先翻耕土壤，充分整细耙平，结合整地每亩施入腐熟厩肥 1 500kg 作基肥，然后作成宽 1. 3m 的高畦播种。移栽地，选择阳光充足、排水良好、疏松、肥沃的地块种植。移栽前，先翻耕土壤深 15cm，打碎土块，整平耙细，作宽 1. 3m 的高畦，开畦沟宽 40cm，沟深 15～20cm，四周理好排水沟。

（二）繁殖方法

1. 采种和种子处理

采用种子繁殖，可直播或育苗移栽。选生长健壮、叶片两面均呈紫色、无病虫害的植株，作采种母株。在田间增施磷钾肥，促其多结果和籽粒饱满充实。于 9 月下旬至 10 月中旬，当果穗下部有 2/3 的果萼变褐色时，及时将成熟的果穗剪下，晒干、脱粒、簸净，贮藏备用。

2. 播种方法

（1）育苗　于清明前后适时播种。在整平耙细的畦面上，按行距 15～20cm 横向开沟条播。播时，将种子拌火土灰，均匀地撒入沟内，覆盖细土，以不见种子为度。最后畦面盖草，保温保湿，10~15 天即可出苗，出苗后揭去盖草。当苗高 10~15cm、长有 4 对真叶时即可移栽。每亩用种量 1kg 左右。种子充足时，也可撒播。

（2）直播　以清明前后播种为适期。在整好的栽植地上，按行距 25~30cm、株距 25cm 挖穴，按每亩 300g 的播种量，将种子拌火土灰与人粪尿混合均匀成种子灰，撒入穴内少许。播后覆盖细肥土，以不见种子为度。保持土壤湿润，10~15 天即可出苗。

（三）田间管理

1. 间苗、补苗

条播者，苗高 10cm 左右时，按株距 30cm 定苗；穴播者，每穴留 1~2 株。如有缺苗应予补苗。育苗移栽者，栽后 7~10 天，如有死苗，也应及时补苗。

2. 中耕除草

封行前必须经常中耕除草，浇水或雨后如土壤板结，也应及时松土。

3. 追肥

苗高 60cm 时，每亩追施 1 500kg 的人畜粪，配施 15kg 的尿素，施后培土浇水。

4. 排灌

幼苗和花期需水较多，干旱时应及时浇水。雨季应注意排水，疏通作业道，防止积水、烂根和脱叶。

四、病虫害防治

（一）病害

1. 斑枯病

从 6 月开始发生直至收获前。发病初期叶面出现褐色或黑色小斑点，后扩大成大病斑，干枯后形成孔洞，叶片脱落。

防治方法　①合理密植，改善通风透光条件，注意排水，降低田间湿度。②发病初期喷 65%代森锌 600~800 倍液或 1∶1∶200 波尔多液，每 7 天喷 1 次，连喷 2~3 次。在收获前 15 天内停止喷药。

2. 菟丝子病

菟丝子为寄生性种子植物，会缠绕紫苏，吸取营养，造成紫苏茎叶变黄、红或白色，生长不良。

防治方法　用生物制剂“鲁保 1 号”防治。发生初期，所用药液孢子的浓度为每毫升中含孢子 3 000 万个；发生盛期，用每毫升中含孢子 5 000 万个。按说明书配制。

3. 锈病

叶片发病时，由下而上在叶背上出现黄褐色斑点，后扩大至全株。后期病斑破裂散出橙黄色或锈色的粉末以及发病部位长出黑色粉末状物。严重时叶片枯黄脱落造成绝产。

防治方法　① 注意排水，降低田间湿度，可减轻发病；② 播前在用火土灰拌种时，加入相当于种子量0.4%的15%粉锈宁，防治效果显著；③ 发病时，用25%粉锈宁1 000~1 500倍液喷洒。

（二）虫害

1. 红蜘蛛

为害紫苏叶子。6—8月天气干旱、高温低湿时发生最盛。红蜘蛛成虫细小，一般为橘红色，有时黄色。红蜘蛛聚集在叶背面刺吸汁液，被害处最初出现黄白色小斑，后来在叶面可见较大的黄褐色焦斑，扩展后，全叶黄化失绿，常见叶子脱落。

防治方法　① 收获时收集田间落叶，集中烧掉；早春清除田埂、沟边和路旁杂草。② 发生期及早用40%乐果乳剂2 000倍液喷杀。但要求在收获前半个月停止喷药，以保证药材上不留残毒。

2. 银纹夜蛾

7—9月幼虫为害紫苏，叶子被咬成孔洞或缺刻，老熟幼虫在植株上作薄丝茧化蛹。

防治方法　用90%晶体敌百虫1 000倍液喷雾。

五、采收加工

（一）采收

不同采收期挥发油含量测定结果表明，紫苏挥发油从5—9月含量逐渐增高，10月又开始下降，最高含量时期是9月，9、10月含量分别为0.22%、0.16%。因此，9月是较适宜的采收期。苏叶、苏梗、苏子兼用的全苏一般在9—10月，等种子部分成熟后选晴天全株割下运回加工。

（二）加工

紫苏收回后，摊在地上或悬挂通风处阴干，干后连叶捆好，称全苏；如摘下叶子，拣出碎枝、杂物，则为苏叶；抖出种子即为苏子；其余茎秆枝条即为苏梗。有的地区紫苏开花前收获净叶或带叶的嫩枝时，将全株割下，用其下部粗梗入药，称为嫩苏梗；紫苏子收获后，植株下部无叶粗梗入药，称为老苏梗。全草收割以后，去掉无叶粗梗，将枝叶摊晒一天即入锅蒸馏，晒过一天的枝叶125kg一般可出紫苏油0.2~0.25kg。

温馨提示： 由于紫苏种子极易自然脱落和被鸟类采食，所以种子 40%~50%成熟时割下，在准备好的场地上晾晒数日，脱粒，晒干。如不及时采收，种子极易自然脱落或被鸟食。

第四节　葶苈子

一、植物特征及品种

葶苈子为十字花科葶苈属植物葶苈、独行菜属植物琴叶葶苈和播娘蒿属植物播娘蒿的种子，别名丁历、大适、大室（图 4-7、图 4-8）。

葶苈一年或二年生草本。茎直立，高 5~45cm，单一或分枝，疏生叶片或无叶，但分枝茎有叶片。花期 3—4 月上旬，果期 5—6 月。

琴叶葶苈习称“北葶苈子”，又名北美独行菜，一年或二年生草本，高 20~50cm；茎单一，直立，上部分枝，具有柱状腺毛。花期 4—5 月，果期 6—7 月。

播娘蒿习称“南葶苈子”，一年生草本，高 20~80cm，有毛或无毛，毛为叉状毛，以下部茎生叶为多，向上渐少。茎直立，分枝多，常于下部成淡紫色。花期 4—5 月。

图 4-7　葶苈子植株

图 4-8　葶苈子药材

二、生物学特性

葶苈子喜欢温暖、湿润、阳光充足的环境，适宜栽培在土壤肥沃、疏松、排水良好的坡地。葶苈生于海拔 400~2 000m 的山坡、沟旁、路旁及村庄附近，为常见的田间杂草；琴叶葶苈生于路旁、荒地及田野；播娘蒿生于山坡、田野和农田。

三、栽培技术

葶苈子用种子繁殖，9月下旬前播种，按行株距40cm×20cm穴播，11—12月结合除草匀苗、补苗，每穴留壮苗4~5株。次年2月结合中耕除草，追施人畜粪尿1次。

四、病虫害防治

菌核病：主要为害茎秆，形成倒伏。病从上部叶片开始，产生褐色枯斑。后期蔓延到茎和茎基，产生褐色腐烂，其上产生白色菌丝和黑色颗粒状菌核，严重时病茎中空，皮层烂成麻丝状。

防治方法　冬季清园，认真处理残体；控水排湿，降低土壤和棵间湿度；发病初期喷洒50%扑海因可湿性粉剂1 000~1 500倍液，或40%菌核净可湿性粉剂800倍液，或70%甲基托布津可湿性粉剂1 000倍液，任选1种均可。发病后期重点喷洒植株下部。

五、采收加工

（一）采收

次年4月底至5月上旬采收，果实呈黄绿色时及时收割，以免过熟种子脱落。

（二）加工

晒干，除去茎、叶杂质，放入麻袋或其他包装物，贮放干燥处，防潮、黏结和发霉。

温馨小提示：扑海因使用时应注意1. 作物安全生育期用药次数最好控制在3次以内，以防短时间产生耐药性。2. 不能与碱性物质和强酸性药剂混用。3. 喷雾应力求均匀、周到。4. 不能与腐霉利（速克灵）、乙烯菌核利（农利灵）等作用方式相同的杀菌剂混用或轮用。

第五节　王不留行

一、植物特征及品种

王不留行（石竹科麦蓝菜属），别名不留子、牡牛、奶米、王不留、麦蓝子、剪金子、留行子（图4-9、图4-10）。一年生草本，高30~70cm。茎直立，上部叉状分枝，节稍微膨大。花期4—5月，果期5—6月。

图 4-9　王不留行花

图 4-10　王不留行药材

二、生物学特性

（一）生态习性

王不留行生于田边或耕地附近的丘陵地，尤以麦秆田中最为普遍。除华南外，全国各地区都有分布。喜温暖湿润气候，耐旱，对土壤的选择不严，以疏松肥沃、排水良好的沙质壤土栽培为宜。

（二）生长发育特性

王不留行以沙壤土栽培为宜，要求排水良好，日照条件好，种子无休眠期，极易发芽，种子发芽的适温为 15~20℃，种子寿命为 2~3 年。以秋、冬二季播种为好，生育期适温为 10~20℃，植株有喜肥的特性，如氮、磷、钾肥配合不当，易疯长、倒伏，花量变大易发病。南方梅雨季节更应注意排水，切忌滞水而导致根部腐烂，生育后期以稍干燥为宜，有利于开花。

知识链接：从北方有一段歌谣说“穿山甲，王不留，大闺女喝了顺怀流。”夸张地说出了王不留行的通乳作用。

三、栽培技术

（一）选地与整地

宜选山地缓坡和排水良好的平地种植，土质以沙壤土和黏壤土均可。结合冬耕，每亩施 3 000kg 农家肥作基肥，同时配施 30~40kg 过磷酸钙。整细耙平，作成 1.2m 宽的畦。

（二）繁殖方法

用种子繁殖：冬播或春播。冬播在封冻前，春播在解冻后，选色泽深黑、饱满的种子，在畦上进行播种。

播种方法：① 点播。在整好的畦面上，按行株距 25cm×20cm 挖穴，穴深3~5cm。然后按每亩用种量 1kg 将种子与草土灰混合拌匀，制成“种子灰”，每穴均匀地撒入一小撮，约含有 7 粒的种子，播后覆土 1~2cm。② 条播。按行距25~30cm 开浅沟，沟深 3cm 左右。然后，将种子均匀地撒入沟内，播后覆土 1.5~2cm，每亩用种量 2kg 左右。

（三）田间管理

1. 间苗补苗

生产可分 2 次间苗。第一次在 11 月下旬至 12 月上旬，苗高 5cm 左右具有 4~6 片真叶时，按株距 5~6cm 间苗；到 2 月中旬幼苗长至 6~8 片真叶时，按株距 10~12cm 定苗。如要补苗，则应带土移栽，并随后浇水。

2. 追肥

王不留行生长期较短，故主要以施足基肥为主，追肥主要在 4 月上旬植株开始现蕾时进行，肥种以磷、钾肥为主。每亩可施饼肥 30~40kg，施后要立即浇水；也可用 0.3%磷酸二氢钾溶液叶面喷施，间隔 10 天左右连续 3~4 次，以促进果实饱满。

3. 中耕除草

除草应在晴天露水干后进行，时间在孕蕾前进行为好，生长后期不宜除草，以免损伤花蕾。雨季注意排水。

四、病虫害防治

（一）病害

1. 叶斑病

该病为害叶片，在病叶上形成枯死斑点，发病后期在潮湿的条件下长出灰色霉状物。

防治方法　施磷、钾肥，或在叶面喷施 0.2%磷酸二氢钾液，以增强植株的抗病力；发病初期喷洒 65%代森锌 500~600 倍液，或 50%多菌灵 800~1 000 倍液，或 1：1：100 波尔多液，每 7~10 天喷 1 次，连喷 2~3 次。

2. 黑斑病

4 月开始发生，为害叶片。

防治方法　用 70%甲基托市津 500 倍液浸种；发病初期用 40%多菌灵 800 倍液或 20%甲基托布津 1 000 倍液喷施。

（二）虫害

1. 红蜘蛛

5—6 月发生，为害叶片。

防治方法　发生期可用20%双甲脒乳油1 000倍液喷施防治。

2. 食心虫

以幼虫为害果实。

防治方法　用90%敌百虫1 000倍液或80%敌敌畏1 000倍液喷杀。

五、采收加工

（一）采收

秋播的于第2年4—5月收获。当种子大多数变黄褐色，少数已经变黑时，将地上部分割回；夏季果实成热、果皮尚未开裂时采割植株，

（二）加工

秋收的种子放阴凉通风处后7天左右，待种子变黑时，晒干，脱粒，去杂质，再晒干。夏植株收的晒干，打下种子，除去杂质，再晒干。

知识链接：传说王不留行这种药是药王邳彤发现的，可是给它起个什么名字呢？邳彤思来想去，想起了当年王莽、王郎曾来过这里的故事。话说王郎率兵追杀主公刘秀，黄昏时来到邳彤的家乡，扬言他们的主子是真正的汉室后裔，刘秀是冒充汉室的孽种，要老百姓给他们送饭送菜，并让村民腾出房子给他们住。这村里的老百姓知道他们是祸乱天下的奸贼，就不搭他们的茬儿。天黑了，王郎见百姓还不把饭菜送来，不由心中火起，便带人进村催要，走遍全村，家家关门锁户，没有一缕炊烟。王郎气急败坏，扬言要踏平村庄，斩尽杀绝。此时一参军进谏道“此地青纱帐起，树草丛生，庄稼人藏在暗处，哪里去找。再说就是踏平村庄也解不了兵将的饥饿，不如赶紧离开此地。另作安顿，也好保存实力，追杀刘秀。”王郎听了，才传令离开了这个村庄。邳彤想起这段历史，于是就给那草药起了个名字叫“王不留行”，就是这个村子不留王莽、王郎食宿，借此让人们记住“得人心得天下”的道理，沿用至今。

第六节　莲　子

一、植物特征及品种

莲子（睡莲科莲属），别名藕实、水芝丹、莲实、莲蓬子、莲肉（图4-11、图4-12）。多年生水生草本；根状茎横生，肥厚，节间膨大，内有多数纵行通气孔道，节部缢缩，上生黑色鳞叶，下生须状不定根。花期6—8月，果期8—10月。

图 4-11　莲子植株

图 4-12　莲子药材

二、生物学特性

（一）生态习性

莲为多年生水生草本，多生于水泽、池塘、湖泊中。喜温暖润湿气候，可在静水池塘、低洼地或小溪连通的池沼栽种。

（二）生长发育特性

莲是长日照植物，特别喜光，极不耐阴，在一边朝阳的半阴环境中生长，叶、蕾、花、莲蓬等均会表现出明显的趋光现象。莲在全光照的强光下生长发育快，开花早；在半阴的弱光下生长发育慢，开花晚。

莲是喜温暖、极耐高温和较耐低温的植物。在整个生长季节内，适宜莲生长的最佳温度范围为 22~32℃，对 35. 4℃的高温亦能忍耐，但气温处于 16℃以下会生长极为缓慢。当气温再下降时则处于休眠状态，不再生长；5℃以下时地下莲易冻伤。

莲对土壤的适应性较强，在各种类型的土壤中均能生长。但更喜微酸性且富含有机质的黏壤，土壤 pH 值过低或偏高、土壤质地过于疏散，都会影响莲的生长发育。莲喜欢空气流动的环境。在微风下婆娑多姿；遇 6 级以上大风，莲叶彼此碰撞易破损，重瓣、重台、千瓣等大花品种的花柄易折断和倒伏，碗莲则更娇，花易伤，蕾易败。

三、栽培技术

（一）选地与整地

莲田选择和整莲田应选择有灌溉条件、阳光充足、土层深厚、肥力中上的冬闲田或绿肥田为好。土质以壤土、黏壤土、黏土为宜，灌溉便利的沙壤土也可，土壤 pH 值应在 6. 5~7。瘠薄沙土田、常年冷浸田、锈水田不宜种植。莲田整理要求精耕细作，做到深度适当，土壤疏松，田面平坦，施足基肥。冬闲田，冬季应深耕晒垡，每亩施入栏肥 2 000kg，开春再灌水进行两耕两耙，平整田面等待移栽。绿肥田一般在 2 月下旬进行两耕两耙，第一次翻耕后亩施石灰 25kg，以促使绿肥腐烂。若绿肥产量在 2 000kg 以上不需再施栏肥，产量过低，必须补施部分栏肥。

（二）繁殖方法

1. 种子繁殖

磨破种皮浸种育苗，要保持水清，温度在 15℃左右，经常换水，一周左右出芽，两周后生根移栽，每盆栽一株，水层要浅，不可将荷叶淹在水中。90%左右当年可开花，但当年开花不多。

2. 地下茎繁殖

把根茎埋入 10cm 左右淤泥，头低尾高。尾部半截翘起，不使藕尾进水。栽后将盆放置于阳光下照晒，使表面泥土出现微裂，以利种藕与泥土完全黏合，然后加少量水，待芽长出后，逐渐加深水位，最后保持 3~5cm 水层。

（三）田间管理

1. 种植密度

结合莲田整理，每亩施足栏肥 2 000kg，绿肥田配施 25kg 石灰。移栽前一天，亩施碳铵 20~25kg，过磷酸钙 25kg 作面肥，以确保基面肥充足。适时移栽是提高单产、确保高产的重要环节。一般掌握在当地气温稳定在 12℃以上，即 4 月上中旬移栽为宜。种植密度一般以每亩种植 120~150 株藕种为宜。早栽宜稀，迟栽宜密；高肥宜稀、中低肥宜密。

2. 种植要求

莲子从移栽到荷叶封行，先后要进行 2~3 次耘田除草。当莲主茎抽出第一立叶时开始耘田，之后每隔 10~15 天耘田一次，到荷叶封田为止。耘田前先行排水，只保持泥皮水，耘田时将杂草拔尽并埋入泥中，达到泥烂、面平、无杂草的要求。耘田时结合追肥，可使肥料深施，提高肥效。莲子对除草剂特别敏感，一般不提倡在莲田中使用除草剂。

3. 施肥

莲子生育期长，耗肥量大，而莲子根系吸肥能力较弱，施肥应强调施足有机肥，增施磷、钾肥，少量多次施追肥，适时补充微肥。莲子大田追肥每亩总用肥折尿素 40kg、氯化钾 20kg、硼砂 2. 5kg 左右。施肥时掌握“苗肥轻、花肥重、子肥全”原则，分期多次施用。第一立叶抽生后（成苗期）结合第一次耘田追施苗肥，每亩用尿素 5kg、氯化钾 2. 5kg。点施在莲苗周围。施肥后即行耘田。始花期重施花肥，于第一花蕾出现时施用，每亩施尿素 75kg 加氯化钾 4kg，全田均匀撒施，不能将肥料撒到荷叶或花上，田间保留 3~5cm 水层。结蓬初期施壮子肥，每亩施尿素 5kg，氯化钾 2.5kg、硼砂 0.5kg，施肥方法同上。之后，每过 10~15 天施一次追肥，（每次肥料用量递减 10%），全程 5~6 次。

四、病虫害防治

（一）病害

1. 腐烂病（根腐病）

初期叶片上发生黑褐色斑点，以后逐渐扩大，最后引起腐烂，继之叶柄、藕节、根茎相继腐烂。

防治方法　可用托布津 800 倍液或 65%代森锌 600 倍液喷施，同时应摘除病叶并烧毁，保持水质清洁，水旱连作。

2. 黑斑病

初期叶面上出现不规则褐色病斑，略有轮纹，后期病斑上着生黑色霉状物，常几个病斑连在一起，形成大块病斑，严重时整株枯死。

防治方法　发病初期及时喷洒 50%多菌灵或 75%百菌清 500~800 倍液进行防治。

（二）虫害

1. 大蓑蛾

又称袋子虫，6 月中旬孵化的幼虫，爬在附近枝叶上吐丝下垂，随风传播至荷叶上，吐丝做袋，并咬碎叶片黏附在袋外，携袋爬行，伸出头咬食荷叶和蕾柄，严重时，可将荷叶食光。

防治方法　90%敌百虫 1 500~2 000 倍液加青虫菊 800 倍液喷杀，以在 7 月初二龄虫以前防治效果最佳。

2. 莲缢管蚜

以若虫或成虫群集于浮叶和立叶的叶芽、叶背及花蕾上吸取汁液为害。主要发生在 5—9 月。

防治方法　可用 40%乐果乳剂 2 000~2 500 倍液或 25%鱼藤精 500 倍液喷杀。

3. 铜绿金龟子

成虫夜间飞至荷叶上咬食，以夏季为害最烈。

防治方法　可利用其趋光性和假死性，设灯光诱杀，人工捕杀，也可用 90%的敌百虫 1 500~2 000 倍液喷杀。

4. 斜纹夜蛾

初孵幼虫群集叶背啃食叶肉，留下表皮和叶脉，被害叶片好像纱窗一样，呈灰白色。幼虫稍微大后即分散食害，将叶片咬成缺刻，并能咬食花蕾和花，每年以

6—10 月为害最重。

防治方法　及时摘除虫叶销毁，同时在幼虫群集为害时，于傍晚喷洒甲胺磷 1 000 倍液防治。

5. 稻根叶甲

幼虫为水蛆，吸吮茎、叶和梗的汁液，致使荷叶发黄。

防治方法　可用石灰驱杀。

五、采收加工

（一）采收

莲子质量的好坏，除与品种品质有关，与适时分期收莲子，精细加工亦有密切关系。莲子适时的采收、精细加工、及时干燥，是保证莲子产品质量，提高经济效益的最后一关。

1. 采收标准

当莲蓬出现褐色斑纹，莲子与莲蓬孔格之间稍有分离，莲籽果皮带紫色，即为采收适期。如果采收过嫩，颗粒不饱满，干燥后，通芯白莲皱缩，影响质量与产量。因此，莲蓬的采收要做到：成熟一蓬，采收一蓬，先熟先采，隔日一次。

2. 采收时间

莲子是由地下茎不停地向前伸长分枝而陆续开花、着生莲蓬和结子的水生植物，其莲蓬莲子的成熟期是不一致的。所以在采收莲子时要根据莲的这一特性来掌握。一般而言，始花期的莲蓬生育期约 40 天；盛花期莲蓬的生育期约 35 天；终花期莲蓬生育期约 30 天便可采收。莲子采摘期较长，一般从 6 月底 7 月初开始采收，可至 9 月底陆续收获完毕。有的山区采摘期可适当延续到 10 月上旬。因此，分期分批适时采摘是与莲子的生长习性相适应的，而且为通芯莲的加工带来了方便。采摘时间一般于上午 8 时或下午 5 时以后，以清晨采收最为适宜。采收回来的莲子可立即加工，既便于加工，且色泽洁白，还能利用夏季烈日之热源，节省燃料；下午采收的莲蓬将其莲面向上，堆放在地上或箩筐内，再在莲蓬上喷水，保持莲蓬湿润，便于翌日加工。若在夜间加工莲子，当时又无法干燥，不必立即捅心，可用清水浸泡，待第二天清早，随捅随烘。因莲子采收期正值酷暑高温，中午前后不宜采摘，否则果种皮脱水变干，不利于加工。

3. 采摘方法

莲蓬采收时要沿着一条固定的线路一行一行按顺序进行，以 4~5m 为一行，要寻找仔细，避免漏采。采摘过的地方可适当将已采莲蓬的莲叶摘除，既减少了田间荫蔽，亦可作为采摘记号减少重复劳动。在采收时，还要尽量避免踩断藕鞭和损伤荷叶。

（二）加工

莲子加工，包括手工加工和机械加工两种。但无论何种加工形式，其操作都大致可分为脱粒、去壳、去皮、捅心四道程序。

1. 脱粒

用手将莲粒从莲蓬孔格内一粒一粒剥出。脱粒时最好在莲子采摘后立即进行，切忌将莲子采摘后存放时间过长，以免莲蓬萎缩变黄，影响脱粒速度与莲子色泽。

2. 去壳

可分为手工和机械去壳两种方法。

（1）手工去壳　将一块长约30cm，宽约20cm的干净小木板，呈10°～20°角，斜放在桌上或莲筛内，左手随意抓一把莲子，然后一粒粒从掌心推出，用拇指和食指夹住莲粒的一端，横放在木板上。右手持莲刀，用莲刀在莲子的中部略用力向前一推，莲子壳便割成两片，待去皮时再将莲壳剥掉。推动莲刀时，用力要轻巧、均匀，否则，会损伤莲肉或留下痕迹。

（2）机械去壳　机械去壳很难达到其质量要求，一般较少采用。

3. 去皮

可分为手工去皮和生物酶去皮两种方法。

（1）手工去皮　将剥壳后的莲子用左手的拇指与食指夹住，顶部朝上，用手从莲子的顶部将莲子外皮（莲衣）扯下，通常可以一扯到底，再用拇指把尚未扯尽的莲衣和内皮彻底擦净，要求去皮干净，莲肉表面光滑。

（2）生物酶去皮方法　比手工除嫩皮提高工效可达几十倍。具体做法：先将固体酸酶加5倍水（35℃）浸泡（用瓷盆、瓦缸）35分钟，再用尼龙布或绸布过滤，得到酶液；再将内装的小包药剂，加入酶液搅拌融合，把剥掉外壳的莲子用纱布袋装好放入酶液中，以浸过莲子为度，每隔5分钟翻动一次，过20～30分钟取出莲子。把浸过的莲子用大量清水冲洗干净，然后将莲子及纱布放在平整光滑板上（木、石板）擦洗数次，用清水洗干净。烘干后成了通心白莲。1kg干酶可配制5kg酶液，处理5kg莲子，能反复使用5～8次，处理莲子30～35kg。

4. 捅心

一般以手工为主，手工捅心的方法是：已去皮的莲子，放置时间不宜过长，一般在1～2小时内应将去皮的莲子一起捅完。捅心前，可将去了皮的莲子倒入清水中，用手轻搓一下，能漂净少量未擦净的内皮及其黏液。捅心时，用火柴梗大小的小竹签或废自行车钢丝加工成的小签——捅心签，左手抓莲子，用拇指与食指夹住，右手拿捅心签，正对着胚芽的突起处，轻轻向前一捅，将整个莲心（胚）向外捅出，莲内不能留有莲心，也不可捅碎莲肉，要保证莲子颗粒完整，无片莲。

（三）干燥

莲子的干燥方法有晒干、烘焙、烘晒等。

1. 晒干

利用太阳热源使莲子干燥的一种方法。具体做法是晴天，加工出来的湿莲子摆在莲筛（毛竹或铁丝网编制成的筛子，直径约60cm）内，放置太阳下暴晒，中途用手托住莲筛底部，波动2~3次，使之受热均匀，切勿用手直接接触莲子，以免影响质量。由于日晒热源有限，太阳下山时莲子不一定能完全干燥，需继续用木炭一次性烘干。

2. 烘焙

遇阴天或雨天，应采取木炭火烘焙，将热源置于莲圈（圆柱形，高30cm左右，直径56cm左右）内，然后把装有莲子的筛子放在莲圈上进行烘焙。烘焙温度应先高后低，即火力先大后小，开始时控制在80~90℃，待莲子变软，表面干燥后，可降至60℃左右，直到完全干燥为止。烘焙莲子时，要经常用筷子翻动，使之受热均匀，干燥一致。

3. 烘晒

即火烘日晒同时进行，上有日晒下有火焙，用这种方法干燥的莲子质量最佳，其操作方法与日晒、烘焙并举，但火力可适当小一些，以莲筛（竹筛）上不烫手为宜。按照以上程序即可加工出符合市场要求的优质通芯白莲和莲心。

（四）贮藏

莲子含有丰富的营养成分，而且吸湿性大，一旦受潮，内部组织膨胀，细胞呼吸作用增强，产生大量热能和一系列变化，霉菌极易繁殖，莲子顶端长出白毛，同时害虫也乘虚而入，产卵孵化，蚕食莲子。因此，莲子的合理保存，对保持莲子品质及色泽甚为关键。

贮藏方法：50~100kg的少量莲子可以用土办法贮藏，贮藏前按每50kg干莲子配1.5~2.5kg干辣蓼草预备好，辣蓼草也要充分晒干去杂。将辣蓼草垫在容器内下部，上部盛装干莲子，然后加盖密封。这样莲子可以贮藏到第二年新莲子上市，一般不生虫，不霉变，色泽如新，质量完好。

分级贮藏：捅心不完全和黄瘦质差的莲子容易霉变和虫蛀，也难于保管，在贮藏时应将这些莲子挑出处理掉，然后再行贮藏。

药物防霉：二硫化碳对白莲能起充碳、抑制细胞活性的作用，对防虫也有一定的效果。使用方法是将二硫化碳放入小布袋内，用棉线将棉布袋口捆扎好。

知识链接：莲子为常用中药。始载《神农本草经》，藕实项下，列为上品。现市售商品有建莲子，湘莲子，湖莲子三种，另外还有带壳的石莲子。

建莲子　类圆形，直径约1.5cm，长约1.7cm，表面淡黄白色或带粉色。顶端作凸形突，棕红色，正中常有裂隙，自裂隙处可剥为两瓣（两片子叶）瓣呈凹槽形状，内黄白色，中有绿色胚芽一枚（莲子芯）。质坚实。气无，味甘淡、微涩。

湘莲子　外形略似建莲子，但略圆小，纵横径约 13.3mm，表皮灰棕色，显细密的纵顺纹。涩味略重。余约与建莲子相同。

湖莲子　多为湖滨自生品，体型略显细瘦直径约 1cm，长约 1.5cm。表皮淡棕色，余约与湘莲子相同。

石莲子　为带硬壳的湖莲子干燥的果实。呈椭圆形，两端略尖，长 1.8cm 左右，直径约为 1.2cm。外壳灰黑色，表面平滑，一端有小圆凹点，另一端有微小短柄。壳厚约 1mm，内含莲子一枚。质坚硬，不易破裂。

第七节　酸枣仁

一、植物特征及品种

酸枣仁（鼠李科枣属），别名枣仁、酸枣核、山枣仁（图 4-13、图 4-14）。落叶灌木或小乔木，高1~4m；小枝之字形弯曲，紫褐色。花期 6—7 月，果期 8—9 月。

图 4-13　酸枣仁树图

图 4-14　酸枣仁药材

二、生物学特性

酸枣喜欢温暖干燥的环境，耐碱、耐寒、耐旱、耐瘠薄，不耐涝，适应性强。无论山区、丘陵、平原，只要有扎根之处，都能生根、开花、结果。野生酸枣树喜阳，一般在陡峭的山坡上比较常见，酸枣树根能不断分蘖，繁殖很快。在干旱的丘陵和山区，是自然绿化的先锋树种。但不宜在低洼水涝地种植。

三、栽培技术

（一）选地与整地

选土层深厚、肥沃、排水良好的沙质土壤。移栽前提前整地，让土地熟化。先将地块内的灌木杂草砍伐、清除，再把土块打碎，根据地形顺坡做畦（宽 100~130cm）或鱼鳞沟等。挖深坑，施足基肥，每亩施厩肥 1 500~2 000kg，耙平整细。在经过深耕细整的地面上每隔 15~20m 开一灌水渠，再在两渠之间按行距 1m 放线定点做垄，垄高 15cm，垄面宽 35cm，垄底宽 50cm，每垄 2 行。

（二）繁殖方法

1. 种子繁殖

9 月采收成熟果实，堆积，沤烂果肉，洗净。春播的种子须进行沙藏处理，在解冻后进行。秋播在 10 月中、下旬进行。按行距 33cm 开沟，深 7~10cm，每隔7~10cm 播种 1 粒，覆土 2~3cm，浇水保湿。育苗 1~2 年即可定植，按行株距（2~3）m×1m 开穴，穴深宽各 30cm，每穴 1 株，培土一半时，边踩边提苗，再培土踩实、浇水。

2. 分株繁殖

在春季发芽前和秋季落叶后，将老株根部发出的新株连根劈下栽种，方法同定植。

（三）田间管理

1. 中耕除草

苗期要及时松土除草，定植后每年松土除草 2~3 次。定植后，前几年可在田间套种豆类、蔬菜或一年生草本中药材，结合间作进行中耕除草和追肥。

2. 追肥

苗高 6~10cm 时，每亩施尿素或硫酸铵 10~15kg；苗高 30~40cm 时，在行间开沟，每亩施厩肥 1 000kg、过磷酸钙 15kg，施后浇水。进入结果期，于每年秋季采果后，每株施入农家肥 50kg、过磷酸钙 2kg、碳酸氢铵 1kg，有明显的增产和复壮树势的效果，落果也明显减少。此外，在生长期用 0.1%~1%尿素和 0.3%磷酸二氢钾混合液，进行根外追肥，每月 1 次，亦有显著增产效果。

3. 喷洒植物生长素

6 月上旬盛花期，喷 10mg/kg 萘乙酸（NAA）或 8~10mg/kg 2,4-D。7 月中旬幼果期，喷 30mg/kg 2,4-D 或 50mg/kg 萘乙酸（NAA），每隔 3~4 天喷 1 次，连喷 2 次。

4. 喷水和浇水

在盛花期，选晴朗无风的下午或傍晚，用喷雾器向枣花均匀喷洒清水，每隔

3~5 天喷 1 次或进行田间灌水，能减轻落花落果，提高坐果率。

5. 枣头摘心

在盛花初期，新枣头枝长达 30cm 以上时，对不作更新的枣头摘心，留下 3~4 个二次枝，可萌发成健壮的枣股，是酸枣的主要结果母枝，能连年开花结果。

6. 枣园放蜂

酸枣树是虫媒花，在花期放蜂，利用蜜蜂加强授粉可提高结实率 1 倍左右，增产 20%以上。

7. 修剪

定植后，当干径粗达 3cm 左右时，以高度 80cm 来定干。冬季修剪时，留树干上部 5~7 个枝条，将 80cm 以下及近地面的枝条全部剪除，以便形成粗壮的主干和明显的树冠，其具体做法如下。

（1）幼龄树的修剪　主要是扩大树冠，培养坚固的骨架。定植后当干径粗 3cm 左右时定干，定干高度为 80cm。第 1 年从新发的枝条中，选留 3~4 个壮枝，培育成第 1 层主枝，使呈放射状向四周伸展，形成第 1 层树冠。中心主干继续向上生长，其上出现小侧枝可适当保留，作辅助性结果枝。各主枝上萌发的直立性徒长枝，可以从基部剪除；平行的细弱枝则可保留，以利于主枝的正常生长。主侧枝上枣头二次枝应予保留，这是酸枣树上的主要结果部位。对连续延长生长 3 年的枝头进行打顶（摘除主芽），有利于各二次枝上枣股的复壮。第 2 年再用从当年新发出的新枝中选留 3~4 个壮枝，培养成第 2 层主枝，形成第 2 层树冠。各层间距 40~50cm。待第 3 年距第 3 层树冠 40cm 处截顶，使整个树体高度控制在 2m 左右。通过 3 年的整形修剪，便可形成层次分明，树冠圆满，通风透光，立体结果，管理方便的主干分层形的丰产树形。

（2）成年树的修剪　主要是每年冬季及时剪除密生的、交叉的、重叠的和直立的徒长枝及病虫枝，以均衡树势和改善通风透光条件。对衰老的下垂枝，要适当回缩，以抬高角度，萌发枣头，继续扩大树冠。

衰老树的更新修剪于当年 5—6 月进行，在更新后长出的新枣头中，每隔 60cm 选留一个枣头，除顶端枣头继续延长外，其余的进行打顶，以促发新枣股，维持树势和继续结果。

8. 剪刺

定植后每年剪针刺一次，防止风吹摇动枝条时易将果实碰伤或撞落。

9. 环状剥皮

经试验环状剥皮对提高坐果率有十分显著的效果。环状剥皮的最适时期为盛花期，环剥宽度以 0.5~0.6cm 为宜；离地面 10cm 高的主干上环切一周，深达木质部，隔 0.5~0.6cm 再环切一周，然后剥去两圈间的树皮即可，环剥 20 天左右伤口开始愈合，1 个月后伤口愈合面在 70%以上。

四、病虫害防治

（一）病害

1. 锈病

病株多在中脉两侧、叶尖端和基部产生病菌夏孢子堆。初为散生淡绿色小点，后逐渐凸起呈暗黄褐色，叶背夏孢子堆直径为0.5cm。表面破裂后，散出黄色粉状物即夏孢子。叶片正面与叶背夏孢子堆相对应处产生绿色小点，边缘不规则，叶面呈花叶状，且逐渐失去光泽，最后干枯，早期脱落。落叶自树冠下部开始，逐渐向上蔓延。冬孢子堆一般多在落叶以后发生，比夏孢子堆小，黑褐色，稍微凸起，但不突破表皮。病原为属担子菌亚门，锈菌目。仅发现夏孢子和冬孢子两个阶段。冬孢子在落叶上越冬。夏孢子越冬形态或以菌丝体在病芽中越冬。病害通常在7月中、下旬开始发生，8月下旬至9月初出现大量夏孢子堆，不断进行再侵染，达发病高峰，并开始落叶。8—9月间降水量与病害的严重程度关系密切。此时降水多，发病重，干旱则发病轻或无病。

防治方法　①加强栽培管理，适当修剪过密的枝条，以利通风透光，增强树势。雨季应及时排出积水，降低枣园湿度。冬季清除残枝落叶，集中烧毁以减少病菌来源。②药剂防治。发病重的枣园可于7月上、中旬开始喷1次20%粉锈宁2 000倍液或0.3波美度石硫合剂，隔1个月左右再喷1次，能有效控制病害发生。

2. 枣疯病

受害植株花梗延长4~5倍，萼片、花瓣、雄蕊均变为小叶，雄蕊转化为小枝，主芽不能正常萌发，造成枝叶丛生。病枝纤细，节间缩短，叶片小而黄化。花后生出的叶片较狭小，明脉，易枯焦。病花一般不结果。病主根由于不定芽大量萌发，常长出丛生的短疯枝，枝叶细小，黄绿色，易枯焦。后期病根变褐腐烂。

防治方法　①发现病株，连根刨除，树穴用5%石灰乳浇灌。②不要在病区挖取根蘖苗栽。

（二）虫害

1. 黄俐蛾

防治方法　幼虫期可喷90%敌百虫800倍液或青虫菌粉500倍液。

2. 枣刺蛾

属鳞翅目，刺蛾科。大龄幼虫体粗短，鲜绿色，头小，缩入前胸。体背每节上有蓝色“8”字纹。体节上生枝刺，枝刺末端有红色毒毛。为多食性害虫，一年发生2代，以老熟幼虫入土结茧越冬。初孵幼虫在叶背咬食叶肉，残留表皮，呈薄膜状。成长幼虫残食叶片，造成缺刻或残缺不全。严重时食尽叶片。

防治方法　①灯光诱杀成虫：在酸枣成片种植区，在成虫发生期用黑光灯或频振灯诱蛾。② 药剂杀灭幼虫：在幼虫发生为害期，施用灭幼脲、印楝油、高效乐氰菊酯等。

3. 大造桥虫

属鳞翅目，尺蛾科。成熟幼虫体长 40~50mm，体色多样，变化大，有淡褐、灰黄、黄绿等色。胸足 3 对，腹足和臀足各 1 对。体表光滑。最明显特征是第二腹节背面有 1 对较大的瘤状突起，第八腹节背面有 1 对较小的瘤状突起。为杂食性害虫，分布广，一年发生多代，因地理分布差异大，在四川酸枣树上的为害期为 5—10 月。幼虫入土化蛹。大龄幼虫取食叶片，造成缺刻和残缺不全。严重时叶片被食尽，残留叶柄。大龄幼虫常栖息在茎、枝上，成直形，行走时成弓形。

防治方法　同枣刺蛾。

4. 桃小食心虫

属鳞翅目，果蛀蛾科。幼虫体长 13~16mm，桃红色，腹部色淡，无臀栉，头黄褐色，前胸盾黄褐至深褐色，臀板黄褐或粉红。前胸只有 2 根刚毛。腹足趾钩单序环 10~24 个，臀足趾钩 9~14 个，无臀栉。一年发生 1~2 代，以老熟幼虫结茧在堆果场和果园土壤中越冬。幼虫蛀食酸枣果肉，造成减产。

防治方法　① 从盛花期开始，在树干周围地面喷洒 0.5%~1%西维因粉 1~2 次，消灭越冬出土幼虫。② 悬挂黑光灯，诱杀成蛾。③ 产卵期树上喷氟氯氰菊酯或甲氰菊酯等。

五、采收加工

（一）采收

秋季当果实外皮呈红色时，即及时采收，采下成熟果实。不宜过早采收，否则种仁未成熟，出仁率低，质量差。

（二）加工

采回的果实趁鲜时除去皮肉，用水洗净枣仁晒干，再用专门加工机械压碎硬壳，簸取枣仁晒干，可供药用。通常 6kg 枣核可加工成 1kg 枣仁。

温馨小提示：酸枣仁树栽培时要选用根系完整、粗度在 0.8 ~1cm 及以上的优质壮苗，不宜使用弱小苗木。而且栽植深度要适当，以苗木原埋土深度为准，栽植过浅不抗旱，过深不发苗。

第八节　槟　榔

一、植物特征及品种

槟榔（棕榈科槟榔属），又名槟榔子、宾门、槟楠、大白槟、大腹子、橄榄子、螺果（图 4-15、图 4-16）。常绿乔木，茎直立，不分枝，无主根，高 10 多米，最高可达 30m，有明显的环状叶痕。花果期 3—4 月。

图 4-15　槟榔树

图 4-16　槟榔药材

二、生物学特性

（一）生态习性

槟榔属温湿热型阳性植物，喜高温、雨量充沛湿润的气候环境。常见散生于低山谷底、岭脚、坡麓和平原溪边热带季雨林次生林间，也有成片生长于富含腐殖质的沟谷、山坎、疏林内及微酸性至中性的沙质壤土的荒山旷野。主要分布在南北纬 28°之间，最适气温在 10~36℃，最低温度不低于 10℃、最高温度不高于 40℃，海拔 0~1 000m，年降水量 1 700~2 000mm 的地区均能生长良好。幼苗期荫蔽度 50%~60%为宜，成年树应全光照。槟榔对土壤要求不高，但以土层深厚，有机质丰富的沙质壤土栽培为宜

（二）生长发育特性

花期 4—8 月，冬花不结果，果期 11 月至次年 5 月。一般植后 5~6 年便可开花结果，低龄树年产果约 100 个，20~30 年生树为盛产期，平均每株产果约 200 个，高产达 300~400 个，此后略有下降，经济寿命长达 60 年以上。

三、栽培技术

（一）选地与整地

育苗地宜选靠近水源，土壤肥沃、疏松，排水良好且有一定遮阴条件的地段。种植地宜选择海拔300m以下的森林采伐迹地的南坡、谷地、河岸两旁背风之地，以及农村的“五边地”。如坡度较大的山地，宜水平带状整地，带宽3m，带面向内倾斜。带内侧挖一条蓄水沟，宽30cm，深25~30cm，生长视地势而定。

（二）繁殖方法

主要用种子繁殖。

1. 种子处理

生产上多用催芽，把果实摊在靠近水源并能起荫蔽作用的树底下，地底下铺一层河沙，堆成高20cm以下，长度不限，但便于淋水，并盖上稻草，不宜盖茅草，厚度以不见果实为度，每天淋水1次。7~10天果实表面开始发酵腐烂，即可取出果实用水洗净，重晒1~2天，晒时要注意翻动，以提高发芽温度，然后继续堆放，重新盖稻草、淋水。20~30天后，拣出具有白色小芽点的果实，进行育苗。如种子量不多可用箩筐催芽法，将果实装在箩筐内，用稻草封盖箩筐口，置于屋内保温、淋水，待果皮发酵腐烂时，将箩筐连同果实一起放在河沟内洗擦干净，然后依上法放于屋内，当有白色芽点时即可育苗。按株行距30cm×30cm开小穴，施基肥，每穴放1个经过催芽后露白的种子，覆土2~3cm，压实后盖草，淋水至湿为度。

2. 定植

1个月左右，小苗将陆续顶出土面。苗木经过1~2年的培育，待苗高60cm、具6片叶以上时，便可移苗定植。目前生产上还采用营养器育苗，将经过催芽的种子盛装于营养土的塑料袋中，每袋放1粒，袋口直径25cm，袋高30cm，袋底要打2~4个小孔，以利通气排水。移植时不损伤根系，成活率高。以春季3—4月定植为宜；海南省大面积造林，宜在秋季8—10月、以顶端箭叶尚未展开时定植成活率最高。定植时宜选阴天进行。挖苗时不要损伤根系，要带土球，并剪去部分老叶。按株行距2m×3m挖穴，穴的规格为60cm×60cm×50cm。一般每亩定植100株苗。定植不宜过深，踏实后淋足定根水，用杂草覆盖，或插小树枝遮阴，减少蒸发。营养袋育苗，在定植时要除去营养袋。

（三）田间管理

1. 遮荫

在定植后的最初几年，根浅芽嫩，为了保护幼嫩的槟榔不受烈日暴晒和减少地面水分蒸发，可在槟榔行间种植覆盖植物。海南产区在槟榔周围种飞机草、山毛豆等，也可间种一些经济作物、草本药材，既可荫蔽幼树，又可压青施肥，防止土壤冲刷，保持林地湿润，还可增加收益。

2. 灌溉排水

在雨水较少的季节，应加强灌水。在多雨的季节，要注意排水，避免积水，造成病害蔓延。

3. 除草培土

幼龄期要保持植株周围无杂草，每年除草 3～4 次，并使土壤疏松。结合除草进行培土，把露出土面的肉质根埋入土中，以增强根系对养分和水分的吸收。除草培土后可将易腐烂的杂草覆回槟榔茎基部。

4. 施肥

定植后幼树每年施肥 3～4 次，可在除草后进行 第一年每亩施有机肥 250～500kg，第二、三年每亩可施 500～1 000kg。结果树第一年施肥 2 次：第一次在花苞开放前，每株施用人粪尿 5～10kg；第二次在果期进行，每株施绿肥或厩肥 15kg，并加入过磷酸钙 100g，或熏土 5kg 等，以促进幼果生长。

四、病虫害防治

（一）病害

1. 炭疽病

小苗和成龄植株均可受害。主要为害叶片，高温多湿季节易发病。

防治方法　加强田间管理，增强植株抗病能力；发病期间用 1∶1∶120 倍的波尔多液喷雾防治。

2. 基腐病

为害全株。

防治方法　早期发现病株时，在树干顶部钻洞，排除臭液，可保存心叶，制止恶化，并围绕病株挖一环形小沟，填上石灰进行隔离消毒；将病株挖出烧毁。

3. 果腐病

多雨高湿环境下流行多发。

防治方法　加强田间管理，增强抵抗能力；取食盐 0. 15～0. 2kg 用纸或布包装，放在心叶中央，受雨露潮解溶化，可防落果，免除感染。

（二）虫害

1. 红脉穗螟

幼虫为害花果，4—5 月、8—9 月是为害槟榔的高峰期，造成落花落果。

防治方法　冬季结合田间管理，清理田园，将枯叶、枯花、落果集中烧毁或堆埋；及时清除被害的花穗和果实；在花苞脱落前，或在幼虫形成期，用乐果喷洒。

2. 透明圆盾蚧

若虫和雌虫吸取被害组织的汁液，使被害部位失绿发黄。

防治方法　利用天敌细喙唇瓢虫，或修剪带虫叶片；用40%乐果800倍液喷杀；用草木灰肥皂液（水50kg、草木灰5kg、肥皂0.125kg，加热溶解，过滤）喷雾。

3. 椰心叶甲虫

咬槟榔心。

防治方法　在不影响生长点的情况下，用利刀自下向上斜45°砍除心叶，然后用布包20g敌百虫放在生长点上，滴注杀虫。

五、采收加工

（一）采收

一般采收分两个时期。第一个时期，11—12月采收青果加工成榔干。以采收长椭圆形或椭圆形，茎部带宿萼，剖开内有未成熟瘦长形种子的青果加工成榔干品质为佳。第二时期，3—6月采收熟果加工榔玉。以采收圆形或卵形橙黄或鲜红熟果，剖开内有饱满种子的成熟果实加工成榔玉为佳品。采收方法是：槟榔树矮的，人伸手可及的进行直接采摘；槟榔树高的，伸手不可及的，可用镰刀捆在竹竿上采割，底下编织网接住以免摔坏槟榔果。

（二）加工

1. 榔玉

将成熟果实晒1~2天，然后放在烤灶内用干柴火慢慢地烤干，7~10天取出待冷，砸果取榔玉再晒1~2天即可。一般100kg鲜果可加工成榔玉17~19kg。

2. 榔干

采下青果去枝，然后置果实于锅内加水煮沸约30分钟，捞出凉干，再将果实放置于烤灶内用湿柴文火烘烤。烤2~3天翻炒1次，连翻两次便可。8~10天用木棒从上面直插底层，如一插便入，说明底层已干，此时取出即成榔干。一般100kg鲜果可烤得20~25kg。

3. 大腹皮

将成熟果实纵剖成半，剥下果皮，晒干，打松干燥即得。

4. 槟榔花

取尚未开放的雄花干燥而成，以土黄色或淡绿色为佳品。

知识链接： 槟榔一般按照果形分为长椭圆形、椭圆形、球形、卵形、倒卵形、心脏形等6类，按照品质来源分为海南、泰国和越南3个品种。干槟榔呈圆锥形或扁圆球形，高1.5~3cm，基部直径2~3cm，表面淡黄棕色或黄棕色，粗糙，有颜色较浅的网形凹纹，并偶有银色斑片状的内果皮附着。基部中央有圆形凹陷的珠孔，其旁有淡色的疤痕状的种脐。质坚实，纵剖面可见外缘的棕色种皮向内褶入，与乳白色的胚乳交错，形成大理石样花纹。基部珠孔内侧有小形的胚，常呈棕色，干枯皱缩不显。气无，味涩而微苦。

槟榔有毒，长期吃槟榔会导致口腔纤维化，引发口腔癌。

第九节　银　杏

一、植物特征及品种

银杏（银杏科银杏属），别名白果、公孙树、鸭脚树、蒲扇（图4-17、图4-18）。落叶大乔木，直径可达4 m，幼树树皮近平滑，浅灰色，大树的皮灰褐色，不规则纵裂，粗糙；有长枝与生长缓慢的距状短枝。

图4-17　银杏植株

图4-18　银杏果

知识链接： 银杏树的果实俗称白果，因此银杏又名白果树。银杏树生长较慢，寿命极长，自然条件下从栽种到结银杏果要二十多年，四十年后才能大量结果，因此又有人把它称作“公孙树”，有“公种而孙得食”的含义，是树中的老寿星，具有观赏、经济、药用等价值。

二、生物学特性

（一）生态习性

野生状态的银杏分布于亚热带季风区，水热条件比较优越。年平均温 15℃，极端最低温可达-10. 6℃，年降水量1 500~1 800mm。土壤为黄壤或黄棕壤，pH 值 5~6。伴生植物主要有柳杉、金钱松、榧树、杉木、蓝果树、枫香、天目木姜子、香果树、响叶杨、交让木、毛竹等。

银杏为阳性树，喜适当湿润而排水良好的深厚壤土，适于生长在水热条件比较优越的亚热带季风区。在酸性土（pH 值 4. 5）、石灰性土（pH 值 8. 0）中均可生长良好，而以中性或微酸土最适宜，不耐积水之地。较能耐旱，单在过于干燥处及多石山坡或低湿之地生长不良。

（二）生长发育特性

银杏寿命长，有 3000 年以上的古树。初期生长较慢，寿命长，萌蘖性强。雌株一般 20 年左右开始结实，500 年生的大树仍能正常结实。一般 3 月下旬至 4 月上旬萌动展叶，4 月上旬至中旬开花，9 月下旬至 10 月上旬种子成熟，10 月下旬至 11 月落叶。

三、栽培技术

（一）选地与整地

种植银杏果选地整地应选土层深厚、疏松肥沃、地势高燥，排水良好的沙质壤上。银杏扦插育苗，选地整地，应选用黄松土、壤土为好。将地整平耙细，作成龟背形畦面，宽 1. 2m，高 25cm，中间稍高，四边略低，四周开好排水沟，防止积水。并提前做好水利配套设施，以便灌溉保苗，育种一次性成功。

移栽地要选择地势高燥、日照时间长、阳光充足的地方，土壤要深厚、肥沃、排水良好的沙质壤土或壤土，以微酸性至中性的壤土生长茂盛、长势决、成林早。可进行集约化栽培和管理，建立大规模银杏生产基地，细心栽培，精心管理，高度重视，充分发挥其早期和长期效益。种植银杏果还可以利用房前屋后、古庙、风景区、路旁等空隙之地，庭院周围，旷野零星土地，进行银杏栽培种植。

（二）繁殖方法

1. 扦插繁殖

分为老枝扦插和嫩枝扦插，老枝扦插适用于大面积银杏树绿化用苗的繁育，嫩枝扦插适用于家庭或园林单位少量用苗的繁育。老枝扦插一般是在春季 3—4 月，从成品苗圃采穗或在大树上选取 1~2 年生的优质枝条，剪截成 15~20cm 长的插条，上剪口要剪得平滑呈圆形，下剪口剪成马耳形。剪好后，每 50 根扎成一捆，用清水冲洗干净后，再用 ABT 生根粉浸泡 1 小时，扦插于细黄沙或疏松的苗床土壤中。扦插后浇足水，保持土壤湿润，约 40 天后即可生根。成活后进行正常管理，第二年春季即可移植。嫩枝扦插是在 5 月下旬至 6 月中旬，剪取银杏根际周围或枝上抽穗后尚未木质化的插条（插条长约 20cm，留 2 片叶），插入容器后置于散射光处，每 3 天左右换 1 次水，直至长出愈伤组织，即可移植于黄沙或苗床土壤中，但在晴天的中午前后要遮阳，叶面要喷雾 2~3 次，待成活后进入正常管理。

2. 分株繁殖

分株繁殖一般用来培育砧木和绿化用苗。银杏树容易发生萌蘖，尤以 10~20 年的树木萌蘖最多。春季可利用分蘖进行分株繁殖，方法是剔除根际周围的土，用刀将带须根的蘖条从母株上切下，另行栽植培育。雌株的萌蘖可以提早结果年龄。

3. 嫁接繁殖

嫁接繁殖多用于水果业生产。在 5 月下旬到 8 月上旬均可进行绿枝嫁接，但在高温干旱的天气条件下不能嫁接，尤其是晴天的中午不可嫁接，同时也要避开雨天嫁接。具体方法是，先从银杏树良种母株上采集发育健壮的多年生枝条，剪掉接穗上的一片叶，仅留叶柄，每 2~3 个芽剪一段，然后将接穗下端浸入水中或包裹于湿布中，最好随采随接。可以从 2~3 年生的播种苗、扦插苗中选择嫁接砧木。用于早果密植者，接位应在 1m 左右。一般采用劈接、切接，将接穗削面向内，插入砧木切口，使两者吻合，形成层对准，用塑料薄膜带把接口绑扎好，嫁接后 5~8 年即开始结果。

4. 播种繁殖

播种繁殖多用于大面积绿化用苗或制作丛株式盆景。秋季采收种子后，去掉外种皮，将带果皮的种子晒干，当年即可冬播或在次年春播。若春播，必须先进行混沙层积催芽。播种时，将种子胚芽横放在播种沟内，播后覆土 3~4cm 厚并压实，幼苗当年可长至 15~25cm 高。秋季落叶后，即可移植。但须注意的是苗床要选择排水良好的地段，以防积水而使幼苗近地面的部分腐烂。

（三）田间管理

1. 中耕除草

刚移苗栽植的银杏地可间套种中药材，如决明子、紫苏、荆芥、防风、柴胡、桔梗、豆类、薯类及矮秆作物，并结合进行中耕除草追肥。树冠郁闭前，每年施肥 3 次。春施催芽肥，初夏施壮枝肥，冬施保苗肥，适当配合氮磷钾肥。

施肥方法：每次都是在树冠下，挖放射状穴或者环状沟，把肥料施入后覆土，浇水。从开花时开始，至结果期，每隔一个月进行一次根外追肥，追施 0.5%尿素加 0.3%的磷酸二氢钾肥，制成水溶液，在阴天或晚上喷施在枝、叶片上。如果喷后遇到雨天，重新再喷。

2. 人工授粉

银杏属于雌雄异株，受粉借助于风和昆虫来完成。为了提高银杏的挂果和坐果率，要进行人工授粉。其方法如下：采集雄花枝，挂在未开花前的雌株上，借风和昆虫传播授粉，大大提高了结实率。

3. 修剪整枝

为了使植株生长发育得快，每年剪去根部萌蘖和一些病株、枯枝、细枝、弱枝、重叠枝、伤残枝，直立性枝条夏天摘心、瓣芽，使养分集中在多分枝上，促进植物的生长。

四、病虫害防治

（一）病害

1. 茎腐病

多发生在1~2年生实生苗上，苗木受害后，在苗木根颈处皮上出现一圈紫红色，随后转为皮干枯，最后全株死亡。

防治方法　选择排水好的苗圃地，提高播种量，播时施足基肥，4月下旬搭棚遮阴，避免太阳强烈照射。发现病株立即除掉，用50%多菌灵800~1 000倍液喷雾，间隔7~10天喷1次，连续喷2次。

2. 叶枯病

发生在7—8月，受害植株开始在叶片的边缘由部分黄色变成褐色坏死，由局部扩展到整个边缘，出现褐色或红褐色的叶缘病斑。以后病斑逐渐向叶基延伸，使整个叶片变成褐色或灰褐色。

防治方法　2至3月施足基肥，4—7月勤追肥；或在5月底以前施多效锌肥或硼、锰、锌等微量元素混合液，提高植株抗病能力。发病初期，用25%~50%的多菌灵粉剂500~800倍液喷雾；发病盛期用50%的退菌特800~1 000倍喷雾，间隔15~20天喷1次，连喷2~3次即可。

3. 疫病

常为害幼嫩苗木茎干、叶，尤以嫁接口最为严重。受害叶柄呈灰黑色。叶片发病，病斑白叶缘向叶内扩展，发病叶片似开水烫伤状，病斑扩展至全叶，叶片萎垂，最后叶片变黄；病菌侵染顶芽，整个顶芽变黑枯死，在自然条件下，发病部位难以见到病征。

防治方法　及时彻底清园，挖出病株，剪掉病梢，并集中烧毁。在病害发生前，喷杀毒矾、瑞毒素500~1 000倍液，喷杀1~2次。

4. 早期黄化病

银杏早期黄化病是由缺锌引起的一种生理病害。发病叶片边缘出现浅黄色病斑，有反光；随后，病斑向叶基扩展，逐渐半只叶片枯黄；最后，叶片转为褐色、灰色，枯死或提前落叶。严重时发病率达到80%，一般在每年6月上旬出现，7月中旬至8月下旬病斑迅速扩大，病叶枯死。

防治方法　3月下旬到4月上旬，对发病银杏施用锌肥，幼树每株施80~100g硫酸锌，大树每株施1 000~1 500g硫酸锌。干旱季节，做好浇灌工作，汛期做好排水工作。

（二）虫害

1. 金龟子

主要是成虫为害。定植1~2年的幼树，在4月下旬至5月中旬幼树展叶期，金龟子晚上出来食叶为害，白天躲在幼树根部。

防治方法　如为害严重可在晚上用1 500~2 000倍的敌杀死溶液喷雾，如仅个别植株受害，可在晚上进行人工捕杀。

2. 大蚕蛾

以对银杏的主要为害是幼虫取食叶片，4—6月银杏叶片幼嫩，其幼虫大量取食叶片。

防治方法　在4—5月幼虫刚羽化成群集性时，用50%敌敌畏1 500倍液喷雾，或用90%晶体敌百虫1 500倍液喷雾。如4~5龄以后，用药量加大，用50%敌敌畏500~600倍液喷雾，效果较好。

3. 超小卷叶蛾

为害时间4月中旬至6月中旬，以幼虫为害严重，刚羽化的幼虫，经1~2天后蛀入嫩梢内为害，会造成被害枝梢枯死，幼果脱落，损失极大。

防治方法　在幼虫刚孵化未蛀入枝梢前或幼虫从枝梢内爬出卷叶时进行喷杀。以敌百虫（90%）：敌敌畏（80%）：水=1：1：（800~1 000）进行喷雾，也可用1 500~2 000倍敌杀死溶液喷杀。

4. 家白蚁

受害症状是开始出现枝叶枯黄，顶端干枯，植株挂果极少，为害严重的植株，造成树干空心，全树枯死。存在家白蚁的树，可在树皮上观察到工蚁和兵蚁外出觅食留下的细小土粒筑成的蚁路。

防治方法　将主干钻通深入蚁巢施药，钻孔部位在羽化孔下方离地面15cm处。清除钻孔内木屑，用胶囊喷粉器向孔内喷白蚁药（常规配方+10%灭蚁灵），每洞喷20~25g，喷后用废纸或泥土堵塞孔口。

五、采收加工

（一）采收

银杏实生苗种植需15~20年才开花结果。嫁接苗栽后3~5年便开花结果。在每年9—10月，当外种皮变为橙黄色时采收，不宜过早采收，否则会降低产量和质量。

（二）加工

采回种子摊放在水泥地板上，厚20~30cm，上覆盖稻草，经2天后，当种皮软化腐烂时，用脚踩去种皮，再放在流水处反复冲洗。捞出滴干水，置硫黄炉（柜）内用硫黄熏蒸30分钟左右，即取出阴干。

第十节　水飞蓟

一、植物特征及品种

水飞蓟（菊科水飞蓟属），别名奶蓟、老鼠筋、水飞雉（图4-19、图4-20）。一年生或二年生草本，高1.2m。茎直立，分枝，有条棱，极少不分枝。花果期5—10月。

图4-19　水飞蓟花

图4-20　水飞蓟药材

二、生物学特性

（一）生态习性

水飞蓟分布广、适应性强，对土壤要求不十分严格，在黑土、草甸土、黄壤、沙壤、棕壤、白浆土等都可以正常生长。即使在盐碱地种植，也会有一定的产量。土质黏重、低洼积水、盐碱性重的地方不宜种植。当种植在质地疏松的沙土上时，早春地温上升快，生长迅速。但这类土壤保水性差，开花时易造成缺水，影响产量。

（二）生长发育特性

水飞蓟为一年生草本植物。苗期耐高温，可在夏秋39℃的地方正常生长。也较耐低温，可以抗-4℃低温，遇霜冻叶色变暗，当气温回升后又恢复正常，无冻害现象。水飞蓟种子萌发的适宜温度为6~25℃，苗期为15~18℃；莲座期为17~20℃；抽薹为18~22℃；开花授粉为20~25℃；种子成熟为20~25℃。在各生育期，若温度过低，生育阶段时期延长，温度过高则不利于它的生长发育。水飞蓟开花需要0~10℃的低温过程，若播种较晚，则延长春化阶段；播种过晚，则满足不了水飞蓟春化阶段要求的低温，影响开花和结实。

三、栽培技术

（一）选地与整地

水飞蓟对土壤要求不严，在荒原、荒滩地、盐碱地、山地均能正常生长。因不易管理，人工较难收获，最好选择在地头、地边、林边、沟边、路边种植，既便于收获，又是做天然屏障最好的作物。宜选开荒地、废弃地、土壤肥力较差的地块，不能选择低洼积水地块。机械种收作业的，应选较平整的地块。

水飞蓟生长繁茂，瘠薄地块整地时每亩施有机肥4 000kg、磷酸二铵15kg、尿素8kg，撒散均匀，翻拌于20~30cm深的土层中。要求土壤细碎，以利出苗。在地边、沟边种植，可垄距60~70cm，起4~6条垄，大面积种植垄距65~70cm。

（二）繁殖方法

水飞蓟主要采用有性繁殖，又叫种子繁殖。一般种子繁殖出来的实生苗，对环境适应性较强，同时繁殖系数大。

1. 选种及种子处理

选粒大、饱满、色黑、无病虫害、发芽率高的种子。

2. 种子处理

用0.3%的多菌灵或退菌特拌种防病，虫害多的地块可用辛硫磷拌种防虫。

3. 播种时间

水飞蓟种子和幼苗不怕冻，可顶浆播种，种完小麦就可以种它，黑龙江省南部在4月上旬，北部在4月下旬。适期早播，利于水飞蓟先扎根，后长苗，根条发达，苗齐苗旺，提高产量。但也不能过早，过早地冻播种达不到深度，地温低，出苗慢，不利保苗。

4. 播种方法

（1）直播　人工垄上刨坑，埯坑20~30cm，深度8~10cm，每穴施磷酸二铵3g，覆土4cm，然后每埯播种3~4粒，再覆土3~4cm。如果天气干旱，可以坐水播种，一般每亩播量0.5kg左右。也可人工在垄上搂沟，施肥覆土，播种，种子间距3~5cm，播后覆土3~4cm。

（2）机械播种　用大豆精量点播机进行垄上直接播种。施肥箱播肥量控制在每亩施磷酸二铵 15kg 以内，每 1 份种子拌 1.5 倍炒熟的小麦，要拉开均匀直接播种，一般每亩用种子 0.5kg，用熟小麦 0.75kg。西部地区也可用播种机平播，行距 60cm，株距 3~5cm，每亩用种子量 0.6kg。

（3）育苗　做 120cm 宽的苗床，每亩施有机肥 5 000kg、磷酸二铵 15kg，均匀拌入床中。在床上按 10cm 行距开沟 4cm 深，以种距 2cm 撒播，然后覆土、浇水、盖小拱棚。水飞蓟出苗后要注意经常清除杂草。也可在塑料棚中用育苗秧盘育苗，每穴位放种子 2~3 粒。

（4）移苗　可在 5 月初移入田间。在垄上按株距 20~30cm 刨埯，埯施尿素 1g 拌入土中，放苗、盖土、浇水，然后再覆土。因水飞蓟是直根系，起苗时要深挖多带土，苗不能过大。移栽的分枝少，密度可适当加大，每埯可栽 2~3 株。

（三）田间管理

1. 中耕除草

苗出齐后（2 叶期）首先深松一次，然后铲除杂草，既利苗生长，又土壤肥沃、疏松，通风透气性佳，也可储水。在幼苗和基生叶生长期可除草 2~3 次，苗期可喷拿普净、高效盖草能除草。

2. 间苗定苗

当幼苗长至 4 片真叶时，进行间苗，每穴可留 2 株；当长至 5~6 片叶时，或株高 6~10cm 时进行定苗，以株距 18~20cm 定植，每株留壮苗 1 株。

3. 追肥

定植后和花蕾生长期可进行追肥，一般每亩用尿素 10~15kg，可同时喷洒磷酸二氢钾溶液，15 天喷一次，连续 3 次，以增加果重。每次每亩施入尿素 10kg，还应加施钾肥，如氯化钾 1kg。

4. 灌溉

植物孕蕾期间，最需要水分，天旱要注意浇水，及时灌溉；开花结实期，可根据情况适当灌溉，雨季要注意排水。

5. 耥地

7 月初再最后耥一次地（如果进不去地可免耥），并可喷施叶面肥。

6. 产量管理

为使产量提高、成熟期基本一致，可将生出的第一个果实用刀削掉。

四、病虫害防治

（一）病害

1. 软腐病

主要是欧氏植物菌引起的，主要发生在茎部、叶片、叶柄、花蕾和果实，也有开始为污白色水渍状，其后中部软腐，最后为空心。

防治方法　1% 福尔马林浸种；定期喷洒代森锌 600 倍液或代森铵 1000 倍液；杀菌剂拌种。

2. 叶斑病

由系半知菌类真菌侵染所致，病菌首先侵染叶缘，随着病情的发展逐步向叶中部发展，发病后期整个植株都会死亡。此病 5 月中下旬开始发病，7 月、8 月为发病高峰期，高温高湿天气及密不通风利于病害传播。

防治方法　防治叶斑病一定要注意经常修剪枝条，除去冗杂枝和过密枝，使植株保持通风透光。如果发现有叶斑病，可以喷施 75%百菌清可湿性颗粒 1 200 倍液或 50%多菌灵可湿性颗粒 800 倍液进行防治，每 10 天喷 1 次，连续喷 3~4 次可有效控制住病情。

3. 白绢病

染病幼苗或成株根茎部出现水渍状病斑，后渐蔓延扩展，在病部及土表长出白色棉絮状菌丝体，其上形成很多白色的小菌核，后随菌核增大至油菜籽大小时，颜色亦变成深褐色，菌核和菌丝缠结在一起覆在植株基部表面。

防治方法　① 重病田实行轮作。采用干净的河边沙预措插条能减少或控制其发病。② 加强栽培管理。选择高燥地块种植；科学肥水管理，培育壮苗。③ 栽种前进行插条消毒,可用 50%多菌灵可湿性粉剂 500 倍液或 36%甲基硫菌灵悬浮剂 600 倍液，将沙喷湿喷透，再用塑料薄膜盖 7~8 天进行沙藏预处理插条；也可把沙藏后的插条用上述杀菌剂浸泡 20~30 分钟，都能减少白绢病的发生。

（二）虫害

水飞蓟主要虫害有菜青虫、蚜虫、金龟子等。

防治方法　用 25%敌敌畏喷雾灭杀。

五、采收加工

水飞蓟在 6—7 月陆续开花，开花至成熟需 25~30 天，果实成熟不一致。成熟的种子为黑褐色，顶部的冠毛张开，应及时采收。采收的方法有两种。

1. 人工采收

因水飞蓟叶片和果实有坚硬的针刺，要做好防刺伤的准备和防护，要有较耐用而防刺扎的手套和防护服。对已成熟的果实，一定要成熟一批收获一批，分期分批将成熟的果实收回来，经过 3~4 次即可全部收回。每次收回的果实先进行晾晒，待晾晒干燥后，统一进行脱粒，脱粒后还要出风和晾晒，达到 10%左右安全水分后方可入库贮藏、待售。

2. 机械收获

大面积生产田，在种植时为机械收获创造条件的地块，可进行机械收获。作业方式应采取分段收获，而不应采取联合（直接）收获。分段收获时，水飞蓟在70%~80%成熟时就应采取割晒作业，放倒后，晾晒7~8天。茎秆晒干后方能进行捡拾脱粒。脱谷后籽粒要清理和晾晒，其水分达到10%左右方可入库贮藏、待售。

温馨提示：水飞蓟种子成熟后呈黑褐色或褐色，但遇雨淋，水分较大时堆放，脱粒都将变成浅灰色或白色，表面粗糙无光泽，将极大的影响产品的品质和质量，这样将造成拒收或降价收购。

第十一节　白扁豆

一、植物特征及品种

白扁豆（豆科扁豆属），又名扁豆、小刀豆、茶豆、峨嵋豆等（图4-21、图4-22）。一年生缠绕草质藤本。茎长可达6m，绿色，无毛。花期7—9月；果期9—11月。

图4-21　白扁豆植株

图4-22　白扁豆药材

二、生物学特性

（一）生态特性

白扁豆喜温暖气候、湿润环境，怕寒霜，遇霜冻即死亡。对土壤要求不严，一般土壤均可种植，但以微酸性至微碱性的黏壤土、壤土或沙质壤土最好，pH值的适应范围为5.0~7.5，砾土及盐碱上不宜栽种。

（二）生长发育特性

白扁豆生长适温20~30℃，开花结荚最适温25~28℃，可耐35℃高温。在35~40℃高温下，花粉发芽力下降，容易引起落花落荚。种子发芽适温22~23℃。短日照作物。有些品种对光周期不敏感，故我国南北各地均能种植。白扁豆较耐阴，对水分要求不严格，成株抗旱力极强。

前茬作物适宜甘薯、水稻、玉米、小麦等，也可连作。可在房前屋后空隙地种植，对水肥要求较高，特别在幼苗期，如若缺水，幼苗生长瘦弱。出苗后很快进入生长旺期，遇天气晴朗土壤湿润、肥沃，植株生长势强，则有利于花芽增长而花瓣厚实，质量好。11月上中旬如遇早霜，植株即枯萎。

三、栽培技术

（一）选地与整地

育苗地和栽植地，宜选土层深厚、疏松、富含腐殖质的向阳的菜园地成片种植，先翻耕壤土深25~30cm。然后，结合整地，施足基肥，每亩施用1 000~1 200 kg的堆肥、厩肥或土杂肥。整平耙细，做成宽1.3cm的高畦，畦面略呈龟背形，开好排水沟。

（二）繁殖方法

1. 育苗移栽法

在3月中旬将土地整平，做1.3m宽畦。把种子均匀撒于畦面，再撒上一层细土，以盖严种子为度，最后搭上薄膜，播种后5~10天出苗，出苗后揭去薄膜。于清明前后进行移栽。移栽前，先将苗床灌水湿润，选阴天起苗，随起随栽。起苗时，根部要带土团，栽后成活率较高。栽时，在整好的畦面上，按行株距60cm×50cm，两行错开。呈品字形挖穴，穴径和深各10cm，挖松底土，施入足量的土杂肥，与底土拌匀做基肥。然后，每穴栽入幼苗2~3株，栽后压紧根部，覆盖细土，浇水。每隔7天左右连续浇水几次，天旱时更需要浇水保苗。

2. 种子直播法

于春季3月中旬，在整平耙细的栽植地上，按行株距60cm×50cm挖穴，穴径和深各10cm，穴底挖松整平，每穴施入堆肥或土杂肥5kg，与底土混合均匀作基肥，播前，先将籽粒饱满的新种子用清水浸泡10小时，然后捞出稍晾干后下种，每穴播入3~4粒。播后，施一次稀薄人畜粪水，再覆盖火土灰和细肥土，厚4cm左右与畦面平齐。每亩用种量2.5kg左右。

（三）田间管理

1. 中耕除草

移栽成活后，当苗高15cm左右，进行中耕除草；直播的，于苗高10~15cm

时，结合中耕除草，进行间苗、补苗，每穴留壮苗2~3株。遇有缺株，可将间下的壮苗进行补苗。以后视杂草滋生情况，再进行2~3次。植株封行后停止中耕除草。

2. 培土

定苗后清理沟道，适当培土，壅蔸。

3. 追肥

白扁豆根部具根瘤菌，能固定空气中的氮元素作为自身的养分。因此，可少施氮、磷、钾肥。一般结合中耕除草，于株旁开沟或挖穴每亩施入腐熟的厩肥或堆肥1 500~2 000kg，加入磷酸钙20kg、草木灰10kg，施后覆土壅蔸。幼苗期视土壤肥力情况，可追施清水稀释的人畜粪尿1~2次，每亩1 000kg，以促进生长健壮。在盛花期用0.3%磷酸二氢钾加0.2%尿素进行根外追肥，可促进花芽分化，提高结果率。

4. 设立支架

当苗高30cm左右，用长2m、粗3cm的细竹竿，搭设牢固的人字形支架或桥拱架，以利于茎蔓攀援生长，改善行间通风透光条件，有利增产。

5. 灌溉和排水

苗期应经常保持土壤湿润，遇天气干旱应及时浇水保苗；花期要节制用水，遇干旱时可适当浇水；雨水太多容易引起落花落果，做好排水工作。

6. 修剪

植株营养生长过旺盛，则影响开花结果，应于开花前剪去部分岔藤。但要掌握“剪小不剪大、剪密不剪疏”的原则，使养分集中于开花结果，并促使籽粒饱满。

四、病虫害防治

（一）病害

1. 锈病

为害叶片，初生黄白色小斑点，稍突起，后逐渐扩大，呈现黄褐色的夏孢子堆。被害叶片变形，早落，为害严重者可使叶片干枯脱落，影响产量。茎荚发病较少。

防治方法　搞好田园卫生，及时清除病残体并集中烧毁。用50%萎锈灵可湿性粉剂1 000倍液或用70%甲基托布津可湿性粉剂，每隔1~2周施药一次，共施3次药即可。

2. 斑点病

为害叶片上病斑近圆形或不规则形，中心部灰褐色，边缘红褐色，其上散生黑粒点。

防治方法　加强护理，增加肥料，减少发病。可选用50%托布津、50%退菌灵可湿性粉剂 1 000 倍液防治。

3. 炭疽病

扁豆荚和叶上炭疽病边缘呈辐射状扩散，扩散边缘的存在别于其他炭疽病。湿度大时，病部泌出橙红色分泌物，即病原菌分生孢子盘和分生孢子。

防治方法　发病前期可定期喷施国光银泰可湿性粉剂 600～800 倍液，国光多菌灵，百菌清进行预防，发病初期使用国光英纳可湿性粉剂 400～600 倍液，或国光必鲜乳油 500～600 倍液叶面喷雾进行防治，连用 2～3 次，间隔 7～10 天。

4. 角斑病

主要为害叶片，一般发生在开花期后。叶片染病，产生多角形病斑，大小 5～8mm，灰色，后变灰褐色，湿度大时可见叶背簇生灰紫色霉层，即病菌的分生孢子梗和分生孢子。叶片染病，产生多角形、灰褐色的病斑。

防治方法　① 播前可用 45℃温水浸种 10 分钟；② 发病初期开始喷药防治，隔 10 天左右喷 1 次，防治 1～2 次。药剂可选用 64%杀毒矾可湿性粉剂 500 倍液，或 77%可杀得可湿性微粒粉剂 500 倍液，或 27%铜高尚悬浮剂 600 倍液等。

5. 褐斑病

主要为害叶片。叶片染病，病斑大小不等，直径 3～10mm，有少数较大，深紫褐色，后中部变为灰褐色，并穿孔破裂。湿度大时，病斑上生灰黑色霉层，即病菌的分生孢子梗和分生孢子。

防治方法　发病初期开始喷药防治，隔 7～10 天喷 1 次，连续喷 2～3 次。药剂可选用 50%灭霉灵可湿性粉剂 800 倍液，或 70%甲基托布津可湿性粉剂 1 000 倍液，或 50%多菌灵可湿性粉剂 500 倍液。

6. 白星病

此病主要侵染叶片。叶片染病，初现紫红色小斑点，后发展成淡褐色近圆形或不规则形斑，后期病斑灰白色，周围常具暗紫色边缘，病斑表面产生小黑点，即病菌的分生孢子器。严重时叶片上病斑密布，相互连接成不规则形大斑，终致叶片坏死干枯。

防治方法　必要时在发病初期喷雾防治，药剂可选用 80%喷克可湿性粉剂 600 倍液，或 70%威尔达甲托可湿性粉剂 1 000 倍液，或 50%扑海因可湿性粉剂 1 000 倍液，或 80%大生 M-45 可湿性粉剂 800 倍液等。

7. 黑斑病

该病主要为害叶片，病斑圆形或近圆形，大小 8～15mm、褐色，微具同心轮纹，病部生有黑色霉层。

防治方法　① 生长季节结束后彻底收集病残物烧毁以减少菌源；② 合理密植，清沟排渍，大棚栽培注意改善通风条件以降低湿度。

（二）虫害

1. 蚜虫

成虫和若虫主要群集在白扁豆的嫩茎上为害，吸取汁液，使植株生长不良，影响产量。

防治方法　可用40%乐果乳剂稀释1 500倍液，每隔7~10天喷1次，连续喷2~3次，或用烟草0.5kg配成烟草石灰水喷洒。

2. 豆荚螟

一般以第2代为害最重，成虫昼伏夜出，趋光性弱，飞翔力也不强。每头雌蛾可产卵80~90粒，卵主要产在豆荚上，2~3龄幼虫有转荚为害习性，幼虫老熟后离荚入土，结茧化蛹。

防治方法　一般在初花期开始连续用药2次，间隔5~7天。药剂可选用80%敌百虫可溶性粉剂800~1 000倍液，或用10%高效灭百可乳油3 500~4 000倍液，或用40.7%乐斯本乳油1 000~1 500倍液，或52.25%农地乐乳油1 000~1 500倍液，或5%来福灵乳油2 000~2 500倍液，或用5%卡死克乳油1 500倍液，喷雾。

3. 棉铃虫

幼虫孵化后有取食卵壳习性，初孵幼虫有群集限食习性，吃光叶片，只剩主脉和叶柄，或成网状枯萎，造成干叶。

防治方法　加强田间管理，适当控制棉田后期灌水，控制氮肥用量，防止棉花徒长，可降低棉铃虫为害。在棉铃虫成虫产卵期使用2%过磷酸钙浸出液叶面喷施，既有叶面施肥的功效，又可降低棉铃虫在棉田的产卵量。适时打顶整枝，并将枝叶带出田外销毁，可将棉铃虫卵和幼虫消灭，压低棉铃虫在棉田的发生量。

五、采收加工

（一）采收

当果实由绿色变成白色或黄白色且种子与果皮已经分离时即可采收。

（二）加工

人工或机械脱粒均可，除净果皮及小瘪粒，晒至完全干燥，即可入药。还可以将扁豆置于沸水中煮至皮软后，在冷水中稍微浸泡，取出，搓开种皮与仁，干燥，取其皮入药，即扁豆衣（扁豆仁也药用）。外观性状以籽粒饱满、粒度均匀、色泽（黄白）一致、无虫口、嚼之有豆腥气为佳。

知识链接：白扁豆，营养价值较高，矿物质和维生素含量比大部分根茎菜和瓜菜都高，味亦鲜嫩可口。作为滋补佳品，夏暑又是一种清凉饮料。

第十二节　决明子

一、植物特征及品种

决明子（豆科决明属），别名马蹄决明、钝叶决明、假绿豆、决明子（图 4-23、图 4-24）。一年生亚灌木状草本，高 1~2m。茎直立，基部木质化。花果期 8—11 月。

图 4-23　决明子植株

图 4-24　决明子药材

二、生物学特性

（一）生态习性

决明子是喜光植物，喜欢温暖湿润气候，在盛夏阳光充足、高温多雨季节生长最好。不耐寒、不耐旱。对土壤的要求不严，但低洼地、阴坡地生长不良。向阳缓坡地、沟边、路旁均可栽培，以土层深厚、肥沃、排水良好的沙质壤土为宜，pH 值 6.5~7.5 均可，可在黏土地块生长，但过黏重或盐碱地不宜栽培。

（二）生长发育特性

种子容易发芽，发芽适温为 25~30℃，种子寿命长达几十年。一般 4 月上、中旬播种，9 月下旬成熟，生长期 150 天左右。

三、栽培技术

（一）选地与整地

决明子宜选排灌条件较好的平地或向阳坡地，忌连作。每亩施腐熟好的土杂肥 3 000kg、过磷酸钙 50kg、硫酸钾 30kg、尿素 20kg，整平耙细后做畦。做畦宽 1.2m 的平畦或高畦。

（二）繁殖方法

决明子用种子繁殖，一律春播。南方于3月下旬，北方于4月上、中旬适时播种。为了使苗齐、苗壮，播种时应对种子进行处理，种子选择无病、粒大、饱满的种子，用50℃的温水浸种12~24小时，使其吸水膨胀后，捞出晾干表层，拌火木灰即可播种。播种期在“清明”“谷雨”期间。在做好的畦面上按株距50cm、行距50cm穴播。穴深由墒情而定，墒情好，穴深3cm，覆土1.5~2cm；墒情差时，覆土2cm。每穴5~6粒，稍加镇压。播种后经常保持土壤湿润，7~10天发芽出苗，每亩用种量为1~1.5kg。播种时用地膜，可明显提高决明子的产量和质量。

（三）田间管理

1. 间苗、定苗、补苗

经过一段时间，决明子幼苗出土后，当苗高3~5cm时，剔除小苗、弱苗，每穴留3~4株壮苗；当苗高10~15cm时，进行定苗，每穴留壮苗2株。如发现缺苗，及时补栽，做到苗齐、苗全、苗壮，这样才利于决明子丰产。

2. 中耕除草

出苗后至封行前，应经常除草，浇水或雨后土壤板结要及时中耕，并注意株间浅锄，行间深锄。苗高40cm时进行最后1次中耕时培土，可防倒伏。

3. 追肥

中耕除草后，结合间苗，进行第一次追肥，每亩施腐熟人粪尿水500kg；第二次在分枝初期，中耕除草后，每亩施人畜粪尿水1 000kg，加过磷酸钙40kg，促进多分枝，多开花结果；第三次在封行前，中耕除草后，每亩施腐熟饼肥150kg，加过磷酸钙50kg，促进果实发育充实，籽粒饱满。当苗高60cm时，进行培土以防倒苗。

4. 排灌水

决明子生长期需水比较多，特别是苗期，幼苗生长缓慢，不耐干旱，注意勤浇水，经常保持畦面湿润；雨季要注意排水，长期水积，容易枯死而造成减产。

四、病虫害防治

（一）病害

1. 斑病

可为害全叶。发病初期在叶片上产生褐色病斑，中央色稍微浅。后期病斑上产生霉状物，在潮湿环境条件下，发病严重。

2. 轮纹病

可侵害叶、茎、果实。发病初期，病斑近圆形，后期病斑扩展呈轮纹状，不明显。

以上两种病害的主要防治方法如下：① 发现病株，及时拔除，集中烧毁深埋。② 发病的病穴用3%的石灰乳进行土壤消毒。③ 发病初期用50%的多菌灵800～1 000倍液喷雾防治，7～10天喷1次，连续喷2次。④ 严重时，喷0.3波美度石硫合剂。

（二）虫害

决明子蚜虫：可为害嫩茎、嫩叶及荚果。

防治方法　① 可用40%的乐果2 000倍液喷雾防治；② 发病严重时，可用90%敌百虫1 000倍液喷雾防治，7～10天喷1次，连续喷2次。

五、采收加工

（一）采收

春播决明子于当年秋季9—10月果实成熟，当荚果变成黑褐色时，适时采收，这是提高决明子产量的主要途径之一。

（二）加工

将全株割下，运回晒场，晒干，打出种子，除净杂质，再将种子晒至全干，即成商品。每亩产干品200～300kg，以身干、籽粒饱满，色棕褐、有光泽者为佳。

温馨提示：用种子繁殖，选籽粒饱满、无虫蛀的种子，用温水加入新高脂膜浸泡，能驱避地下病虫，隔离病毒感染，加强呼吸强度，提高种子发芽率。捞出稍晾干播种。播种时先喷施新高脂膜，再用地膜覆盖可显著提高决明子的产量和质量。

第十三节　补骨脂

一、植物特征及品种

补骨脂（豆科补骨脂属），别名破故纸、故子、故纸、怀故子、里故子、川故子（图4-25、图4-26）。一年生直立草本，株高60～200cm。茎直立，绿色，多分枝，枝上具纵棱并有白色柔毛。花期7—10月，果期8—10月。

二、生物学特性

（一）生态习性

补骨脂喜欢温暖湿润气候，宜向阳平坦、日光充足的环境。苗期虽喜欢潮湿，

图 4-25　补骨脂花

图 4-26　补骨脂药材

但忌水淹。喜肥，基肥充足，土壤肥沃则生长茂盛。对土壤要求不严，一般土地都可种植，但以富含腐殖质的沙质壤土为最好，黏土较差。

（二）生长发育特性

在寒冷或高山地区栽种，由于气温低、光照弱、生长期短，果实往往不成熟，影响产量与质量。种子发芽的最适温度为 15~30℃，种子室温贮藏一年的发芽率仍能达到 60%以上。种子在 20℃左右，有足够湿度的土壤中，7~10 天出苗。

三、栽培技术

（一）选地与整地

选肥沃的沙质壤土，冬耕深 25~30cm。开春后每亩施厩肥 2 500~3 000kg，并加施过磷酸钙 15kg、草木灰 30kg，撒匀，再浅耕一遍，耕细整平，做 1m 宽平畦。南方地区宜做 50~80cm 小高畦，畦沟宽 30cm。地干时先放水浇透，待水渗下后，表土稍松散时再播种。

（二）繁殖方法

用种子繁殖，播种期在“清明”前后。播种前用 40~50℃温水浸种 2~3 小时，再用清水洗一遍，去掉油腻，以利出苗。

播种方法有条播和穴播两种。条播：在畦按行距 0.5m，开 2cm 深的沟，将种子撒于沟内，覆土耧平，稍压紧。穴播：按行距 0.5m，穴距 25~35cm，开 2cm 深的穴，每穴放种 4~5 粒，然后覆土耧平，稍加镇压。每亩用种量 1~1.5kg。

（三）田间管理

1. 间苗、定苗

出苗后及时间苗。苗高 10~15cm 时，条播者，按株距 30cm 定苗；穴播者，每穴留壮苗 3~4 株。

2. 中耕除草

一般进行2~3次。第一次在定苗后进行，浅锄表土；第二次在苗高约30cm时，深锄6~10cm；最后一次在封行前并结合培土。

3. 追肥

一般追肥2次。第一次在间苗、定苗后，以速效氮肥为主；第二次在开花前，结合培土，每亩追施腐熟饼肥约53.3kg，并配施少量尿素。

4. 打顶

补骨脂为总状花序，果实由下而上逐渐成熟，9月上、中旬，把花序上端刚开花不久的花序剪去，以利下部果实充实饱满，提前成熟。

四、病虫害防治

（一）病害

1. 菌核病

主要为害茎秆，形成倒状。病从上部叶片开始，产生褐色枯斑。后期蔓延到茎和茎基，产生褐色腐烂，其上产生白色菌丝和黑色颗粒状菌核，严重时病茎中空，皮层烂成麻丝状。

防治方法　冬季清园，认真处理残体；控水排湿，降低土壤和棵间湿度；发病初期喷洒50%扑海因可湿性粉剂1 000~1 500倍液，或40%菌核净可湿性粉剂800倍液，或70%甲基托布津可湿性粉剂1 000倍液，任选1种均可。发病后期重点喷洒植株下部。

2. 灰霉病

在叶片上产生褐绿色、水渍状的大斑驳，茎部感病后产生淡黄斑块，花序腐败，各病部均可产生灰色霉状物，都会局部腐烂。

防治方法　注意雨后排出积水，降低湿度；发病初期喷洒1∶1∶100倍波尔多液或50%扑海因可湿性粉剂1 000~1 500倍液或50%多硫可湿性粉剂500~600倍液，交替使用。

3. 轮纹病

主要为害叶片。在叶片上产生圆形、褐色、具有有同心轮纹的大病斑，病部质脆易裂形成孔洞。

防治方法　冬春清除病株残体，集中处理，减少病菌源；发病时喷洒70%甲基托布津可湿性粉剂800倍液，或50%甲基硫菌灵悬浮剂1 500~2 000倍液，或77%可杀得可湿性粉剂500~700倍液，任选1种效果均好。

（二）虫害

防治地老虎，可用敌百虫毒饵；防治蚜虫、红蜘蛛，可喷洒40%乐果乳剂

2 000 倍液。

五、采收加工

（一）采收

补骨脂 7—9 月自下而上陆续成熟，要及时分批采收，否则荚果自行开裂，种子散落地上，无法收集。

（二）加工

果实采集后脱粒，扬净杂质，用清水洗后，加 5%的盐水搅拌，至干燥发香为好，筛去末子入药。种子脱粒后，扬净杂质，通风干燥处保存。每亩产量 250kg 左右。

传说故事：相传，唐朝元和年间，75 岁高龄的相国郑愚被皇上任命为海南节度使。年迈体衰的郑相国只好马不停蹄地去赴任。旅途劳顿和水土不服，使他“伤于内外，众疾俱作，阳气衰绝”，而一病不起。后来，诃陵国李氏三番登府推荐中药“补骨脂”。郑相国抱着试试看的心情，按照李氏介绍的方法，服后七八日，渐觉应验，又连服十日，众疾竟霍然而愈。后郑愚常服此药品，82 岁时辞官回京，将此药广为介绍，并吟诗一首“七年使节向边隅，人言方知药物殊；奇得春光采在手，青娥休笑白髭须。”

第十四节　芡　实

一、植物特征及品种

芡实（睡莲科芡属），别名鸡头米、卵菱、鸡瘫、鸡头实、雁喙实、鸡头、雁头、乌头、鸿头、水流黄、水鸡头、刺莲蓬实、刀芡实、鸡头果、苏黄、黄实（图 4-27、图 4-28）。一年生大型水生草本。花期 7—8 月，果期 8—9 月。

图 4-27　芡实植株

图 4-28　芡实药材

芡实是芡属下唯一的一个物种，有南芡和北芡之分。南芡，也称苏芡，为芡的栽培变种，原产苏州郊区，现主产于湖南、广东、皖南及苏南一带。芡按花色分类，目前南芡常见的有紫花、白花和红花 3 种类型，北芡常见的有紫花和红花两种类型。但南芡主要作食品并出口，而北芡主要做药用。

二、生物学特性

（一）生态习性

芡实在我国分布很广，华东各省的面积较大，喜温湿环境，适应性强，喜温暖水湿，不耐霜冻和干旱，以土层深厚松软、富含有机质的湖荡土栽培为宜。

（二）生长发育特性

生长适宜温度为 20～30℃，全生长期为 180～200 天，水深 30～90cm。适宜在水面不宽，水流动性小，水源充足，能调节水位高低，便于排灌的池塘、水库、湖泊和大湖湖边。由浮于水面的大叶片吸收阳光，抽出花葶，开花结果。

三、栽培技术

（一）选地与整地

选择地处气候温暖、阳光充足的湖泊、池沼。要求水源正常，水流稳定，水质较肥，水深在 60～100cm，水底污泥层较厚的水段。选好后，划出一定面积，清除杂草，以待播种。

（二）繁殖方法

芡实用种子繁殖。

1. 直播法

直播法较粗放，出苗率和产量都很低，只有大面积湖荡栽培才用此法。4 月上旬平均水温达 16℃以上时即可播种，种子用量为每亩 1.5～2kg。

播种方法有穴播、泥团点播和条播 3 种。穴播适于浅水播种，每隔 2.3～4m 挖一浅穴，每穴播种子 3～4 粒，覆盖泥土 0.5cm 左右，以保证齐苗。泥团点播多在水深超过 0.5m 且水生动物较多的湖荡进行，其方法是先用湿润泥土将 3～4 粒种子包成一个泥团，然后再按株行距把它直接投入水底，或通过插至水底的粗塑料管点播。条播是在水面按 2.6～3.3m 行距直线撒播，一般每隔 0.7～1m 播 1 粒种子，要求落子均匀，肥荡稀播，瘦荡密播。

直播法在水面出现芡苗初生浮水叶后，必须查苗补缺和移密补稀，每亩栽 140～160 株芡苗较为合适。其日常管理方法，大部分与育苗移栽法相同。

2. 育苗移栽法

育苗移栽法虽较麻烦，但产量高，苏芡和小面积栽培均采用此法。

（1）浸种、催芽　中下游地区于4月初（晚熟种可推迟10天左右，下同）取出贮藏的种子，漂洗干净后，用浅盆或其他合适的容器盛清水浸种。水深以浸没种子为度，需经常换水，日晒夜盖，白天保持在20～25℃，夜间则在16℃以上。经7～10天，种子大部分发芽（俗称“露白”或“破口”）后即可播种。

利用小拱棚或大棚育苗，可提前到3月中旬催芽播种，移苗、定植也相应提前，这样可使植株提早进入开花结实期，减少开花结实后期的无效花。用这种方法一般可增产10%以上。其他栽培方法与常规法相同。

（2）育苗　前5～7天，在田中开挖好长宽各2m、深20cm的育苗池。清除丝状藻类、浮萍、杂草和其他有害生物，整平底泥，一般不需施肥。灌水10cm左右，等泥水澄清后，将已发芽的种子临近水面均匀撒播，每池约可下种5kg。种子不要陷入泥中，以免影响发芽和抽生的发芽茎（上胚轴）过长，移苗时种子易断落。育苗池四周要插好标记，防止被人践踏或搅混池水。芡苗心叶不能被泥埋没，育苗池中不能断水，水深随芡苗生长可逐渐加至15cm左右。

（3）假植　播种后1个月左右，当芡苗已有2～3片箭形幼叶时，即可移苗假植。1kg种子需40～50m^{2}秧田，按此标准在移苗前把秧田准备好。秧田中灌水15cm左右，除尽杂草和有害生物，整平泥土。秧田不宜过肥。在育苗池中移苗时，带子起苗，就地洗净根上附泥，须根理好后排放在木盆中，加盖遮阴。运到秧田后，将幼苗以株行距（40～60cm）×（40～60cm）移栽田内。移栽不宜过深，只要把种子和发芽茎栽入土中即可，切忌埋没心叶。芡苗要当天拔起，当天栽种，万一当天没有栽完，必须把它们浸泡在水中，第二天再继续栽。秧田不能断水，开始时保持15cm左右，返青后再逐渐加深至30～40cm。定植前按大田或湖荡水位，逐渐加深秧田水位，使芡苗定植后能适应深水的环境。

（4）定植　6月中下旬芡苗圆盾状后生叶直径已有25～30cm时，即可定植。定植前，按株距2m（早熟种）或2.3m（晚熟种），行距2m（早熟种）或2.3m（晚熟种）开穴，每亩为125～166株。没有条件也可不开穴。苏芡定植密度以每亩栽140株左右（株行距2m×2.3m）为宜。穴上面挖成正方形（边长1.4m左右），下面锅底形，深15～20cm。开穴时，要清除穴内杂草，并施入适量基肥。不便施肥时，可用粪泥混合的肥土于定植时涂粘于根系上。过1～2天待穴内泥水澄清后就可移苗定植。1kg种子的芡苗可定植1 070～1 330m^{2}大田。

秧田起苗时，用手插入泥中，轻轻将芡苗连根挖起，切不可损伤植株，起苗后轻轻洗去根上附泥，手抓须根，叶面向下，将根盘放在叶上。并依次放在木盆里，加盖遮阴，防止日晒雨淋，伤及芡苗。芡苗必须随拔随栽。栽时将根顺势盘放，四周包裹一些肥土，浅栽于穴的中心，深度以刚埋没根和地下茎为度（心叶顶端必须露在土外）。一般7～10天就可返青。

湖荡种芡，定植前还要在种植区内按株行距栽茭草定点，俗称“栽潭草”。在种植区的四周要栽几米宽的茭草或芦苇，种植区内每隔4~5行，纵横各栽茭草1行，形成防风带，防风挡浪。水深时，可在水面浮植合适的水生植物做消浪带。定植时，可按潭草的位置扒塘和种芡。当芡叶直径有70cm左右时，可把潭草全部拔掉。

（三）田间管理

1. 补苗

芡苗成活后，至少要进行1~2次查苗补缺，以保证全苗。查苗时，看到生长不良的芡苗，要检查其心叶是否有积泥，如有应予清除。

2. 水层管理

定植时水层不宜浅于30~40cm，成活后可逐渐增加至50~80cm，最深不宜超过1.2~1.5m。在浅水稻田种芡，水深以保持30~50cm为宜。

3. 耘草壅根

在芡叶封行前，根据杂草生长情况耘田除草3~5次。天热时要在上午耘田，下午热水耘田对芡实生长不利。清除的杂草应踩入土内做肥料，易复活的杂草应搬出田外处理。耘田除草时可结合壅根，即在耘草时应逐次将穴边泥土向穴中推进壅根。耘草壅根时，不能碰坏芡叶，踏伤根系，勿使淤泥埋没心叶（“窝心”）。打老叶易伤植株，影响产量，一般不采用。

4. 追肥

根据苗情决定追肥次数和数量（芡叶在7—8月封行比较适宜）。施追肥可与除草壅根相结合。植株缺肥的标志为叶片薄而发黄，新叶生长缓慢，与前一片叶大小相差很小，叶面皱褶密。芡叶为浮水叶，不能排水追肥。一般采用肥球深施（封行前）或叶面喷施（封行后）两种追肥方式。肥球用泥土和肥料沤制而成，即用腐熟人畜粪尿250~375kg，分2~3次拌入500kg半干河泥中，每拌1次应堆放几天使泥土充分吸收养分，待半干时再捏成泥团，每个约重0.5kg。如在泥团中增加一些复合肥料，效果更好。施肥团时，应远离植株10~15cm，每株每次1kg左右。一般在封行前施肥2~3次。植株生长盛期及封行后叶面喷施0.5%磷酸二氢钾和尿素混合液，能明显增加植株抗性和提高产量与质量。

5. 泼凉水

7—8月天气炎热，田内气温和叶面与花朵上的温度高达40℃以上时，对植株生长和开花结实十分不利，应在清晨经常下田用手泼凉水于叶面，以降低叶面温度，促进开花结实。泼水时，必须泼清水，不能将浑泥水泼在芡叶上，以免影响光合作用和引起烂叶。

四、病虫害防治

（一）病害

1. 叶斑病

发病初期叶缘有许多圆形病斑，初为暗绿色，后转为深褐色，有时具轮纹，极易腐烂穿孔，潮湿时病斑上生鼠灰色霉层，病重时病斑可连合成片，使整张芡叶腐烂。

防治方法　芡叶斑病除轮作和不偏施氮肥外，还可叶面喷雾70%甲基托布津可湿性粉剂800~1 000倍液，或50%多菌灵可湿性粉剂400~500倍液。

2. 炭疽病

主要发生在植物叶片上，常常为害叶缘和叶尖，严重时使大半叶片枯黑死亡。

防治方法　清除病株病叶，用50%施保功可湿性粉剂1 000~1 500倍液，喷雾或大水泼浇，隔7天1次，连续2~3次。

3. 叶瘤病

病原为真菌，7—8月发病较多。初发病时叶面出现淡绿色黄斑，后隆起肿大呈瘤状，直径为4~40cm，高2~8cm。

防治方法　芡叶瘤病除轮作外，在发病季节还可叶面喷雾甲基托布津800~1 000倍液和0. 2%磷酸二氢钾。

（二）害虫

芡实常见害虫有蚜虫、菱角萤叶甲、斜纹夜蛾、食根金花虫等，可采用人工捕杀或通过保护瓢虫、食蚜蝇等害虫天敌达到“以虫治虫”，减少田间害虫为害。

五、采收加工

（一）采收

北芡（刺芡）全身有刺，采收困难，一般只收1~2次，采收时间为9月中、下旬。南芡除叶背有些刺外，全身光滑无刺，适合多次采收。采收期为8月中、下旬至10月上旬（紫花苏芡）或9月上旬至10月下旬（白花苏芡），每隔4~7天采收1次，分8~12次采完。采收适期，随产品规格要求而异。芡果成熟的标志为柔软、饱满，紫红色，光滑无毛，无黏液。如判断芡果成熟度有困难，可在芡果顶部剥出1粒种子进行检查。

（二）加工

将采摘的果实，堆集在一起沤烂其果肉及假种皮，然后放入清水中淘洗干净，捞出种子晒干，用机器脱去硬壳，取出种仁晒干即可。也可把干种子放入开水中浸泡，湿润至外种皮发软，快刀削切，取出种仁晒干。前一种方法加工快，适用于量大的加工，但加工出的种仁破碎较多，出仁率低，并降低商品等级。后一种方法加工较慢、费时费工，但种仁破碎少，商品规格等级高。

知识链接：芡实被誉为“水中人参”，有健脾养胃，益肾固精的作用。并有南芡、北芡之分。南芡主要产于湖南、广东、皖南以及苏南一带地区。北芡，主产于山东、皖北及苏北一带，质地略次于南芡。中医养生学认为，芡实抗衰延年，最益脾胃，宋代大文豪苏东坡到老年仍然身健体壮，面色红润，才思敏捷。原来据他在书中自述，主要得益于数十年如一日地坚持天天食用煮熟的芡实，所以才腰腿壮健，行走有力。提倡在秋天进食芡实，它的意义还在于可调整被炎夏所消耗的脾胃功能，脾胃充实以后，再吃较多的补品或难消化的补药，人体就能适应了，对身体也就有益无碍了。

第十五节 菟丝子

一、植物特征及品种

菟丝子（菟丝子科菟丝子属），别名吐丝子、菟丝实、无娘藤、无根藤、菟藤、菟缕、野狐丝、豆寄生、黄藤子、萝丝子等（图4-29、图4-30）。一年生寄生草本。茎缠绕，黄色，纤细，直径约1mm，无叶。

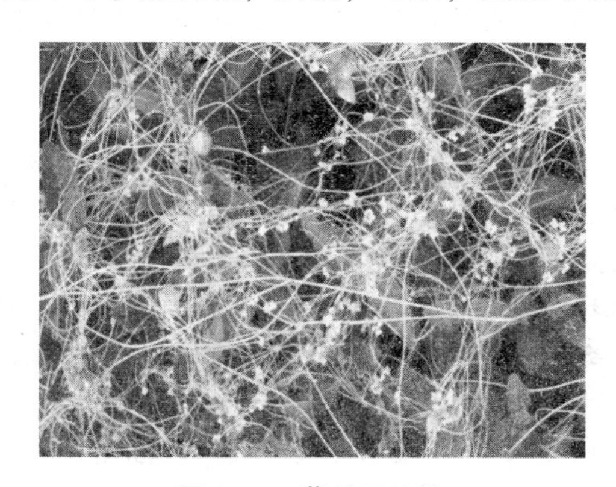

图4-29 菟丝子植株

图4-30 菟丝子种子

二、生物学特性

（一）生态习性

菟丝子喜高温湿润气候，对土壤要求不严，适应性较强。多寄生在河谷、河岩两旁的草本或灌木丛木本植物上，寄主尤以大豆为好。

（二）生长发育特性

野生菟丝子常见于平原、荒地、坟头、地边以及豆科、菊科、蓼科、蘸科等植物地内。遇到适宜寄主就缠绕在上面，在接触处形成吸根伸入寄主，吸根进入寄主组织后，部分组织分化为导管和筛管，分别与寄主的导管和筛管相连，自寄主吸取养分和水分。菟丝子一旦幼芽缠绕于寄主植物体上，生活力极强，生长旺盛，最喜寄生于豆科植物上。菟丝子生育期100天左右。

三、栽培技术

（一）选地与整地

菟丝子对土壤要求不严，但宜选土质疏松、肥沃、排水良好的沙质壤土种植，有利于种子萌发出苗，生长健壮。前作收获后，及早翻耕土地，每亩施入腐熟堆肥20kg，翻入土内作基肥于播前再浅耕一遍，整平耙细，作宽1.3m的高畦或高垄播种；播时先灌水湿润畦面，待水下渗后，土壤干湿适中时，先播大豆，培育寄主植物，后播菟丝子。

（二）繁殖方法

1. 种子处理

播前先将精选的胡麻种子每亩6~7kg，拌25%多菌灵为种子用量的4‰~5‰或70%甲基托布津2‰~3‰，再加辛硫磷1‰，适当对水湿拌、堆闷5~6小时晾干待播，可防枯萎病和地下害虫。

2. 播种

在整好的畦面上，按行距30cm先开沟条播大豆。用豆种量每亩为120~150g（比常规大豆播种量约多1倍）。大豆出苗后要精心管理，确保全苗、齐苗，这是栽培菟丝子寄主植物的关键。首先要使大豆生长旺盛，才能为菟丝子提供良好的寄主植物。待大豆株高20~25cm时，约15天，即可播种菟丝子，切勿早播，否则菟丝子出苗后，找不到寄主植物就要枯死。菟丝子播种在大豆植株旁，越靠近豆棵越好，播时在大豆苗株旁顺畦开沟，将菟丝子种子与细沙混拌均匀，然后均匀撒入沟内，覆盖细肥土，以不见种子为宜。播后经常保持土壤湿润，7天左右即可出苗，用种量每亩为150g。

（三）田间管理

1. 中耕除草

大豆出苗后，进行1次中耕除草，中耕宜浅，避免伤根；生长期杂草要除净，避免造成品种混杂。菟丝子幼苗出土后，只要大豆生长旺盛，菟丝子的细茎很快就会缠绕上豆棵植株，以后可减少除草次数或不必除草。实际上菟丝子本身就是一种杂草，但生命力极强，不会造成草荒，也不必使用除草剂。

2. 追肥

一般追肥2~3次，第一次中耕后，每亩施入腐熟农家肥150kg，促使豆苗生长旺盛；菟丝子幼苗出土2~3天后，就能缠绕到豆棵上，成活率极高，生长迅速。此时，每亩再追1次腐熟农家肥20kg，以使菟丝子生长健壮。7—8月，每月喷施1次1%~2%尿素和0.3%磷酸二氢钾水溶液。

3. 灌水

苗期遇干旱天气要及时浇水，抗水保苗，雨季要注意排水，降低田间湿度，防止病虫害发生。

四、病虫害防治

主要防治大豆常见的病虫害。叶斑病用多菌灵防治，黄枯病用黄腐酸防治，豆菜螟用速灭杀丁防治。

五、采收加工

（一）收获

菟丝子的收获适期一般在大豆成熟前，当菟丝子的蒴果有50%以上变黑、30%以上变黄、10%~20%由绿转黄时收获较为适当，损失较小。小面积收获可人工拔起后集中脱粒；大面积收获可使用稻麦收割机，但要降低割茬，调慢脱粒滚筒转速和调小风力，以免漏割、打烂豆粒和鼓风机吹去蒴果而造成不必要的损失。

（二）加工

菟丝子：秋季果实成熟时采收植株，打下种子，过箩去净杂质，洗净，晒干。

菟丝饼：取净菟丝子置锅内加水煮至爆花，显褐灰色稠状粥时，捣烂做饼或加黄酒与面做饼，切块，晒干。

温馨小提示： 种植菟丝子的地块，如果下茬不再种植菟丝子，在有淡水灌溉的地方应尽量种植水稻等水生作物，没有水源的旱地应尽量种植玉米、高粱等禾本科作物。如果需要种植豆科作物或蔬菜等，可以使用乙草胺或拉索在播后苗前处理表土，杀灭菟丝子种苗。如果有漏杀的菟丝子种苗出现，可以连同寄主一起及早拔除，集中烧毁或深埋，以保证作物的正常生长。

第十六节　黑芝麻

一、植物特征及品种

黑芝麻（胡麻科胡麻属），别名胡麻，油麻，巨胜，脂麻（图4-31、图4-32）。一年生草本植物，高80~180cm。茎直立，四棱形，棱角突出，基部稍微木质化，不分枝，具有短柔毛。花期5—9月，果期7—9月。

图4-31　黑芝麻植株

图4-32　黑芝麻种子

二、生物学特性

（一）生态习性

1. 土壤

由于种子小，根系浅，最适合在微酸至中性（pH值6.5~7.5）的疏松土壤中种植。疏松土壤能协调水、肥、空气之间的供给矛盾，有利于根系的伸展。

2. 气温

黑芝麻全生育期需积温2 500~3 000℃；芝麻的发育在昼夜平均温度20~24℃最为适宜。

3. 降水量

黑芝麻全生长期内适宜降水量为210~250mm。

4. 日照

黑芝麻全生育期都需要充足的阳光，充足的阳光能加强光合作用，有助于营养物质的积累，满足开花结实的需要，使果多粒饱，有利于油分的形成。

（二）生长发育特性

黑芝麻的生长发育期共分为五个阶段。

1. 出苗期

指从种子下地到胚芽伸出地面、2 片子叶张开的时期，常称出苗期。这一阶段的长短，视地温、墒情、播种深浅以及种子发芽势而定。正常情况下，春播 5~8 天，夏播 3~5 天，秋播 3~5 天。芝麻适宜发芽的外界条件为温度 25~32℃，积温 120℃左右，土壤水分占田间最大持水量的 70%，pH 值 6.0~7.5。在稳定气温小于 18℃、土壤水分占田间最大持水量 50%以下或 80%以上时不利发芽。

2. 幼苗生长期

指出苗到植株叶腋中第 1 个绿色花蕾出现的时期，又称苗期。苗期长短与品种、气温、光照等有关。正常夏播，苗期 25~35 天；同一品种春播要比夏播长 5~10 天，秋播比夏播短 5~7 天。苗期适宜的生长条件为气温 25~30℃，积温大于 1 000℃，空气相对湿度 80%以上，土壤水分占田间最大持水量的 60%~75%。在平均气温小于 16℃、积温小于 1 000℃、空气相对湿度小于 75%、日照时数小于 220 小时时，不利于苗期生长。

3. 蕾期

指植株第 1 朵花蕾出现到花冠张开的时期，又称初花期，通称蕾期。蕾期长短，夏播一般为 7~13 天，春播延长 3~5 天，秋播提前 2~3 天。芝麻蕾期适宜的生长条件：温度 25~30℃，土壤水分占田间最大持水量的 70%。在气温低于 22℃、土壤水分过大或过小、光照不足时，易造成花蕾脱落。

4. 花期

指植株开花至终花的时期，常称花期。花期长，单株蒴果多，单产高。花期长短与品种、播种期、田间管理技术和气温有关，夏播一般 24~38 天。同一品种春播花期比夏播长 7~10 天，秋播比夏播短 10~15 天。花期适宜的开花气温 25~30℃，积温大于 1 300℃，空气相对湿度大于 75%~85%，土壤水分占田间最大持水量的 75%~85%，日照时数大于 350 小时。在平均气温小于 20℃、积温小于 1 000℃，土壤水分占田间最大持水量的 75%以下或 90%以上、日照小于 300 小时时，不利于开花或易造成花朵脱落、花而不实等。

5. 成熟期

指终花至主茎中下部叶片脱落，茎、果、种子已呈原品种固有色泽的时期，常称成熟期。终花至成熟，一般为 10~20 天。成熟期适宜的外界条件，气温小于 25℃，积温大于 400℃，土壤水分占田间最大持水量的 65%~75%，日照大于 100 小时。在气温小于 20℃、积温小于 300℃，空气相对湿度小于 70%，土壤水分占田间最大持水量的 55%以下、日照小于 100 小时时，不利于成熟、易造成瘪果或嫩蒴脱落。

三、栽培技术

（一）选地与整地

黑芝麻地应选择土壤疏松、肥沃、不渍水的旱地或旱坡地为宜，并要求非重茬地种植，以减少病害发生。土地要深翻 15～20cm，并要起畦种植，宽畦宽 3m，窄畦宽 2m，畦高 15～20cm。为了便于排灌水，畦长最好控制在 30m 以内。基肥每亩施农家肥 5～10kg，混合过磷酸钙 300～400g，堆沤腐熟后均匀撒施；若缺少农家肥，每亩可用尿素 90g、氯化钾 100g、过磷酸钙 300～400g 作全层肥替代，然后耙匀起畦播种。

（二）繁殖方法

1. 播期

夏黑芝麻适宜的播期是 5 月下旬至 6 月上旬。秋黑芝麻适宜的播期是 7 月上旬、中旬，在热量较好的情况下可以迟到 7 月下旬。

2. 播种量

每亩用种量，撒播为 400g，条播为 350g，点播为 250g。在土壤肥力高、病虫害少、含水量高的田块可适当少播。

3. 播种方式

有点播、撒播和条播三种。撒播是江淮地区的传统播种方式，适宜于抢墒播种。撒播时种子均匀疏散，覆土浅，出苗快，但不利于田间管理。条播能控制行株距，实行合理密植便于间苗、中耕等田间管理，适宜机械化操作。点播每穴 5～7 粒种子。无论何种播种方式，浅播、匀播，深度 2～3cm 为宜。

（三）田间管理

1. 除草

在播种后 3 天，每亩用 60%禾耐斯乳油 60mL，加水 50kg 稀释后均匀喷布于畦面，可减少杂草的生长。

2. 间苗

过十多天，待其长出 2～3 片子叶后间苗，5～6 天再间一次，使其株距在 22～24cm，每亩栽植8 000～10 000株。适宜的株距，有利其分枝。

3. 施肥

一要施足基肥，每亩施农家肥 1 500kg。在长出 3～4 真叶后，施 1～2 次人畜粪尿，开花结蒴期是黑芝麻生长最旺盛时期，也是需肥高峰期，每亩追施硫酸铵 10～15kg，并用 0.4%的磷酸二氢钾与 0.2%的硼砂混合溶液进行叶面喷施，5～7 天喷一次，连喷 2 次。

4. 打顶

在盛果期后，当主茎顶端叶节簇生，近乎停止生长时，选晴天上午摘除顶芽。

四、病虫害防治

（一）病害

1. 枯萎病和疫病

防治方法　苗期用50%叶枯灵可湿性粉剂0.5kg，拌湿润细土20kg，条施沟底（土壤消毒）；在黑芝麻苗病初见时每亩用25%络氨铜杀菌剂瑞枯霉25g，兑水40kg左右，或用硫酸铜800~1 000倍液或80%杜邦新万生800倍液喷雾，每7天喷1次，连喷2~3次。

2. 青枯病

在整个生育期均有可能发生。

防治方法　用20%叶青双可湿性粉剂50g，或50%多菌灵可湿性粉剂50g，兑水50kg左右，喷雾。如点片发病明显，可改用药液灌蔸，效果更佳。发病初期用绿亨1号3 000倍液灌根效果很理想。

3. 茎点枯病

生长后期发病更严重。

防治方法　用50%多菌灵可湿性粉剂50g，或绿亨7号500~700倍液，或70%甲基托布津可湿性粉剂60g，兑水50kg左右喷雾。

（二）虫害

1. 螟蛾

在初花期至收获前均有发生，但在盛荚期较多，为害重。

防治方法　可掌握幼虫盛发期，每亩用3%凯欧2~3包，或用90%敌百虫800~1 000倍液，每亩喷药液50kg左右。

2. 天蛾

在中后期发生多。

防治方法　可抓住幼虫盛发期，每亩用3%凯欧2~3包或用90%敌百虫800~1 000倍液，或80%敌敌畏乳剂1 500倍液，每亩喷药液50kg。

3. 花叶病

病株出现花叶、皱缩，茎秆扭曲、矮化，一般不结实或结蒴果小籽粒秕瘦，花叶扩展后变黄。

防治方法　可选用抗病毒病品种，如湖北八股叉、宿选5号、鄂芝1号、河南的郑芝1号、襄引55、柳条青等，同时注意防治黑芝麻蚜虫。

五、采收加工

（一）采收

1. 黑芝麻成熟的标志

植株由浓绿变为黄色或黄绿色，即黑芝麻终花 20 天左右，或打顶后 25 天左右，大部分叶片枯黄，脱落 2/3 以上，蒴果呈黄褐色，植株下部 2～3 个蒴果即将裂开，中、上部蒴果微黄青绿基本成熟，用手摇晃下部，蒴果有响声，籽粒呈现固有色泽，此时应及时收获。

2. 黑芝麻收获的时间

早、晚收获，避开中午高温阳光强烈照射，以减少下部裂蒴掉子或病死植株造成的损失。

3. 黑芝麻收获的方法

在尚未应用机械化收获之前，一般以镰刀轻割为好。收获部分提前裂蒴植株时，必须携带布单或其他相应物品，以便随割随收裂蒴的籽粒，以减少落籽损失。镰刀收割一般在近地面 3～7cm 处斜向上割断，割后 30 株左右捆成束，运回晒场。

（二）加工

（1）架晒　3～5 捆架成 1 棚，上面拴绳防倒，在阳光下暴晒、通风干燥。脱粒方法：当大部分蒴果裂开时，进行第 1 次捣种。一般捣种 3 次左右，基本可以脱净。

（2）闷堆　优点是具有后熟作用，茎叶蒴果在自热过程中会大量失水，叶片脱落，种子成熟一致。一般闷堆 2～4 天，手伸入堆内，感到发热时，就要散堆，另行棚架晒干。如此处理，只需棚架捣种 2～3 次，种子就可捣净。缺点是种子色泽往往稍差，有时出现茎、果、种子腐烂。

（3）整净晒种　脱粒后进行晒种，过筛，风扬去杂，得到干燥而纯净的种子。种子含水量 8%以下，以利贮藏。

温馨提示：黑芝麻吃过多会使内分泌紊乱，引发头皮油腻，导致毛皮枯萎、脱落。因此，黑芝麻比较适合的食量应是每天半小匙，不能超过一瓷勺。另外，食欲不良、大便稀的人不宜多吃黑芝麻。

第十七节　小茴香

一、植物特征及品种

小茴香（伞形科茴香属），别名谷茴香、谷茴、蘹香（图4-33、图4-34）。多年生草本，全株有粉霜，有强烈香气。茎直立，上部分枝，有棱。花期6—8月，果期8—10月。

图4-33　小茴香植株

图4-34　小茴香种子

二、生物学特性

（一）生态习性

小茴香喜冷凉气候，较耐干旱，但不耐湿，由于小茴香植株矮小，根系较浅，一般分布在土层5~10cm处，对土壤要求较严，最适宜种植在有机质含量1.5%~1.8%的沙壤土地上。

（二）生长发育特性

小茴香最适宜生长期的温度为15~20℃，高于25℃生长缓慢，低于5℃生长受到抑制。播种时地温5~10℃，15~16天出苗；12~15℃时7~8天出苗。播种至成熟85~95天，开花到成熟25~30天。

三、栽培技术

（一）选地与整地

小茴香播种出苗比较困难，因此，选地整地是一个重要的生产环节。应选择土壤疏松、地势较平、排灌方便的地块，并进行翻地，破碎土块，平整表面，施优质基肥，作成宽 1.2～1.4m 的平畦，浇水增墒。每亩施用优质农家肥3 000kg 以上，过磷酸钙 50kg；翻地 15～20cm 深，打碎土块做畦，畦宽 1m，浇足底水，以备播种。

（二）繁殖方法

采用种子繁殖。

1. 种子处理

播前将种子放入 15℃左右冷水中浸泡 12 小时，并进行搓洗，然后在 18～20℃条件下催芽，待种子露白时开始播种。也可用 5mg/kg 赤霉素浸泡 12 小时，以促进发芽。

2. 播种方式

可用撒播或条播，每亩用种量 0.5～0.75kg；秋冬栽培可加大用种量到 0.7～0.8kg。

3. 播种时期

春播在 2—3 月，秋播在 10 月中下旬至 11 月中旬，一般以秋播较好。窝播时行距 1～1.2m，株距 0.3～0.7m，深度 1.7～3.3cm。播后立即浇水，保持气温在 15℃以上，畦面湿润，以利出苗。将种子与拌有人畜粪水的灰混匀后播种。

（三）田间管理

1. 间苗

出齐苗后及时间苗，以免幼苗互相拥挤，生长不良。有并相株的要间成单株，保持株距约 4cm，结合间苗拔除杂草。茴香忌高温，在 15～20℃时生长良好，低于 4～5℃易受冻害，温度达 25℃时，应加强通风。

2. 施肥

基肥一定要施用腐熟的优质干粪，每亩施 500～700kg 为宜，要求干粪粉碎，与土混合均匀。苗高约 10cm 时追肥，一般每亩施用速效氮肥 20～30kg 为宜。如进行多次收获，则每次收获后追施等量的速效氮肥。

3. 浇水

小茴香不耐旱，只有保证充足的水分供应，才能达到优质高产的目的。播种后应立即浇水促使其出苗，出苗后适当控水进行蹲苗，促进幼苗生长健壮。干旱时才浇水，水不宜过多。待苗高达到 10cm 以上时，浇水宜勤，直至收获。

四、病虫害防治

（一）病害

灰斑病：初期茎叶上出现圆形灰色小斑，后变黑色，严重时全株变黑死亡。

防治方法　早播，使其在雨季前开花结果；高温多雨季节喷 1∶1∶100 波尔多液，每 7 天喷 1 次，连续喷 2~3 次。

（二）虫害

1. 黄凤蝶

黄凤蝶是小茴香的重要害虫，分布地区广。在北方一年发生 1~2 代，在江苏、江西一年多至 4~5 代，世代重叠，10—11 月末代幼虫在残株、枯枝落叶或向阳避风的场所化蛹越冬。

防治方法　采取农业防治措施，如清园、处理残株，以及掌握在害虫幼龄期用 90%敌百虫 800 倍液，每 5~7 天喷雾 1 次，连续喷雾 2~3 次。

2. 黄翅茴香螟

为害小茴香的花和果实，幼虫在花蕾上结网。东北一年发生 1 代，以老熟幼虫在小茴香根际附近约 4cm 深土层中作茧越冬。越冬代成虫 7 月中、下旬大量出现，8 月上、中旬为幼虫为害盛期。

防治方法　可采用农业防治措施。如及早收获脱粒以消灭部分尚未入土化蛹的幼虫和适当早播；发生期用苏芸金杆菌 7216 制剂喷粉，或傍晚用 40%氧化乐果 1 000 倍液喷雾防治，7~10 天喷 1 次。

五、采收加工

（一）采收

1. 果实的采收

播种当年 8—10 月果实陆续成熟，即可收获，南方作多年生栽培，第二年以后，成熟期提前。当果皮由绿色变黄绿色而呈现出淡黑色纵线时便可收割；若等果皮变黄，果实脱落，造成损失。小茴香花果期长，果实陆续成熟，最好分批采收。

2. 茎叶的采收

小茴香种植于温暖地区及较好的土地上，每年能收割茎叶 4 次左右，若种于寒冷而瘠薄的地块，只能收割 2~3 次。一般是在茎叶生长繁茂、已达开花初期或盛期时收割，留茬高 3cm 左右为宜；留茬过高萌发新蘖不好，影响下次产量，一般第一次产量最高，以后递减。温暖地区作多年生栽培者，连续收割 3~4 年后植株老化，产量下降，应换新地块再种。小茴香的果实和茎叶都含有挥发油，可用蒸馏设备提取。

（二）加工

果实收获后经日晒，到七八成干时脱粒，晒至全干，扬净杂质即得小茴香果。

知识链接：小茴香原产欧洲地中海沿岸，新鲜的茎叶具特殊香辛味，可作为蔬菜食用。种子是重要的香料之一，也是常用的调料。同时，小茴香性温，味辛，具有理气开胃、解毒之功效。它能刺激胃肠神经血管，促进消化液分泌，增加胃肠蠕动，排除积存的气体，是民间常用的健胃、行气、散寒、止痛药。

第十八节　牵　牛

一、植物特征及品种

牵牛（旋花科牵牛属），别名朝颜、碗公花、牵牛花、喇叭花（图 4-35、图 4-36）。一年生缠绕草本，茎上被倒向的短柔毛及杂有倒向或开展的长硬毛。

品种有裂叶牵牛、圆叶牵牛、大花牵牛。

图 4-35　牵牛植株

图 4-36　牵牛药材

二、生物学特性

（一）生态习性

牵牛生于海拔 100～1 600m 的山坡灌丛、干燥河谷路边、园边宅旁、山地路边，或为栽培。适应性较强，喜阳光充足，亦可耐半遮阴。喜暖和凉快，亦可耐暑热高温，但不耐寒，怕霜冻。喜肥沃疏松土堆，能耐水湿和干旱，较耐盐碱。

（二）生长发育特性

牵牛的生长适温为 13～18℃，冬季温度在 4～10℃，如低于 4℃，植株生长停止，能经受-2℃低温。但夏季高温 35℃时，矮牵牛仍能正常生长，对温度的适应性较强。牵牛属长日照植物。生长期要求阳光充足，大部分矮牵牛品种在正常阳光下，从播种至开花在 100 天左右。如果光照不足或阴雨天过多，往往开花延迟 10～15 天，而且开花少。因此，冬季棚室栽培矮牵牛时，在低温短日照条件下，茎叶生长繁茂。当春季长日照条件下，从茎叶顶端很快着花。牵牛喜干怕湿，在生长过程中，需充足水分，特别夏季高温季节，应在早、晚浇水，保持盆土湿润。但梅雨季雨水多、对矮牵牛生长十分不利，盆土过湿，茎叶容易徒长，花期雨水多，花朵褪色，易腐烂，若遇阵雨，花瓣容易撕裂。如盆内长期积水，往往根部腐烂，整株萎蔫死亡。种子发芽适合温度 18~23℃，幼苗在 10℃以上气温即可生长。

三、栽培技术

（一）选地与整地

盆栽用土可选用富含腐殖质的沙质壤土，用腐叶土 4 份、园土 5 份、河沙 1 份配成，并在盆底施入少量骨粉做基肥。

（二）繁殖方法

1. 播种繁殖

秋播在 9 月上旬。发芽适温为 20℃，10 天左右出齐苗。冬季移入温床或温室内过冬。春播 4 月下旬进行，夏季可以开花；如需提早开花应在温室内盆播。牵牛的种子极细小，出苗率不足 50%；多用育苗盘撒播，喷壶浇足底水，播种量 1.5~2g/m^2，覆上一层薄细沙，盖上玻璃和白纸保温保湿。育苗天数 60 天左右。

2. 扦插繁殖

重瓣或大花品种不易结实，用扦插繁殖。常在花后进行，花后剪去枝叶，促发新的嫩枝。发根适温为 20~25℃，5—6 月和 8—9 月扦插的成活率高。准备采集插条的母株应事先将老株剪掉，要用根际处理生出来的嫩枝做插穗，长 3~4cm，基质用细沙，扦插时土壤要消毒，否则插穗易感染与腐烂。扦插深度 1.5cm，插后放在微光处，地温 20℃两周生根，根长 3~4cm 时移入容器中培育成苗。15~20 天即可生根。

3. 移植

秧苗喜温暖怕寒冷，白天最适生长温度 27~28℃，夜间 15~17℃，喜阳光充足。需疏松肥沃适度的床土，但床土过肥秧苗易徒长。牵牛根系在移栽时如果受伤过多恢复很慢，在移苗时必须带有完好的土球，最好用小花盆来培养花苗，脱盆定植比起苗定植的成活率高。第 1 片真叶生出时移植，在定植前，应分栽 1~2 次，这样能够促发新根。分栽成活的小苗当长到 7~8cm 时，留基部 4~5cm 摘心，以促生分枝。苗期应注意中耕除草。定植前 5~7 天炼苗，分苗的宜早些分株炼苗。终霜（晚霜）后露地定植或上盆。

4. 定植

苗高 15cm 左右时，可按 30~40cm 株行距定植，以利通风透光。移植时要带土块，否则缓苗困难，不利成活。定植时间不宜迟于牵牛开花日期前 70~80 天，选择叶色好、长势强的健康种苗进行栽种，最好使用大小基本一致的小苗，便于管理，又使花期集中。

（三）田间管理

1. 浇水

牵牛喜微偏干的土壤环境，要避免浇水过多，否则不利于根系的呼吸，影响植株的生长。花朵开放后，应保证浇水充足，盆土过干，易导致花朵过早萎蔫。

2. 施肥

在盛花期和修剪后各追施液体肥料 1~2 次，以促进其生长繁茂。如果植株长势差，每周追施 1 次液体肥料；植株花蕾繁多，开花不断，暂停追肥。同时避免日光照射，摆放位置不可过于荫蔽，随时摘去残花，保证植株更好开花。

3. 摘心

修剪是控制矮牵牛花期早晚的关键措施。当植株成型后，对枝条摘心，可使花期延后。开花时立支柱防花枝倒伏；盛花期后，短截枝条，保留各分枝基部 2~3cm，促重新分枝开花。

四、病虫害防治

（一）病害

牵牛常见病害是炭疽病、叶斑病、根腐病和灰霉病。

防治方法　可每隔一周用达克宁 800 倍液、可杀得 1 000 倍液交替喷施进行预防；如已经发病，应将病苗及周围苗剔除，并用药剂防治；及早分苗，初期可用代森锰锌 800 倍液、农用链霉素 800 倍液喷雾，效果都很显著。

（二）虫害

1. 蚜虫

防治方法　用 50%抗蚜威 2 000~3 000 倍液、40%氧化乐果 1500 倍液、敌杀死 60 倍液喷施。

2. 白粉虱、潜叶蝇

防治方法　用黄板涂黏油诱杀，用 10%扑虱灵乳 1 000 倍液、50%杀螟硫磷 1 000 倍液、粉虱通杀 2 000 倍液交替喷施。

五、采收加工

（一）采收

秋季采收，当果实由绿色变灰褐色或褐色未开裂时，将其成熟的果实分期分批采回。

（二）加工

将采收回来的果实摊在太阳下晒干果壳后打出种子，簸去果壳和杂质，取净种子，晒至足干。商品以足干，呈橘瓣状，表面黑色或黄白色，质硬，横切面淡黄或绿色，显油性；无臭、味辛、苦，有麻感；颗粒饱满，无皮壳，无杂质，无泥沙，无虫蛀，无霉坏者为佳。

知识链接：李时珍早就认识到牵牛子有黑、白两种，但他主要是从野生与家种的角度来区分的“牵牛有黑、白二种。黑者处处野生尤多。其蔓有白毛，断之有白汁。叶有三尖，如枫叶。花不作瓣，如旋花而大。其实有蒂裹之，生青枯白。其核与棠梂子核一样，但色深黑尔。白者人多种之。其蔓微红，无毛有柔刺，断之有浓汁。叶团有斜尖，并如山药茎叶。其花小于黑牵牛花，浅碧带红色。其实蒂长寸许，生青枯白。其核白色，稍粗。”按照李时珍的观点，野生者出黑丑，家种者产白丑。值得注意的是，李时珍还描述了一下叶子的形状。野生者“叶有三尖，如枫叶”，家种者“叶团有斜尖，并如山药茎叶”。前者与裂叶牵牛颇相吻合，后者则为圆叶牵牛无疑。

第十九节　草豆蔻

一、植物特征及品种

草豆蔻（姜科草豆蔻属），别名草豆蔻、偶子、漏蔻（图4-37、图4-38）。多年生草本，丛生，高100~200cm，根状茎粗壮，棕红色。花期5—6月，果期6—8月。

图4-37　草豆蔻植株

图4-38　草豆蔻药材

二、生物学特性

（一）生态习性

野生的草豆蔻常见于山坡草丛、灌木林缘或林下山沟湿润处，栽培区多利用田边山坎、山沟荒地种植。草豆蔻为阴性植物，喜温暖阴湿怕干旱，不耐强烈日光直射，耐轻霜，以年平均温度18～22℃、年降水量1 800～2 300mm为宜。对土壤的要求不严，一般腐殖质丰富和质地疏松的微酸性土壤最适合其生长。

（二）生长发育特性

种子萌发温度要求在18℃左右，当月平均温度下降到15℃时，种子停止发芽。在栽培区年平均气温18℃，最低气温-1℃，生长良好。当温度低于0℃时，叶片将受冻害。草豆蔻喜欢有树木庇荫的环境，但庇荫度不宜过大，一般应控制在40%～60%。开花季节如雨量适中，则结果多，保果率高。若雨量过多，会造成烂花不结果；若开花季节遇上干旱，花多数干枯而不能坐果。

三、栽培技术

（一）选地与整地

育苗地要靠近水源、排水良好、疏松肥沃的沙壤土作苗床。通过翻耕土壤，草豆蔻施足基肥，清除草根石块、细碎土块后，施腐熟牛栏粪或堆肥作基肥，畦宽0.8～1m，沟宽40cm。种植地宜选择海拔700m以下的山地中下部缓坡地，具有一定数量的常绿阔叶树，冬季寒流影响较小，坡向为东南向，两面有山或三面环山的山沟或水边不易冲刷的地方，腐殖质丰富的沙壤土。按1.5～2m行距翻耕土地，结合整地，砍去杂草树木，挖去树根，开穴，穴的规格为50cm×50cm×30cm。施基肥，在坡地上开排水沟，以防积水和冲刷。缺少荫蔽树的地方，先种速生树。

（二）繁殖方法

1. 种子繁殖

应选择生长健壮、高产的母株待其果实充分成熟时采摘，晒干脱粒作种用。一般在秋季即采即播，也可将种子沙藏至次年春季播种。一般采用条播，行距为30cm，播幅约10cm，每行播种50粒左右，盖细土或草木灰约1cm厚，最后盖草。土干时要灌水，出苗时，揭去盖草，苗高约5cm时匀苗，每沟留壮苗约20株，随时除草，追施人畜粪水2～3次。播后1～2年，苗高60～120cm时，可出圃定植。定植季节一般在4月上旬前后，按株距150cm，穴宽约30cm，深约15cm，选阴天或小雨天时定植，每穴栽苗1～2株。

2. 分株繁殖

将母株带芽的根茎挖出，分株种植，每丛有苗 2～3 株，种植后盖肥沃细土 6cm 左右，将土踏实，如遇干旱应淋水盖草，以提高成活率。

（三）田间管理

1. 遮阴

幼苗出土时，将盖草轻轻拨至行间，以利出苗，出苗时要搭设荫棚，以防止烈日暴晒。

2. 除草

幼苗定植后封行前，及时拔除杂草，注意不要伤幼茎和须根。收果后，及时除去枯、弱、病残株。密度过大的，多剪除一些弱苗。

3. 追肥培土

定植初期和初结果后，应重施人畜粪尿或硫酸铵水溶液，以促进苗群生长。进入开花结果期，应施氮、磷、钾全肥，并配合施土杂肥、火烧土等。也可在结果期用 2%过磷酸钙水溶液作根外追肥，以促苗促花，增大果实，提高结果率。草豆蔻为浅根系植物，须根多，常散生在土表，在秋冬施肥后进行培土，但不宜过厚，以免妨碍花芽抽出。

4. 灌溉排水

高温干旱会引起叶片卷缩、萎黄、植株生长纤弱；若花期遇干旱，则花序早衰，开花少，花粉和柱头黏液也少，造成授粉不稳或幼果干死，此时要及时灌溉或喷洒，增加空气湿度。雨季要修好排水沟，以免积水引起烂根烂花。

5. 调节郁闭度

育苗阶段要求 80%～85%郁闭度，开花结果阶段，则要求 70%的郁闭度，入冬时可增加到 80%。

6. 人工授粉

草豆蔻花朵结构特殊，不易进行自花传粉或异花授粉，故需人工辅助授粉。在正常气候下，上午 7 点以后开花，8 点后陆续散粉，10 点花粉达到成熟，故人工授粉应在每天 8—12 时进行为宜。具体方法是用竹签挑起花粉涂在漏斗状的柱头上即可，花粉多时挑 1 朵花的花粉可授 2～3 朵花。

四、病虫害防治

（一）病害

立枯病：此病为害幼苗，严重时会造成幼苗成片倒伏死亡。

防治方法　发现病株应及时拔除，周围撒上石灰粉或用 50%多菌灵 1 000 倍液浇灌。

（二）虫害

钻心虫：此虫为害草豆蔻的茎部。

防治方法　发生时应及时剪去枯心植株，集中深埋或烧毁，并用5%杀螟松乳油800~1 000倍液防治。

五、采收加工

（一）采收

草豆蔻一般于栽种的第三年起开花结果，每年8月果实变黄时连果序割回。

（二）加工

将采收后的果实晒至果皮开裂时，剥去果皮，将种子团晒干即成。晒干的种子团应及时包装防潮，若发生霉变将影响药材质量。草豆蔻以身干无杂质、无霉变为合格，以个大、饱满、气味浓者为佳。

温馨提示：传统医学认为，草豆蔻具有温中燥湿，行气健脾之功效，主治食欲不振、胃腹胀痛，恶心呕吐。草豆蔻种子的挥发油含量约为1.5%，从挥发油中分离出的化学成分有42种，已鉴定的有37种，主要化学成分包括萜醇类、倍半活烯类。

第二十节　胖大海

一、植物特征及品种

胖大海（梧桐科苹婆属），别名大海、大海子、大洞果（图4-39、图4-40）。落叶乔木，高可达40m，椭圆状披针形的单叶互生。

图4-39　胖大海植株

图4-40　胖大海药材

二、生物学特性

（一）生态习性

胖大海原产热带，喜阳光，成龄期耐旱，对土壤的要求不严，在沙壤土、黄壤土和砖红壤土上均生长良好，宜选择排水良好、避风地区种植。

（二）生长发育特性

胖大海是喜阳植物，在阳光下，芽生长肥壮，叶片宽大浓绿。要求年平均温度为21~24.9℃，在中国海南引种区适宜生长的月平均温度为24~28℃，月平均温度降至20℃以下时，停止生长。成龄树较耐旱，适宜生长的月降水量为100~300mm。因茎秆细高，木质部松脆，根系不发达，抗风能力极差，在沿海台风频繁地区种植，极易造成断干或倒株，必须选择避风地区种植。

三、栽培技术

（一）选地与整地

选择排水良好、避风的平地或坡地均可。先砍掉灌木、杂草，挖除树根后便可种植，开2m宽的等高梯田后种植，以防水土流失。

（二）繁殖方法

1. 种子繁殖

采摘种皮呈黑褐色、表面具有明显皱纹的成熟种子，播于洁净的沙床上，开沟点播，沟距12cm，种子之间距离约5cm，深约3cm。播后用沙盖种，再用稻草覆盖畦面，浇透水，并保持畦面湿润。种子千粒重1270g，每亩播种量约45kg。待出苗后，移入营养袋育苗，苗高30~50cm便可定植于大田。

2. 压条繁殖

选取木栓化的枝条，在距离顶端20~30cm处进行环剥，环剥后经1~2天，待伤口稍干后，用湿椰糠或稻草裹湿泥包在伤口周围，再用塑料膜包裹，经2个月左右便长出新根。新根若已开始木栓化，便可将枝条剪下假植于沙池中，或直接定植于大田。

3. 嫁接繁殖

采用上部树冠分枝、组织充实、直径1~1.5cm的褐绿色较平滑的枝条，剪取长12~15cm一段作为接穗，选和胖大海亲和力强的同属植物作砧木进行枝接，也可剥取接穗的芽片进行芽接。接穗和砧木愈合后，切去砧木的主干，经常打去砧木的萌芽。

（三）田间管理

1. 排灌

胖大海幼苗根系不发达，应注意水分管理。天旱时浇水，雨季时排灌，防止积水造成烂根。

2. 施肥

当定植后一年内，每季度施肥一次，每次每亩施尿素1~2kg，腐熟牛栏粪或堆肥800~1 000kg，采用穴施，施后再覆土。

3. 摘顶

在胖大海定植后1年，株高已达1m左右，便可摘顶进行矮化栽培。方法是用枝剪或芽接刀，在距离生长点约2cm处剪断，经14~35天，便抽新分枝。留分枝2~3条，待其连续抽梢2~3次后再进行第二次摘顶。一般连续摘顶3次，便达到矮化的目的。

四、病虫害防治

1. 绿鳞象甲

成虫为害叶和嫩茎，使叶片形成不规则的缺刻，嫩茎折断。

防治方法　人工捕杀，此虫有假死性，用棍棒轻轻敲打树叶，昆虫即会落地，然后集中杀死；用50%辛硫膦1 000倍液，或棉油皂50倍液喷洒。

2. 白蚁

高压苗定植后切口易受白蚁为害，使高压苗死亡。

防治方法　用敌敌畏1 000倍液浇灌即可。

五、采收加工

（一）采收

4—6月果实开裂时采取成熟的种子，因胖大海外种皮遇水即膨胀发芽，故果熟时要及时采收。产区因植株高大，一般都是采取砍树的方式采摘果实。

（二）加工

采收后除皮去果翅，经烘干或晒干装袋即可。

温馨小提示：胖大海味甘、性凉，入肺、大肠经，具有清肺热、利咽喉、解毒、润肠通便之功效。用于肺热声哑、咽喉疼痛、热结便秘以及用嗓过度等引发的声音嘶哑等症。而对于外感引起的咽喉肿痛、急性扁桃体炎只有一定的辅助疗效。至于由声带小结、声带息肉、声带闭合不全、烟酒刺激过度等引发的音哑，用胖大海是无效的。对于一些人将银杏叶、胖大海、甘草等中草药信手拈来，随意泡茶服用的现象，专家表示，中草药当茶饮似乎成了一种时尚，但“是药三分毒”，中草药茶不宜长期饮用，市民冲泡药茶应咨询医生。还有，万一发生中毒事件，不用惊慌，一定要到各大医院去治疗。

第二十一节　鸦胆子

一、植物特征及品种

鸦胆子（苦木科鸦胆子属），又名老鸦胆、鸦胆、苦榛子、苦参子、鸦蛋子、鸭蛋子、鸭胆子、解苦楝、小苦楝（图 4-41、图 4-42）。灌木或小乔木；嫩枝、叶柄和花序均被黄色柔毛。花期夏季，果期 8—10 月。

图 4-41　鸦胆子植株

图 4-42　鸦胆子药材

二、生物学特性

（一）生态习性

鸦胆子喜欢温暖湿润气候，不耐寒，耐干旱、贫瘠，生于海拔 950~1 000m 的石灰山疏林中，以选向阳、疏松肥沃、富含腐殖质的沙质壤上栽培为宜。

（二）生长发育特性

幼树可与蔬菜、黄豆、花生、甘薯等作物间作，亦可与槟榔间作，作槟榔幼树的遮阴树。

三、栽培技术

（一）选地与整地

应选择 25°左右的坡地，且排、灌水良好的肥沃沙壤土为宜。种植前需要挖好防洪沟和排水沟（每 2m 挖 30cm×30cm 的沟），除草，并用多菌灵进行土壤消毒。

（二）繁殖方法

用种子繁殖为主。

1. 采种

种子从生长健壮、无病虫害、果实大而饱满的母株上采集完全变黑成熟的果实。果实采集后放于阴凉处，当果肉变软时，去除果肉，洗净，阴干后真空保存，或放于密封的玻璃器皿中贮存。在自然环境中存放发芽率降低很快，存放半年以上，发芽率降低到40%以下。

2. 种子处理及催芽

鸦胆子种子有休眠期，种子采集后需要放一段时间，使其度过休眠期，才可进行催芽播种。先用50～55℃热水浸种15～20分钟，清洗2～3遍，再用清水浸泡12～24小时，少量种子用湿毛巾包好，大量种子用3～5倍湿河沙拌匀，置于33～35℃环境中催芽。催芽过程中要保持湿度，7～10天后种子陆续发芽，当见到有10%～20%露芽点，即可播种。鸦胆子发芽不整齐，播种后陆续出苗可长达一年之久。

3. 播种

于9—10月播种，行距20～30cm开沟，将种子均匀播入沟内，覆土、盖草、浇水，经常保持湿润，出苗后揭去盖草。

4. 移栽

平均温度26～29℃，15天左右出苗。苗高30cm时定植，按株行距1m×1.5m开穴，穴径25～30cm，穴深25～30cm，每穴栽2～3株，填土压实，浇足水。

（三）田间管理

栽种1～2年，每年中耕除草2次，追肥2次。春、夏季施氮肥，秋季施堆肥、过磷酸钙等。幼苗成活后，每穴留雌株1株，田块内适当留雄株，以供授粉用，需要适当摘心，促进分枝，早春或冬季进行修剪。

四、病虫害防治

（一）病害

1. 立枯病

以预防为主，起垄时尽量避免有低洼、积水、垄面最好盖些稻草以防表土板结。

防治方法　立枯病发病初期每5～7天喷施壬菌铜800倍液加枯黄萎绝杀800倍液进行预防。

2. 炭疽病

在高湿环境发病较严重，病菌以菌丝体和分生孢子盘在病株和病残体上存活越冬，随风雨传播，从伤口侵入致病，主要为害叶片和新梢。

防治方法　及时清园，销毁病叶、病枝。在高湿季节始发病时，每5～7天喷药一次，用甲基托布津800倍液加大生800倍液防治，或用炭疽福美800倍液或施保功1 000倍液交替防治。后用50%扑海因粉1 500倍治疗保护，效果较好。

3. 白粉病

主要为害花穗、幼果、嫩枝、嫩叶等，被害叶面、幼果、嫩枝均覆盖一层白粉状霉层，病果停止生长，病叶萎缩，如不即时防治会造成果树减产。

防治方法　用杀灭尔800倍加头等功3 000倍每10天喷药一次，效果良好。

（二）虫害

常见虫害主要有天蛾、粉蝶、叶蛾、黄毛虫等。幼虫食叶片成刻映状或吸食成网状，造成植株缺枝少叶，影响树体发育和开花结果。

防治方法　结合春剪、夏剪，彻底清除枯枝、落叶，集中烧毁；幼龄期用50%辛硫磷1 000倍液或阿维菌素8 000倍液，或90%敌百虫1 000倍液喷杀。交替使用农药，每月喷药一次。

五、采收加工

（一）采收

鸦胆子完全成熟时为黑色，果实发育颜色是由绿—绿黄—紫色—紫黑—黑，为保证果实质量，当果实变为紫色或紫黑色时采收，采收后经后熟、晒干变为饱满黑色的种子。

（二）加工

1. 贮存

清洗、晾晒、贮藏　为使果实清洁，减少污染和农药残留，果实采收后用清水清洗1~2次。将清洗干净的果实放到晾晒场进行晾晒，经几天翻动晾晒后，当果皮、果肉干缩，种子湿度低于10%~13%时，进行包装，放于阴凉透风处贮存。

2. 鸦胆子霜

取净鸦胆子仁，炒热后研碎，用多层吸油纸包裹，压榨去油，反复数次，至松散成粉不再黏结成饼为度，取出碾细。贮干燥容器内，鸦胆子霜密闭，置阴凉干燥处。

知识链接：鸦胆子为较常用中药，又名苦参子、鸭蛋子，为苦木科植物多年生灌木鸦胆子树的成熟果实。鸦胆子始载《本草纲目拾遗》，其性寒、味苦、有毒，鸦胆子种仁含鸦胆子油50%以上，具有抗阿米巴、清热解毒、截疟、止痢、腐蚀赘疣、治鸡眼等功效。民间常将鸦胆子去壳后，将仁研碎后敷在局部，治疗寻常疣、扁平疣和表皮赘生物等症。同时，鸦胆子的种子提练出的油，还能治疗癌瘤，是一种抗癌药，可见鸦胆子具有非常高的药用价值。

参考文献

[1] 姚宗凡，黄英姿．常用中药种植技术［M］．北京：金盾出版社．2001．第二版．

[2] 徐良．药用植物栽培学［M］．北京：中国中医药出版社．2007．

[3] 丁万隆，陈震，王淑芳．百种药用植物栽培答疑［M］．北京：中国农业出版社．2010．

[4] 郭巧生．药用植物栽培学［M］．北京：高等教育出版社．2009．

[5] 杨继祥，田义新．药用植物栽培学［M］．北京：中国农业出版社．2005．

[6] 傅俊范，朴钟云．中草药栽培技术［M］．沈阳：东北大学出版社．2010．

[7] 张永清，刘合刚．药用植物栽培学［M］．北京：中国中医出版社．2013．

[8] 张钦德，陈桂玉，项东宇．绿色道地药材规范化生产新技术［M］．济南：山东人民出版社．2013．

[9] 谢必武，张凤龙．药用植物栽培技术［M］．重庆：重庆大学出版社．2014．

[10] 马微微，霍俊伟．药用植物规范化种植［M］．北京：化学工业出版社．2011．

[11] 贺红，江滨．中药材生产质量管理规范［M］．北京：科学出版社．2006．

[12] 李敏，卫莹芳．中药材 GAP 与栽培学［M］．北京：中国中医药出版社．2006．

[13] 农业部农民科技教育培训中心．中央农业广播电视学校组编．中药材生产技术［M］．北京：中国农业出版社．2009．

[14] 殷剑峰．中药材规范化种植指南［M］．兰州：甘肃科学技术出版社．2013．

[15] 李莉，郭巧生．无公害中药材生产技术［M］．北京：中国农业出版社．2005．

[16] 方家选，樊天林，杨志欣．南阳中药优质栽培技术［M］．西安：三秦

出版社 . 2004.

[17] 佚名 . 中药材 GAP 认证实施与认证检查评定标准实务全书 . 第三卷[M]. 北京：中国医药科技电子出版社 . 2003.

[18] 徐乃良，岑丽华 . 名贵中草药高产技术 [M]. 北京医科大学 . 北京：中国协和医科大学联合出版社 .

[19] 罗光明，刘合刚 . 药用植物栽培学 . 供中药类专业用. 上海：上海科学技术出版社 . 2013.

[20] 徐良 . 普通高等教育“十一五”国家级规划教材 . 中药栽培学 [M]. 科学出版社 . 2006.

[21] 徐良 . 中国名贵药材规范化栽培与产业化开发新技术 [M]. 北京：中国协和医科大学出版社 . 2001.

[22] 罗光明，刘合刚 . 药用植物栽培学 [M]. 上海：上海科学技术出版社 . 2013.

[23] 刘汉珍 . 中草药栽培实用技术 [M]. 合肥：安徽大学出版社 . 2014.

[24] 中国制药网 [EB/OL]. http：//www.zyzhan.com/news/ Detail/64518.html.

[25] 产业网 [EB/OL]. http：//www.chyxx.com/news/2013/0923/219891.html.

[26] 张莉俊，戴思兰 . 菊花种质资源研究进展 [J]. 植物学报，2009，44(05)：526-535.

[27] 安晓英，吴菊花 . 丁香栽培及繁殖技术 [J]. 中国园艺文摘，2012，28(12)：113，139.

[28] 秦忠文 . 中国传统菊花栽培起源与花文化发展 [D]. 武汉：华中农业大学，2006.